日本製造 幻想浪潮

麥特・阿爾特 著

許芳菊 譯

Pure Invention

動漫、電玩、Hello Kitty、2Channel，
超越世代的精緻創新與魔幻魅力

獻給為我打下日語基礎的讓・莫登（Jean Morden）

事實上，整個日本都是純屬虛構。[1] 世上沒有這樣的國度，沒有這樣的人民……，正如我所說的，日本人只是一種風格形式，一種精緻的藝術幻想。

——奥斯卡·王爾德（Oscar Wilde）《謊言的衰頽》（*The Decay of Lying*），一八九一

目錄

一九九〇年代

二〇二〇年代

推薦序 非主流文化的淨玻璃鏡

吉田皓一（吉日媒體集團社長）

橫跨約二百年、堅持鎖國政策的江戶幕府，在受到歐美列強逼迫開國之際參加世界博覽會，這成為日本主義（Japonisme）於十九世紀左右席捲歐洲的契機，並造成相當大的震撼。法國翻譯家法布列（Louis Fabulet）對此曾做了以下敘述：「日本宛如巨人般昂首闊步踏上世界舞台，今天，全世界都注視著這個國家。」參展作品之中，尤以浮世繪最令人震撼，梵谷和莫內等眾多藝術家，都受到輪廓鮮明、幾無立體感的浮世繪獨特畫法影響。可以說，從歐洲掀起日本主義這股和風熱潮開始，浮世繪就成為世界收藏家瘋狂收集的作品。

但，對當時的日本人，尤其是身為執政者的武士階級，浮世繪並未被視為高尚藝術，而是低俗平庸的市井文化。實際上，所謂的「浮世」，內含「非過去，也非未來的當下」、「偏愛歌舞女色的俗世人間」等意思，花街柳巷或劇場等地的庶民流行文化、被重視忠孝與儉樸之幕府視為「不良場所」之地，正是浮世繪的主要題材。可以說，在現代，浮世繪就是所謂的「非主流文化」。

雖然對幕府而言，浮世繪只是民間大眾的低俗繪畫，但它卻在身為近代化模範的歐洲備受喜愛，令人不禁感到諷刺至極。而目前日本政府竭力推動的「Cool Japan Project」也同樣地主打漫畫、動畫、J-pop、電動遊戲等所謂的「非主流文化」，這些東西在以前，不論是日本政府，還是文部科學省（相當於台灣的教育部、文化部與科技部三合一），可都是視為低俗文化，不屑一顧的呢。漫畫和電動也被禁止帶到學校，老師和家長也會明令「不要看漫畫，認真唸書！」。這些低俗文化作品，曾幾何時，已在世界中獲得高度評價，並堂堂正正獲取日本政府鉅額預算來振興產業。這也讓人不禁感到諷刺。

自己覺得無趣的事物，在別人眼中卻深具魅力，這種案例多如牛毛。特別是近代以來的日本人，從政治經濟理論到藝術，都具有崇拜歐美、妄自菲薄的傾向。因此，在確實了解日本的基礎上，以外國人的角度來看待事物也非常重要。它相當於佛教信仰中的淨玻璃鏡（可映照出亡者生前善惡事蹟的業鏡）。

日本從泡沫經濟崩壞後到現在，經濟持續停滯不前，在被稱為「消失的三十年」這段期間，景氣沒有擴張，工資也沒有上升。在美國、中國大陸、亞洲各國持續強力成長之時，唯有日本經濟幾乎沒有成長，一直停留在相同的地方。在現在，或許會令人感到難以置信，一九八九年，全球市值百大企業排名的前十名，有七家公司是日本企業。然而現在唯有排名第三十五名的豐田汽車擠入排名，日本企業幾乎已無存在感。會出現這種狀況，表示日本沒有實際了解自己真正的價值。

以 YouTube 來舉例說明。雖然它是全世界通用的影片共享平台，但這種服務平台，日本也曾經出現過。由前東京大學研究所助理金子勇先生在二〇〇二年開發的 Winny，是比 YouTube 更早開發出來、以Ｐ２Ｐ（Peer to Peer）技術來開放影片共享，日本政府認為這有侵害智慧財產權的疑慮，徹底禁止規範，並逮捕開發者。「美國培育 YouTube，日本剷除 Winny」，這句話在日本ＩＴ業界很常聽到。世界上首次利用手機實現網路通訊的 docomo i-mode 也一樣，在 docomo 埋首致力於日本國內市場競爭時，智慧型手機悄然席捲世界市場。

日本沒有真正了解自身價值的事例，不勝枚舉。過去第二次世界大戰之前就有過一例。日本搶先許多海外國家，開發出世界首見的雷達天線：八木天線。當時的軍方認為「不該做出在敵方面前發出電波訊號等行為，在黑暗中點亮燈籠，跟把自身位置告知敵方沒有兩樣」，因此並不將此視為重要的發明。在那之後，於一九四二年新加坡戰役中，日本軍佔領了當時身為英國殖民地的新加坡，繳獲英國軍對空射擊雷達相關文件時，技術文件中，「ＹＡＧＩ」這個單字頻繁出現。據說詢問成為俘虜的英國軍士兵，得到這個解答後感到驚嘆，「你們真的不知道那個字的意思嗎？YAGI是發明這個天線的日本人姓氏」。

現在被世上許多人喜愛的日本事物，主要都是所謂的非主流文化。所謂的「sub」，當然是「main」的反義詞，字典內的解釋為「排除於社會主流之外的低等文化」。其並非來自於行政機關主導的高尚藝術，而是來自於民間大眾的奇思妙想。不論是現在，還是過去，它都是「日本原創力」誕生的源頭。成為紅白機誕生契機的任天堂初代掌上型電玩「Game & Watch」，就是任天堂開發者橫井軍平在搭乘新幹線時，看到上班族為打發時間拿出電子計算機玩耍而想出的點子；卡拉OK的一號機誕生契機是，開發者井上大佑為讓某位社長能在旅遊目的地也能開心唱歌，將沒有主唱人聲的音樂伴奏錄進錄音帶後贈送給他。

不論是哪個時代，日本人日日憑空幻想，在日常生活中的瑣碎瞬間讓妄想膨脹。那些妄想與政府主導的國家戰略、企業營利目的都不相干。一般民眾的幻想，成就出「日本原創力」。本書是最適合探索日本原創力奧秘的著作，是能映照出日本真正姿態的淨玻璃鏡。

推薦序 日本製造的異世界邀請函

李世暉（台灣日本研究院理事長、國立政治大學日本研究學位學程教授）

當代美國與日本的流行文化，存在著這樣的潛規則：外星人攻打的國家是美國，異世界的入口在日本。前者是指包括好萊塢電影在內的美國流行文化商品，偏愛外星人攻擊美國的主題；後者是指包括動漫與遊戲在內的日本流行文化商品，熱衷異世界冒險的主題。雖然早在一九五〇年代，歐美文學作品就有異世界召喚主題的《納尼亞傳奇》（*The Chronicles of Narnia*）；之後，一九七〇年代的《永不結束的故事》（*The Neverending Story*）也曾風靡一時。日本的異世界主題作品出現時期較晚，但自一九八〇年代開始發展至今，創造了龐大的文化經濟商機。

何以異世界召喚的創作主題，會成為日本重要的流行文化元素？其中，鉅細靡遺的世界觀與美學設定，是此一主題在日本受到歡迎的主因。日本學者四方田犬彥曾就可愛美學的角度觀察，日本對於小巧、纖細事物的眷戀與偏愛，造就了一種與美麗對照的審美觀。在此審美觀的基礎上，日本熱衷於壓縮現實世界的時間與空間，並將其「轉喻」（metonymie）為玩具模型、動畫內容與遊戲世界。

以日本的電玩遊戲為例。一九八三年販售的任天堂紅白機，創造了一股遊戲熱潮，但初期的電玩遊戲多屬於反射神經與手指靈敏的競賽，並以射擊、運動、動作、賽車等遊戲類型為主流。一九八五年發售的《超級瑪利歐兄弟》（Super Mario Bros.），率先塑造出一個活潑而明亮的「箱庭」（mini-scape）世界。這個箱庭世界不單單只是一個縮小的虛擬空間，也是任天堂費盡心思為遊戲玩家所準備的冒險舞台。

一九八六年，ＥＮＩＸ推出電玩遊戲史上第一款角色扮演遊戲《勇者鬥惡龍》，進一步的將箱庭世界予以擴大化與複雜化。另一款由SQUARE發售的知名角色扮演遊戲《太空戰士》，更在一九九〇年代一躍成為全球著名的ＩＰ。到了二〇二〇年代，即便在新冠肺炎（COVID-19）疫情全球蔓延之際，任天堂Switch推出的《集合啦！動物森友會》，以精緻的箱庭世界與可愛的角色，短短一年之內就在全球遊戲市場賣出三千萬套以上。

這些讓日本，以及讓全球瘋迷的日式幻想元素，究竟是如何出現的？是靠宮本茂、坂口博信、堀井雄二、宮崎駿等人的天才型創作，還是另有其特殊的社會基礎與背景？對此，本書提出一個饒富趣味的概念：幻想傳遞裝置。作者認為，日本流行文化商品的創造者，藉由袖珍的模型玩具、動畫、卡拉OK伴唱機、可愛角色、隨身聽、電玩遊戲等作品（商品），改變了人們與世界的互動，形塑了人們的認同，進而重新定義作為一個現代人的意義。

從這個概念延伸，第一段所提到的「轉喻」，就具有了積極的意涵。日本創作者在進行創作之際，就將其創作心血打造成一個異世界的入口。無論是玩具、模型、可愛角色、動漫還是電玩遊戲，都是一張異世界的邀請函。當消費者體驗商品的一瞬間，就進入了日本創作者精心打造的異世界。在小巧纖細、重視細節的日本美學下，當人們沉浸在這些幻想傳遞裝置時，不僅是以觀看者的角度暢遊在有別於現實世界的空間裡，也讓個人與作品（商品）之間的互動，固定在某一特別的箱庭世界。

值得注意的是，這些越來越細致的箱庭世界設定，為消費者（玩家）建構了完全的「敘事臨場感」（narratological presence）。著重「敘事臨場感」的日本製造，不僅引導人們超越現實與虛構的隔閡，得以忘我地投入內容的世界；而人們彼此之間對於日本製造內容的討論，將箱庭世界的行為與價值觀，具體投射在現實社會。影響所及，異世界開始轉化為現實世界。

進入二十一世紀之後，「日本製造」的奇幻驚喜，已不如全盛時期的二十世紀，處處令人驚艷。然而，隨著科技與影音串流的快速發展，諸如《精靈寶可夢GO》、《鬼滅之刃》等作品（商品），卻為我們打造了更為真實、更具感染力的箱庭世界。而在這些箱庭世界觀的影響下，來自日本的各式各樣幻想，再度注入到全球政治、經濟、社會與文化品味上，快速地將「酷日本」（cool Japan）擴及至「酷地球」（cool earth）。

如果將日本製造的幻想傳遞裝置視為進入異世界的邀請函，本書可說是進入異世界的說明書。當你拿著喜愛的邀請函與說明書，體驗著日本製造的幻想之際，你將會發現，這些日本製造正在改變你的生活，以及我們的世界。

推薦序 追根究柢我的青春回憶

張哲生（懷舊大師）

我是六十一年次，也就是一九七二年出生，和日本所謂的「昭和四十男」屬於同一個世代；幸運的我正好經歷了日本於戰後再度崛起的光輝歲月，當時的台灣幾乎是同步體驗著源自日本的種種創作和文化。

從原子小金剛到機動戰士鋼彈，從小蜜蜂到超級瑪利歐兄弟，從隨身聽到卡拉ＯＫ，從電子雞到電車男，在在顯示了日本如何深刻地形塑我的青春。在那段日子裡，「日本製造」代表著品質的保證，不管是玩具還是電器，只要看到上面印著「Made in Japan」，就像是給了一張能夠前往世界之巔的通行證，擁有它，自己彷彿瞬間亮了起來！

很高興看到這本書的問世，它就像小叮噹的時光機，帶領我回顧了那充滿美好回憶的往日，而且不單只是回味，還追根究底了箇中緣由；例如任天堂紅白機的第一款遊戲「大金剛」

竟是取材自美國卡通「大力水手」，例如三麗鷗（Sanrio）原來是創立者期許自己成為故鄉山梨縣之王而以「山梨王」之諧音所命名的；這些精彩的內容讓喜歡研究歷史的我，如入寶庫且深深著迷！不過，因為原作者是美國人，所以當年一些與台灣的重要連結並沒有被提及，我想藉這個機會跟大家分享。

書中談到的「卡哇依文化之祖」插畫家內藤 Rune，他曾在一九五三年為日本電器業者創作了一款名為「Little American」的美式足球員造型陶瓷胎手繪作品，而這個創作就是日後台灣民眾熟悉的大同寶寶之原型。生於嘉義的著名譯者劉萬來，曾於一九七〇年代初期至一九九〇年代中期為台南大山書店翻譯大量日文書籍，包括各類交通工具、生物、動漫圖鑑，與近代日本糖業史等，他在二十五年的翻譯生涯裡，完成了逾五百本中譯書，那是當時台灣莘莘學子的重要精神食糧來源。Sanrio 最早被引進台灣時，並不是叫三麗鷗，而是被取名為容易記憶的諧音數字「三〇二」，我還記得小學時曾在西門町萬年大樓裡的「三〇二專櫃」買過一盒刻有三麗鷗各個角色頭像的可愛印章。

最後，身為台灣第一批網站製作者的我想告訴大家，世上第一個介紹電子雞的中文網站是我做的喲，名為「寵物蛋基本飼養法」，完成於一九九七年四月二十日，請試著 Google 一下網站名稱，現在還能看到喔！

引言

一張女人的臉從黑暗中浮現。她跪在機器前，機器輸出的訊號，將她稜角分明的臉龐籠罩在詭異的綠光之中。她起身走開，腳步聲迴盪在人行道上。手肘彎曲處晃動的一籃鮮花，是這黑暗、機械化的地方中唯一的生命徵象。當她從陰影中移動到路燈的光線下，一輛看似怪異的汽車呼嘯而過，瞬間遮住了我們的視線。鏡頭往後拉，顯示出我們的女主角站在一家拉上百葉窗的店門前，行人匆匆走過。她在等誰？我們幾乎沒有時間去多想，隨著鏡頭往上移動，巨大的霓虹燈和廣告招牌映入眼簾，費解的品牌名稱在城市的景觀中若隱若現。從外表上看，這是一個大都會，但這在哪兒呢？是時代廣場嗎？東京市中心嗎？鏡頭拉遠，露出了更多神祕的城市景觀，很明顯地，這是我們從未見過的地方，一個未曾存在過的地方。我們往上升高到屋頂、塔樓和機械之上，四周全都被標誌著阿拉伯數字混和著亞洲書法的巨牆所包圍。一陣急切的鼓聲如煙囪冒煙般噴入午夜的天空中。與其說這是一座城市，還不如說是一座堡壘；一個真正的軍事工業綜合體。

螢幕閃耀了一下，出現一個標題：《太空戰士七》（*FINAL FANTASY VII*）。電子合成音樂不斷上升的緊張氣氛，扣人心弦、抑鬱憂傷，暗示著即將到來的驚奇。

《太空戰士七》是一款電玩遊戲，當它於一九九七年首度亮相的時候，全世界從未見過這樣的遊戲。這是一款極受歡迎的電玩系列中最新的一部，但是之前的《太空戰士》系列都是遵照傳統的電玩遊戲標準，以二度空間、扁平的視角呈現。《太空戰士七》則完全不同。儘管以目前的標準來看，它是粗陋而原始的，但是它完全以三度空間呈現，這在那個時代是個偉大的技術壯舉。更具開創性的是，它敢於構想一些新的東西：電玩遊戲也許可以有好萊塢賣座大片的戲劇性吸引力。

《太空戰士七》並沒有普遍會讓玩家感到血脈賁張的打鬥和槍戰，而是讓玩家置身於一場戲劇之中。他們的角色是一群雜亂成軍的生態恐怖分子，決心要阻止一家匿名公司將他們星球上唯一的能源吸乾。我們得知等待中的女子是艾莉絲（Aeris），一名賣花小販，她與克勞德（Cloud）在祕密戀愛的過程中展開叛變，有著讓人放鬆戒心名字的克勞德曾是一名軍人。《太空戰士》向玩家呈現與電視節目或電影一樣完整的演員陣容，並且隨著他們展開一段出乎意料、有時深刻感人的劇情。這個遊戲的高潮，艾莉絲令人震驚的死去，如此深刻地影響著年輕玩家，以至於有位現代評論家將其稱之為「遊戲文化靜止不動的一刻」。

當然，《太空戰士七》這個美麗新世界，實際上並沒有超出好萊塢的範疇。這是一部東京大片，它將大量的日本美學注入美國主流：大眼、濃髮的動漫人物，以及漫畫風格的劇情；雌雄同體的英雄，展現了電玩遊戲既可以沉思探索，也可以驚險刺激。

Sony 的行銷團隊斥資三千萬美元，史無前例地投入一個電玩遊戲，[1] 他們模仿美國電影大片的行銷手法，展開一場媒體的全面宣傳戰。他們鎖定年輕觀眾，在漫威和 DC 漫畫刊登廣告，針對成年人則選擇了《滾石》、《花花公子》和《Spin》雜誌，而且每一個人都可以在電影院、足球賽、MTV，甚至《週六夜現場》（*Saturday Night Live*）中，看到他們播放的精采廣告。「他們說這在主流的電影中是做不到的，」[2] 一則針對現有電影公司的廣告嘲弄地說：「他們是對的！」每則廣告都以 PlayStation 的標誌結尾，搭配著一名年輕女子的聲音，以機器人般平直的語調用日文發音唸出「purei-sutayshon」。

之前最暢銷的 PlayStation 遊戲是英國製的《古墓奇兵》（*Tomb Raider*），[3] 在一九九七年第一季售出非常可觀的十五萬套。《太空戰士七》在九月發行的那一季，則售出了一百萬套。玩家似乎並不介意遊戲的草率翻譯、偶爾會出現拼錯的角色名稱，以及像是艾莉絲宣布另一個角色「This guy are sick」，這類在網路爆紅的例子（譯註：This guy 是單數，動詞應該為 is，而非are。意思為，這傢伙生病了）。如果要說這有什麼影響的話，那就是含混不清的語言只會增加遊戲的異國情調，強化了它是來自於活生生的科技都會這個概念，這幾乎和遊戲本身的虛構場景一樣誘人。最終，它的全球銷售量達到一千三百萬套。

十九世紀末、二十世紀初，一股新的熱潮：「日本風」（Japonisme），席捲了西方世界。日本在幾十年前才重新開放港口。英國、法國和美國的品味先驅，猛烈抨擊自己的藝術和文學作品，凸顯出那些他們認為在追求工業發展過程中，已經被自己的社會拋棄的國家價值。日本是「一個偉大而輝煌的國家，其人民勇敢無比、智慧過人、和藹可親、體貼入微」，[4]一本圖畫書的開頭這樣寫著，這本圖畫書改編自一八八五年，吉伯特（Gilbert）和蘇利文（Sullivan）轟動一時的歌劇《日本天皇》（*The Mikado*）。這就是王爾德在將日本稱之為「純屬虛構」時，所指涉並且想推翻的狂熱居高臨下的心態。日本是西方的幻想。這塊維多利亞時代所謂的「古董之地」，多年來，持續提供了一個讓人無法抗拒的願景。直到第二次世界大戰才戛然而止。

一九四五年，日本慘敗後，這個國家的製造商想方設法掩蓋他們銷往世界各地的產品原產地。十年之後，以粗暴著稱的美國國務卿杜勒斯（John Foster Dulles），[5]毫不留情面地告知日本首相吉田茂，絕不要奢望日本的產品能在美國找到廣大的市場，因為「日本無法生產我們想要的東西」。在私底下，他表現得甚至更加傲慢，他告訴一位密友：「對於任何一位擔心日本未來經濟的人來說，步上自殺一途，也是合情合理的。」[6]

的確，二戰過後第一批流入全球市場的日本產品確實招來了人們的嘲笑，而非讚賞。「日本製造」成了一個笑話，是廉價廢物的同義詞、是來自一個戰敗國家的笑柄：一美元的襯衫、用回收金屬罐製成的錫製玩具、像夏威夷飲料 tiki drink 裡裝飾的單薄紙傘。電影《第凡內早餐》將戰後的關係赤裸裸地呈現出來，就像米基・魯尼（Mickey Rooney）在片中飾演的日本房東國吉，穿著一身和服、面容泛黃、一臉笨拙、長著暴牙，可悲地對照著奧黛莉・赫本（Audrey Hepburn）飾演的葛萊特利（Holly Golightly），一個性感的美式社交名媛。

然而事情已經發生了變化。一九五七年冬天，就在杜勒斯的宣告三年之後，一款口袋大小的電晶體收音機，在競爭中大獲全勝，成了美國聖誕節必備的用品。這款色彩豐富的 TR-63，是第一個帶有 Sony 標誌的產品，取名 Sony，是因為它的發音在文化上含意曖昧不明。TR-63 似乎只是另一種假日時尚，但是它顛覆了美國人對日本產品原先的期望，這對未來即將發生的事情僅僅是個開端。

一九六〇年代不斷湧現的新奇產品，到了一九七〇年代末期和一九八〇年代初期，變成了高品質的消費電子產品和汽車的洪流。突然間，美國人反倒變成了笑話。當豐田和本田這樣的闖入者推翻了福特、雪佛蘭和其他備受重視的美國品牌時，傲慢轉成了憤怒。我自己的童年，也經常被一些憤憤不平的美國人在晚間新聞中公然砸碎日本產品的驚人宣傳舉動而打斷，[7]例如，三名共和黨的國會議員，在國會山莊用大槌子砸碎了東芝的手提音響。至少在這個議題上，美國兩黨都同意：「如果我們不開始採取行動、不認真以對、不展現領導力……，我們的孩子將會被拐走，」民主黨參議員華特・孟代爾（Walter Mondale）在一九八四年參選總統失敗後宣稱，「他們的工作將包括掃除日本的電腦！」

但是對於我們的孩子來說，很難將大人的憤怒跟我們即將認識的日本聯想在一起。因為在政治上憂心汽車、家電、消費類電子產品的進口之外，在嬰兒潮世代父母經常不甘願購買的必需品之外，還湧入了大批必備的非必需品。許多產品跟我們所知的美國文化完全沾不上邊：像是隨身聽（Walkman）或卡拉ＯＫ伴唱機這些令人無法抗拒的小玩意兒。一隻名字叫做「Hello」的可愛小貓，出現在無數為女學生量身打造的產品中。精心設計的玩具被進口，以滿足星期六早上的卡通所引發的商品需求。電玩、動漫，迎合了我們從未想像過的利基市場和人口族群。

任何在一九七〇年代中期以後出生的人，都有著同樣的經歷。我們從小在遊戲場上重演《金剛戰士》；組裝出變形金剛玩具裡的「變形機器人」；迫不及待想看到五獅合體成《聖戰士》；在三麗鷗（Sanrio）的文具上畫上愛心塗鴉；整理《精靈寶可夢》卡和《遊戲王》卡的同時，還一邊切換著地下室電視機上最新的瑪利歐遊戲，一邊看著《美少女戰士》影集。我們的青少年時期，以及成年期，有多少時間是花在各式各樣，不斷迭代的卡拉ＯＫ伴唱機、隨身聽和 Game Boy 遊戲機上度過的？這些事情並不只是流行於某個全球消費族群之間，它們有一種神奇的能力，能在娛樂我們的同時，滋養我們的白日夢，在我們心中傳遞並孕育新的幻想。

打從我第一次接觸到日本玩具，就迷上了日本文化。五歲生日時，祖母送給我一個巨大的幕府將軍機器人，當我盯著它肚子上裝飾著帶有異國情調的日本文字時，我心中充滿了好奇。遠離馬里蘭州郊區的某個地方，居住著一個民族，他們認為巨大的怪物和機器人跟我想像的一樣酷。我很幸運，因為我所在的高中，恰好提供了當時美國唯一一所公立學校所開設的日語課程。課程由一位美國婦女所主持，她精通多種語言，在二戰期間擔任海軍情報員時曾學過日語。她讓我們看到了與眾不同的日本，雖然她支持任何能夠引起我們學習興趣的事情，但很明顯地，我對於玩具、動漫和哥吉拉電影的興趣，完全讓她大惑不解。我繼續上大學；我成為日文翻譯；我最終移居日本。

至今，我已經花了將近二十年的時間，做為一名所謂的「本土化人士」，埋首於日本的流行文化情結中，將遊戲、漫畫、玩具相關的內容翻譯成英文。在最初的幾年裡，這不僅牽涉到單純的翻譯，因為我還要幫助創作者重新改寫名字和整個概念，以便能吸引更多不熟悉日本文化的觀眾。但隨著時間的流逝，我開始注意到一些新的東西：日本迷愈來愈希望他們的日本幻想盡可能地不要變調，盡可能地接近原著，並且盡快地翻譯出來。《太空戰士七》的上市，是這個現象的主流轉捩點，我稍後才意識到：Sony 這家公司之所以取這個名字，有一部分原因就是要模糊它的日本血統；然而同一家公司也製作了一個廣告，公開頌揚「purei-suteeshon」這個日語發音的自家名號。

這單純是這幾十年來，日本娛樂產品大量輸出到國外的結果嗎？這是新一波的日本風嗎？我花了很長的時間才弄明白，我問錯了問題。並非外國消費者想要更多日本的東西，而是他們自己愈來愈像日本人。到了後來，很明顯地，東西方正在同步化。幾十年前，日本曾經歷了諸多重大事件的打擊：一場嚴重的金融危機、政治的紛亂、一整個世代的年輕人逃離到愈來愈精緻的虛擬世界裡，而這所有的一切，現在也正在國外發生。日本所製造的，不僅僅是產品而已；它們是陌生環境裡的導航工具，時而讓人比以往任何時候都更加緊密，時而讓人更加疏離。日本的創造者和消費者不只是引領潮流的人，他們預告了我們資本主義晚期生活中的種種怪異現象。

日本從戰後灰燼中崛起成為經濟之虎的故事，是一個已經被研究透徹的領域；一九九〇年代導致這個國家陷入谷底的股市崩盤也相同。但是關於政治、市場、財務的長篇大論可能徒勞無功，因為它們無法抓住我們大多數人與日本真正的互動方式：即透過它的產品，在個人和社會層面上互動。這就是為什麼本書要採取不同的策略，以經濟情勢為背景，講述了一個更大的故事：日本創造者如何重新定義做為一個現代人的意義。這麼說並不誇張，書頁裡的這些發明，改變了我們如何與世界互動、如何彼此交流、如何在獨處時打發時間，以及如何形塑我們的認同。要了解這些巨大的轉變，我們需要了解這些推動我們改變的事物的創造者，他們的勝利與奮鬥；但我們也必須明白，在這些創造者所賦予的力量下，無數的使用者如何意外地成為變革的推動者。因此，這本書大致分成兩部分。

在第一部分，背景設定在一九六〇、一九七〇和一九八〇年代初期，日本從一個飽受戰爭蹂躪的國家，不可思議地崛起，成為明日世界的先驅。它的省油汽車和小巧的新發明，重新定義了我們對未來的想像，並且將日本從一個笑柄轉變成對西方霸權的新威脅。但是日本的「泡沫」（也就是大家所熟知的經濟景氣飆升期），在一九九〇年十二月破滅了。日經指數暴跌、房地產市場崩盤。日圓升值削弱了日本產品出口到外國的競爭力，給了中國和韓國渴望已久、越級搶攻市場的機會。日本的債務不斷增加，陰霾籠罩。雄霸全球的夢想煙消雲散。一九八九年，各大媒體還在爭相報導「日本與眾不同，史無前例，而且危險」的頭條新聞；僅僅五年之後，專家學者就開始宣稱「日本公司的終結」（The End of Japan Inc），正如一九九四年出版的同名書名。

日本把泡沫破滅後的那段歲月稱為「失落的十年」（Lost Decades）。[8] 這個名稱並不誇張。在一九九〇年代和二十一世紀的前十年中，那些相信自己可以跟父母從前一樣，在頂尖公司享有終生雇用待遇的大學畢業生，突然間找不到任何工作。大量的新詞彙湧現，用來描述以前難以想像的新社會弊病：繭居族，拒絕離家上學或工作的遁世者；飛特族，被迫在他們整個職涯中兼差打零工的人；啃老族，不願意或沒有能力離開父母保護照顧的人。大人的世界也好不到哪裡去。政客們束手無策，十四名首相上台又下台。成千上萬人受到邪教的愚弄，其中最惡名昭彰的是奧姆真理教的狂熱分子，他們在一九九五年對東京地鐵進行神經毒氣攻擊。同一年，一場地震讓神戶大部分地區夷為平地，造成六千人喪命，更多人流離失所。[9] 政府的反應徹底失靈，以至於要由山口組、一個黑道組織，來負責分發救援物資給災民。到了二〇一一年，出生率驟降，人口老化又非常嚴重，成人尿布的銷售量超過了嬰兒尿布。

然而，在黑暗和厄運之中，一些有趣的事情開始發生了。在「失落的十年」裡，也是日本電玩公司崛起、佔據世界年輕人心靈的時候，當日本漫畫的銷售量遠遠超過美國漫畫時，《紐約時報》不得不另外獨立刊出一個日本動漫排行榜。這是諸如 A Bathing Ape 和 Evisu Jeans 這樣的小眾品牌開始成為全球知名人士裝扮的時候；這是川久保玲和山本耀司等時尚領航者，從本地明星轉變成全球名人的時候；這是優衣庫和無印良品等大型零售商大舉擴張的時候；這是小說家村上春樹開始大量擄獲外國讀者的時候；這也是導演宮崎駿以一部動畫電影，而且是一部極度日式的電影，二〇〇三年的《神隱少女》，贏得奧斯卡金像獎的時候。在很大程度上，這要歸功於日本年輕一代消費者的獨特品味，就在日本經濟衰退之際，日本的文化影響力飆升。二次大戰過後，日本藉由賣給我們需要的東西，所有的那些汽車、家電、可攜式的電子產品而讓自己變得富有；但是藉由賣給我們想要的東西，而讓自己深受喜愛。

這是一個國家戲劇性重生的歷史，藉由真正卓越的產品故事，以及真正具有全球規模的文化吸引力而傳諸於世。像隨身聽、Game Boy 或 Hello Kitty 這類的產品，雖然極其怪異，卻又出奇地必要，它們所代表的不僅僅是熱門產品而已。從日本東京到西班牙的托雷多，它們改變了我們的品味、我們的夢想，並且最終改變了我們的現實，因為我們已經把它們融入到我們的生活之中。

我將這些迷人的產品稱之為「幻想傳遞裝置」，接下來每一章的故事，將會以它們其中之一的故事為基礎。但是，僅舉一個例子來說，為什麼要把卡拉ＯＫ伴唱機視為幻想傳遞裝置，而不是本田喜美汽車呢？為什麼要選擇任天堂娛樂系統（Nintendo Entertainment System，簡稱

NES）而不是錄影機呢？難道錄影機不是一台設計用來滿足幻想的機器嗎？要被真正視為一種幻想傳遞裝置，產品必須滿足我所說的「三個in」：非必要的（inessential）、隨處可見的（inescapable）、有影響力的（influential）。汽車是隨處可見的，但幾乎不可能是非必要的；本田汽車代表的是對成本和功能的考量，而不是對日本品味的擁抱。錄影機當然是非必要的，也是隨處可見的，但很難說它改變了人們對日本的看法。全世界的年輕人緊緊抓住日本正宗的電玩遊戲，好像那是信賴和品質的象徵；另一方面，錄影機只是一個工具，透過錄下好萊塢電影或電視節目這種方式，讓我們用來消費自己國家的幻想。

有趣的是，這些幻想傳遞裝置在製造時，甚至沒有想到西方消費者的需求。它們在爭取對新鮮事物和逃避管道充滿飢渴的日本年輕人的激烈競爭中，脫穎而出。這些創作充滿炙熱、不可抑制的遊戲快感，使得它們同樣吸引了眾多外國粉絲。事實上，從最初的接觸開始，日本人致力於發明玩具和遊戲的努力，就震驚了西方觀察家。英國外交官盧瑟福・阿禮國（Rutherford Alcock）就是其中最早的一位，[10]他在一八六三年，把日本稱之為「嬰兒的天堂」；更讓他們吃驚的是，有那麼多嬰兒長大成人之後，仍然毫不掩飾地繼續享受童年的快樂。「我們經常看到成年男子和身強力壯的當地人沉迷於西方男人不屑一顧的娛樂活動。」[11]美國教育家威廉・艾略特・格里菲斯（William Elliot Griffis）在一八七六年驚訝地表示。他所指的是旋轉陀螺和放風箏等傳統玩具，但隨著時間的流逝，這些娛樂活動變得愈來愈複雜，日本的創作者把古老與新奇的幻想提煉成更為濃稠的混合物。隨著電晶體之類的技術從實驗室流入消費市場，以及現代生活變得愈來愈怪異，幻想傳遞裝置不再只是那個時代的單一產品而已，它們開始改變自己所處的時代。娛樂成為了一種工具，這些工具的效用所吸引到的人，遠遠超過當初它們被設計時所設定的當地消費族群。這就是為什麼當日本在一九九〇年代在經濟上崩潰時，它在文化上卻能向外大爆發，把日本式的希望與夢想散播到全世界：一個由遊戲和幻想點燃的社會超級新星球。在我們接納日本幻想的過程之中，酷、世界主義、女性氣概與男性氣概等新的概念浮現了。

這些創作者的故事很少被講述出來。一位沒落城市的倖存者，將原本被視為垃圾的東西，變成了全世界夢寐以求的玩具。一位因為在課堂上畫漫畫，差點被開除的醫學生，把漫畫從小孩子的玩意兒，提升到全世界青少年表達叛逆的方式。一位被男性主導的商業界排拒在外、才華洋溢的女大學生，把一幅簡單的貓咪素描變成了最受認同的女性力量象徵。還有那些遁隱的，直到現在基本上都還是匿名的御宅族，他們在網路上傳播著整個世代的厭世和憤怒，滋養了全球極端主義政治運動的發展。

在這些互相交織的故事中所呈現的，是一齣關於成功改變世界、鼓起勇氣尋找靈魂，以及讓夢想發光發熱的大戲。事實明明白白地擺在那裡，一群徹徹底底的怪咖，在我們毫無意識到的情況下，重新混和了我們的現實，這常常讓人感到驚訝，有時甚至感到不安。他們的故事不僅僅是全球化或流行文化史上的一章，他們對於我們的自我理解至關重要。

一九四五年，秋天

和平到來！一切都結束了[1]……日本最大的四個城市─東京、名古屋、大阪和神戶，43.5 平方英里的土地都被摧毀了[2]……日本只剩下一個空殼[3]……美國記者的第一個反應，是對日本的疲憊狀態感到驚訝……（靠著以二十、五十、一百和五百片便利包裝出售的 *Philopon™*〔安非他命〕片，更努力、更長時間地工作！）[4]……〈嘿，孩子們！[5] 橡實可以變成餅乾、糖果和麵包來填飽肚子！去收集一些，這樣你就可以吃飽了！〉……**華盛頓**──隨著戰時生產局（War Production Board）撤銷 L81 號限制令，玩具和遊戲重新回到玩具部貨架上的腳步似乎近了[6]……〈**上野電視台報導說，**[7] **每天需處理多達六具餓死的屍體**〉……「日本已淪為四流國家，」[8] 麥克阿瑟（MacArthur）將軍告訴《芝加哥論壇報》，「它不可能再次崛起成為世界強國。」

第一章
錫人

在日本的玩具店裡，你可以看到日本人生活的縮影。[1]

——威廉．艾略特．格里菲斯，一八七六

玩具並不是真的像看起來那樣地幼稚，玩具和遊戲是嚴肅構想的前奏。[2]

——查爾斯．伊姆斯（Charles Eames），一九六一

乘著在底特律製造的戰車，美國以征服者之姿審視屈服在它腳下的國家。數個月轟炸所造成的破壞超乎想像。一九四一年，太平洋戰爭爆發之前，東京是世界第三大城市，擁有將近七百萬居民。在經歷過徵兵、平民傷亡和大規模撤離之後，到了一九四五年秋天，只剩下不到一半的人口。城市本身的狀況也同樣慘不忍睹。「火車和火車頭的殘骸原封不動地遺留在軌道

上，」[3]戰地記者馬克・蓋恩（Mark Gayn）第一次開車進入這座陷落的大都會時寫道：「街車靜止在火焰吞沒它們的地方，扭曲變形的金屬、車頂上折斷的電線、彎曲支撐著的鐵桿，讓它們看起來好像是蠟做的。毀壞的巴士和汽車被遺棄在路邊，這完全是一片人造的沙漠，醜陋而荒涼，在破碎的磚瓦和灰泥揚起的塵埃中顯得朦朧。」燒焦的屍體仍躺在瓦礫下，散發著惡臭的街道寂靜無聲。在這片荒涼的土地上，唯一的工業文明聲音，是美國吉普車的隆隆聲。

美國陸軍 1/4-ton 4×4 指揮偵察車，[4]是專為載運物品而設計。這些吉普車由汽車製造商 Willys-Overland 和福特依照軍事規格大量生產，沒有所謂的舒適性可言，但保證近乎無法摧毀。它的外型四四方方，露天沒有遮蔽，坐在裡頭不論時間長短都很痛苦。這輛單調牢靠的汽車，不知何故地，竟然變得很實用，而且讓人印象深刻，連美國人都有聽聞。艾森豪（Eisenhower）將軍甚至將吉普車視為盟軍贏得戰爭的四項要件之一，[5]與道格拉斯 C-47 運輸機、火箭筒和原子彈相提並論。

日本在接下來的十年中，都被外國軍隊所佔領，但實際上是在收拾日本主要城市的殘局。吉普車在街上不停地自由穿梭。對日本成人來說，吉普車引發了複雜的失落感和渴望感，這是一種讓人無法迴避的投降和無能為力的象徵。對於孩子來說，它們則代表了令人興奮、響亮而快速的糖果分配器，透過 Hershey's 巧克力棒、Bazooka 泡泡糖，以及 Lucky Strike 香菸等形式，散發出美國文化的味道。而它們的確流露出一種魅力：[6]凸眼的車頭燈與七槽格柵勾起了露齒的笑容，好像這輛吉普車就是個卡通人物似的。實際上，「吉普車」這個鼎鼎大名的暱稱，可能就來自於《大力水手》漫畫。這名水手的死黨尤金尼・吉普（Eugene the Jeep）於一九三六年首次出現。[7]他成為了那個時代的皮卡丘，一隻毛茸茸的幻想生物，只會發出單音節的「Jeep」，聽起來很像「GP」，就像是這輛車的另一個名字 General Purpose 的縮寫。

正式佔領持續到一九五二年，當時日本大部分地區根據美國制定的新《憲法》，重新獲得獨立（沖繩則仍然繼續被美國接管二十年）。即便如此，吉普車依然存在，因為取回主權取決於《美日安保條約》（Treaty of Mutual Cooperation and Security Between the United States and Japan）的通過，《美日安保條約》也就是大家比較熟知的日文縮寫《安保》（Anpo）。該條約從一開始就嚴重不公，而且在飽受戰爭蹂躪的日本國民中極不受歡迎，條約規定日本有義務必須在整個國土範圍內，讓美國設立一系列的軍事基地，獨立運作且不受日本法律管轄，幾乎等於是：永久佔領島嶼。

當美國士兵呼嘯而過的時候，警察必須向他們敬禮，[8]不論他們是在執行勤務，還是載著新交的女友兜風。戰後那些年，大多數日本孩子最熟練的第一個英文單字就是：「hello」（哈囉）、「goodbye」（再見）、「Give me chocolate」（給我巧克力）以及「jeep」（吉普車）。[9]

工業部門在一九四五年全面遭受破壞，摧毀了日本的製造能力，這對於任何國家來說都是沉重的打擊，而對於像日本這樣一個極度迷戀物質用品的國家而言，更是雪上加霜。[10]從一八五四年，與西方最初接觸的階段開始，日本就仰賴製造業產品來與外界建立橋樑。

十九世紀中葉，一艘美國海軍軍艦意外地出現在日本海域，迫使幕府結束了兩個多世紀的鎖國政策。美國人毫無疑問地認為，他們會找到一個生活水平低落、可供剝削的落後國家；然而他們所發現的是一個充滿活力的消費經濟體，不僅可以滿足人民的日常需求，而且還能提供書籍、藝術品、家具、裝飾品和時尚配備給需求若渴的民眾。即使是在前工業化的時代，日本民眾也會追求並渴望小小的奢華。

盒子從隱喻和字面上都界定了日本的物質文化。精心布置的便當盒，展示了食材，也刺激了食慾。具有限制性的俳句，三行各由五、七、五個音節組成，引導創造力進入日本的單句詩歌的藝術之中。在包裝藝術中也是如此，無論是精心烹調的高級懷石料理，或是放在信封或盒子中贈送的禮物，都會盡全力用最美的方式展現，其美感不亞於物品本身，如此精緻，以至於它們的價值足以和實際的內容物相提並論，甚至更勝一籌。

這些包裝的樂趣，是階級世襲制度的產物，它將人民分類到自己所屬的盒子裡：武士在社會階級的頂端，其次是農民、工匠和最底層的商人。然而，不論是在街上採購日常實用的「風呂敷」布巾，或是在奢華的 hyakkaten（百貨店）裡看到的那些精緻包裝，日本人對於包裝的熱情已經遍及整個社會。

hyakkaten 這個字代表著「數百種產品」的意思，類似我們現所說的百貨公司與日本人所謂的 depaato（デパート）的傳統說法。日本擁有世界上最早、歷史最悠久的兩家百貨公司，這絕非偶然。這兩家百貨公司是成立於一六一一年的松坂屋，以及三越，它的歷史可以追溯到一六七三年。擁有一百萬居民的江戶（一八六八年以前的東京），[11] 在十八世紀大部分的時間裡，都被評為世界上人口最多的城市。幾個世代以來，諸如三越之類的百貨公司，以及其眾多的競爭對手，都以提供具有鑑賞力的都會消費者最優質的商品為榮。[12] 精緻的和服、精美製作的居家用品、珠寶和配件；各式各樣令人愉悅的東西，從甜食到玩具，所有的東西都包裝得相當體面，再加上店員對顧客深深的一鞠躬，顯示了華麗的展示和裡面的內容一樣重要。包裝永遠不只是在保護裡面的東西，它本身就是一種藝術形式，同時體現了對物品和消費者的尊重。

那些精製的盒子裡可能藏著什麼？在十九世紀後期，專為識貨的日本消費者設計的木板印刷精美書籍、陶瓷器皿、時尚配飾、錦緞，以及其他娛樂用品，如此迷人，以至於西方藝術家開始質疑自己長期以來對美學和設計的假設。印象派畫家，以及受他們啟發的那些人，例如竇加（Degas）、惠斯勒（Whistler）、梵谷（van Gogh）和土魯斯・羅特列克（Toulouse-Lautrec），沉浸在歌川國芳和葛飾北齋充滿趣味的藝術作品中，讓自己從僵化的歐洲風格束縛中釋放出來。不久，日本的物品開始轉變了文化素養的內涵。查爾斯・蒂芙尼（Charles Tiffany）利用了日本的繁文縟節，將一個不起眼的文具商場打造成美國都會精品的頂級供應商。[13]他替常見的精品，例如梳子、餐具、銀器和彩色玻璃，添加了異國情調的圖案，這些圖案的靈感來自或甚至直接從北齋和其他人的作品複製而來，像是：魚、烏龜、花朵、蝴蝶和昆蟲。這就是西方世界第一次接觸 shokunin（職人）的手工藝品所產生的影響：日本工匠是以一生懸命的精神在製作他們的手工藝品，因為他們的手藝是生活極為重要的部分，幾乎是他們那個時代所授予的神聖職務。從嚴厲的武術學徒制中汲取靈感，職人通常將創新放在掌握媒介形式的選擇、完成和呈現之後。只有在經過多年的死記硬背之後，才有可能創造出一些新的東西。你也許可以將它稱之為在盒子裡思考。

諷刺的是，儘管日本人在細節、形式和禮節上投入了高度的關注，然而早期觀察這片異國土地的人們，最感興趣的卻是日本的遊戲感。美國教育家格里菲斯在一八七六年寫到：

我們不知道世界上還有哪個國家會有如此多的玩具店，[14]或有這麼多的玩具市集販賣讓孩子開心的東西。不僅每座城市的街道上都遍布著商店，裡面像聖誕襪似地裝滿了玲瓏滿目的玩具，即使在小鎮和村莊裡，也可以找到一兩處兒童的市集。

雖然西方的時尚名流貪婪地消費著版畫、玻璃器皿、紡織品和其他成人喜愛的物品，但事實上，玩具才是十九世紀後期，日本迅速發展的出口產業中流砥柱。在那個時候，中世紀的階級制度早已不復見，現代化和西化正盛行。這個國家努力追趕的方式之一，就是透過出口。玩具製造是一門大生意，過去和現在皆然。德國、英國和法國爭先恐後地為全世界的孩童供應玩偶、搖擺木馬和鑄鐵士兵；[15]日本則在一旁垂涎。第一次世界大戰的混亂，提供了它期待已久的機會。

一九一五年，在舊金山舉行的巴拿馬—太平洋萬國博覽會（Panama-Pacific International Exposition），[16]一場華麗的展覽充滿了來自東京、名古屋、京都和大阪的玩具製造商生產的圓滾滾不倒翁紙偶、迷你紙傘、公仔和精緻的陶瓷娃娃。日本政府在此處以及其他的博覽會上，昭告了他們的雄心壯志；很快地，這些玩具供應商就以各式各樣、價格便宜的新產品，超越了西方的製造商，這要歸功於他們的廉價勞工。一名技藝精良的工匠一天的收入，可能只相當於美國人一小時的工資。[17]來自日出之國的玩具製造商，證明了他們在這方面的能耐，[18]一九三四年，美國玩具公司向政府請願，要求徵收關稅，以阻止「日本玩具入侵美國市場」。

太平洋戰爭的爆發，似乎永久終結了日本對全球玩具產業的擘劃。然而，事實上，第一個從戰火中冒出來的製品是一個玩具。這個不起眼的產品，是由一位多年未曾製作玩具的大師級工匠所打造，它代表了日本重返世界版圖的第一步，並贏得了日本成人、小孩和征服者的心。

小菅松藏在一八九九年出生於日本最遙遠的邊陲——擇捉島（Etorofu），[19]這是北海道東北部鄂霍次克海的一個冰冷島嶼。擇捉島四周環繞著白色的懸崖峭壁，當地原住民愛努族世居於此，十七世紀晚期，擇捉島第一次出現在當地的地圖上，一場愛努人、日本人和俄國人為爭奪該領土控制權的長期拉鋸戰於焉展開。它也許地處偏僻，但是戰略位置相當重要，而且周遭被豐饒的深水圍繞（一九四一年，帝國的航母艦隊在出發前往珍珠港之前，就是在擇捉港做最後的準備）。經過長時間的談判，俄國於一八五五年，正式將該島讓給日本，以進行開發。

在擇捉島上的生活非常艱辛。[20]海水太冷，無法游泳，即使是在盛夏也是一樣。當地沒有小學以上的學校，年輕人只有兩種工作選擇：上船捕魚，或是到罐頭廠工作。但是雄心勃勃而且永遠充滿好奇心的小菅有更遠大的志向，他在十七歲時就遠赴東京，跟在一名專做錫製玩具的公司老闆井上太七身旁做學徒。低成本、易於加工與耐久性，使得錫成為罐頭的首選材料，同樣也讓它成為製作耐用玩具的理想材質。而且日本的玩具產業正邁向一個令人振奮的時刻，小菅剛好躬逢其盛。長期以來，全球的玩具貿易一直由德國的公司主導，但是第一次世界大戰的爆發，迫使他們從製造玩具轉向製造戰爭用品。日本玩具製造商躍躍欲試，渴望接收德國人棄守、利潤豐厚的市場。從一九一二到一九一七年，僅僅是日本出口到美國的玩具，在短短五年內就成長四倍，[21]而且成長的潛力還看不到盡頭。

在資深工匠多年的指導下，小菅精通了這個行業平凡單調的基本功夫：畫草圖和藍圖、安裝和焊接、在鍍錫鐵片上上漆並印上設計好的彩色圖案，而最重要的是鑄模，將像鐵砧一樣的大塊冷鋼，經過手工精心捏塑，將錫片製作成每個產品特有的形狀。這些模具安裝在巨大、叮噹作響的壓床上，是每一家錫製玩具工廠跳動的心臟。[22]

一九二二年，小菅成立了 Kosuge 玩具製造公司（Kosuge Toy Manufacturing Company）。[23]當時他只有二十三歲，我們不確定他是如何獲得獨當一面的資源的。[24]在那個時候，學徒就類似契約奴隸，在師父放手讓他出去闖盪之前，小菅必須整整工作一年，沒有薪水。儘管取名為公司，但是小菅的公司與其說是個工廠，還更像是個工作室。這是一個玩具的智庫，[25]擁有創造玩具所需的一切專門技術和設備，不僅止是想像力和原料而已。他們的產品有些是按照批發商的規格製造；還有很多是他們在大量實驗後所創造的，他們拿著原型到大公司四處兜售，希望能得到訂單。

小菅的公司唯一沒有做的事情，就是把玩具賣給真正的孩子。這是批發商的業務，他們供應了 Kosuge 製作產品的資金，然後用自己的品牌包裝產品。這就是玩具產業的運作模式，就像整個日本產業一樣：被限制、嚴控、按等級劃分。鄰里的玩具店從批發商訂購產品，批發商則回過頭來向 Kosuge 這樣沒沒無聞、辛勤工作的家庭工坊購買存貨。但是這些被日本人稱之為「鄰里工廠」的微小工坊，實際上是絕大部分玩具的生產地，完全靠手工製造和組裝。有些工廠專門生產較為簡單的產品，例如錫角、灑水壺、搖鈴，以供應國內市場。精心設計的機械裝置，例如 Kosuge 專攻的彈簧動力汽車，儘管也有不少進入了本地的商店，主要還是為外國買家設計的。

他大多數的競爭對手都滿足於單純地模仿外國製造商的產品，例如德國的 Schuco，這家公司複雜精細的發條，為戰前的發條裝置玩具設立了標準。小菅對這些競爭對手深懷敬意，但是對於模仿感到非常反感。「我們的使命是設計出自己的產品。」[26]他對員工說。他親自參與每個項目、構思新的設計方案、親手草擬藍圖。

小菅構想了各式各樣的玩具。有些靈感來自日常生活，例如用布料和賽璐珞（celluloid，一種合成樹脂）做成的爬行發條嬰兒；其他則更富於幻想，例如馬戲團的海豹，或跳舞的動物。在一九三〇年代的某個時期，他創造了全世界第一個大規模生產的玩具機器人，[27]一個四四方

Kosuge 的 Graham-Paige Blue Streak 小汽車。

方，名字叫做利利普特（Lilliput）的錫人。但是他最喜歡的還是汽車。他以複雜精細的發條裝置，呈現出 Graham-Paige 一九三三年 Blue Streak 時髦轎車的樣貌，獲得了他早期的成功。在一九三〇年代早期，整個東京只有一千六百輛登記在案的私家車，[28] 而 Blue Streak 和後來的 Packard Eight 等外國汽車，讓日本的年輕人得以一窺國外的現代世界。沒多久，玩具業的每個人都稱呼他「汽車人小菅」。[29] 到了一九三五年，他的小工作室不再那麼小了。[30] 他雇用了大約兩百名員工，其中有許多是城裡最頂尖的錫匠。他們的努力使日本成為世界第二大玩具生產國，[31] 其中大部分出口到美國和英國，供應那些對玩具愛不釋手的消費者。

日本有望取代德國成為全球玩具貿易的領導者。但是三年後的一九三八年，日本經濟陷入停滯。國際上對日本入侵中國的抗議，導致了嚴重的經濟制裁。隨著首相野心勃勃地宣告要建立東亞新秩序，[32] 國會也通過了一個令人恐懼的《國家動員法》，賦予首相單方面的權力來設定價格、實施配給、甚至徵召國民從事強迫勞動，有效地終結了日本的民主治理。整個國家都被捲入了戰爭，甚至連孩童也無法倖免。「從現在開始，日本的男孩子有紙板和木頭做的玩具就該心滿意足了，」[33] 一九三八年八月，《讀賣新聞》報導。「在對金屬材料的使用提出新的限制之後，金屬玩具的製造也已被禁止了……這提供了媽媽們一個大好的機會，可以向他們的孩子解釋日本發動戰爭，建立東亞新秩序的重要性。」當局命令小菅停止製造玩具，並且重新裝配他的壓床，轉而製造炸彈保險絲的外殼。[34] Shikata ga nai——對此無能為力啊！當大街上到處都張貼著「奢侈品是敵人」的標語時，當家庭主婦因為燙髮而被當眾羞辱時，誰還能夠去製造玩具呢？「Kosuge Toy Manufacturing」的標誌被撕下來了，換上去的是一個聽起來明顯比較沒那麼有趣的「PRECISION FABRICATION」（精密製造）。

世界第一個玩具機器人Lilliput的當代複製品。一個時代的寫照，原作品是由位於中國的日本魁儡政權滿州國所製造。

制裁導致了一九四一年美國對日本實施金屬和石油出口禁運，凍結了日本在美國銀行裡的資產，接著在日本偷襲珍珠港之後，美國對日本全面開戰。由於迫切需要原料，一九四二年的夏天，政府開始到佛教寺廟裡搜刮和融化價值無以倫比的青銅雕像和祈禱鐘。幾個月後，當局挨家挨戶沒收了鍋碗瓢盆，強迫家戶將金屬貨幣換成紙條借據；他們甚至奪走了學校裡的鐵鑄爐灶，迫使孩子在冬天裡飽受風寒。[35]一九四三年，政府終於找上了小菅和他的玩具製造商同行，被迫交出他們最寶貴的資產：他們一直悄悄存放著的鋼模，希望能在戰爭一結束，就可以重起爐灶。如果戰爭能結束的話。

到了一九四五年初，隨著日軍失去對城市領空的控制權，美軍準備展開一系列的大轟炸，目的是要摧毀軍事生產和大眾士氣。在這個新策略的首波嘗試中，代號為「會議室行動」（Operation Meetinghouse）的策劃者，將目標對準小菅，不是因為他的名字，而是因為像他這樣的職人成為了被鎖定的目標。「藉由燒毀整個區域來殺死技藝精良的工匠是很合理的。」[36]前美國陸軍航空隊副司令艾拉．埃克（Ira Eaker）將軍在一九六二年的一次採訪中解釋。東京的淺草區，也就是小菅公司的所在地，不僅僅是玩具業的心臟也是一個繁華的商業住宅區。到處都是各式各樣小型的工坊與工廠，它們當時已經從製造民生用品轉成製造戰時用品。淺草也是地球上人口最稠密的地方，而它也像當時的整個東京一樣，完全是用木頭和紙建造的。

此次突襲開始於三月十日凌晨，美軍出動了將近三百架 B－29轟炸機進入東京上空。他們用磷和凝固汽油精心調製的燃燒彈，在下面城市的街道上引發了大火，結果造成東京街頭世界末日般的大災難。當晚有十萬名日本人死亡，其中大多數是平民。焦屍的臭味如此濃烈，以至於轟炸機人員回報，他們在一英里多的上空都聞得到味道。[37]超過二十五萬棟建築被燒毀，數百萬人無家可歸。這是人類歷史上最具破壞性的轟炸攻擊，至今仍是一個荒唐的紀錄。

小菅沒有留下回憶錄。我們只能猜測他在那一天所目睹的恐怖景象，以及在面對一生的心血化為灰燼和失去眾多親朋好友時排山倒海的失落感。我們只知道，軍方命令他收拾好在轟炸中倖存的所有設備，然後搬到一個遙遠的城市。他有反抗嗎？這已無關緊要。他不再是個玩具製造商，他只是國家戰爭機器下的另一個小齒輪。他被送往大津，這是位於京都郊外琵琶湖岸邊、風景如畫的小村莊。在那兒，小菅度過了剩下的戰爭歲月，他生產軍用相機外殼和其他的戰鬥用品，他一定也跟他的許多同胞一樣，懷疑這場戰爭獲勝的希望渺茫。

當日本在八月投降時，小菅留在原地沒走。東京已經沒什麼地方好回去了，他甚至也不能回家。蘇聯利用日本戰敗的機會，收回了擇捉島，並有傳言說要俘虜島上的公民。

Shitkata ga nai（無能為力啊！）。其他地方還比大津更糟糕啊。自古以來，貴族都在這裡度假，一千年前，紫式部在這裡寫下了《源氏物語》的第一節。小菅居住和工作的湖邊地帶以其風景聞名，迷人的松樹林蔭大道和高聳的山峰，深深地吸引了浮世繪畫家歌川廣重，並將它們畫入了他的《近江八景》。

京都碰巧是日本唯一一座仍然屹立的大都會中心，這給了小菅一個想法。戰爭結束才不過幾個月，他就設立了Kosuge Toy Works，位於他所能找到的第一個大小合適、可供出租的空間：一座舊的牛棚。它已經關閉多年，為了養活飢餓的居民，牛早就被宰殺了。客氣地說，它的結構很粗陋，陽光，還有冷風，從木板縫隙透進來。[38]處處仍可見以前生活的遺跡：空氣中仍瀰漫著刺鼻的味道、一團團稻草雜亂地散落在地上、乾掉的糞便附著在支柱上。但是它有足夠的空間容納小菅的設備和員工，這裡行得通。

服完兵役的小菅，可以製作任何他想做的玩具。唯一的問題是，他想要做什麼？不難想像，他會去思考：我究竟能為那些一生在戰爭中掙扎求存的孩子提供些什麼呢？

就這麼湊巧，答案出現在他眼前。佔領軍將附近的琵琶湖飯店徵用為臨時軍營，使美國大兵在沉寂一時的大津街道上成為熟悉的景象。「那時到處可見美國的吉普車，」[39]玩具史學家加藤治在一九六〇年時寫道，「大人和小孩都一樣羡慕不已。它們身上有某些東西會讓人想要搭個便車。」一九四五年秋天的某個晚上，小菅從公共澡堂回家的路上，發現街上停著一輛吉普車，而且裡面沒有人。想到在這段時間中，車輛主人可能在附近的紅燈區裡尋找女伴。這輛空的汽車給了汽車人小菅第一次近距離查看吉普車的機會。

通常，玩具製造商會參考汽車製造商公布的目錄和促銷的材料來設計玩具，這顯然不是製作軍事裝備的選擇。所以小菅用身上唯一的工具：他的浴巾，來量尺寸。[40]他伸出手去捕捉底盤的約略大小，然後急忙跑回家畫出藍圖。在接下來的幾個晚上，他用浴巾重複著這個過程，讓設計更為完善。不久，這個計畫完成了。汽車人重新開張營業，他和其他人都沒有意識到這是一個多麼關鍵的時刻：這是日本重新回到文化版圖的第一步，而且並非為了軍事征服和製造混亂。

只有一個問題。他沒有模具，[41]它們早就被移交給政府了。原材料和加工金屬也都付之闕如。但是小菅的意志堅定，在琵琶湖飯店後頭迅速堆積的美國垃圾中，他看到了寶藏。小菅跟軍隊商量，讓他可以拖走空的食品罐和啤酒罐。回到工坊，他和他的員工用燒鹼清洗這些廢棄物，將它們切開，用滾筒把它們壓平，然後將這些薄片放在簡易製作的木製模具上敲打成型，接著用手工組裝零件。[42]快速上漆之後，就大功告成了。臨時裝配線上滾動的是一個十公分長的發條小型車隊，這個車隊是美國軍隊日常運輸工具的複製品。

它並不完全符合小菅在戰前所生產的玩具標準。由於缺乏發條裝置所需要的金屬彈簧，只能依靠一條簡單的橡皮筋來驅動這輛微型汽車。但是，儘管小菅只用了一條濕毛巾來測量原件，每個微型複製品都有著令人驚訝的細節，甚至側面和引擎蓋上獨特的白色星星也是如此。它們並非完全精確，但是捕捉到了吉普車的神韻，感覺起來還不賴。小菅看著自己的手工作品時，一定笑了。這麼多年之後，他總算有了一個新玩具。

哲學家華特・班雅明（Walter Benjamin）曾經談到一件原創藝術品或自然作品所具有的神韻，在機械製的複製品中會不可避免地流失，他的這個說法廣為人知。但是在日本，擁有一千三百年歷史的伊勢神宮，每隔二十年就要被拆除，並進行專業的重建，因此，在日本，原作和複製品的界線一直很模糊。在日本，「複製品」並沒有西方社會經常帶有的貶抑之意。在國外，複製意味著一個過程的結束；在日本，創造的過程始於模仿，複製標誌著新事物的開始。

現在，他只需要一個地方來銷售他的複製品。一位經驗老道的玩具製造商開始發揮他蟄伏已久的本能。他帶著樣品去到京都，與該城市最大的百貨公司丸物百貨做成了生意。對小菅來說，丸物百貨是一個非常簡單的選擇，它是京都唯一一家主要的零售商。就百貨公司而言，它一定很樂於進貨這個玩具。自一九四〇年，政府頒布法令禁止銷售珠寶、貴重金屬和高級服飾以來，已經五年了，[43]這迫使百貨公司只能將重點放在簡單的餐具、粗陋的 monpei 工作服（譯註：もんぺ指的是日本一種寬鬆窄褲管的簡陋農婦裝）和基本款的糖果糕點。即使後者也不是為顧客準備的，而是被買來送給國外的士兵做為食物禮品的。小菅的吉普車是多年來第一次出現在市場上的奢侈品，就算它只是用舊的錫罐捶打出來的。

整個秋天，小菅和他的員工都在辛勤地工作，期待著一九四六年一月的新年假期，這是日本近十年來第一次處於和平的狀態。第一批吉普車於一九四五年十二月發售，距離戰爭結束僅僅四個月。它的價格是每輛十日圓，[44]這是在黑市小攤上吃一頓飯的費用，[45]讓貧困的消費者也買得起。它們甚至沒有盒子包裝，除了這個時期之外，其他任何時候在百貨公司沒有包裝就出售商品，可是一個不可原諒的罪過。但是，紙張也一樣，嚴重短缺。

小菅推出的第一批吉普車，有幾百輛，全部在一小時之內就賣光了。[46]他立刻擴大生產規模，[47]租用更多牛棚來增加工作空間，並雇用了數十名當地勞工，甚至招募家庭主婦在家中組裝零件。齊心協力之下，大津的居民又為百貨公司製造了數千件商品。由於都是手工製造，沒有戰前的精密工具，所以沒有兩件商品是一模一樣的。隨著時間的演進，出現了一些細微的改進：在這裡用發條裝置替代橡皮筋，在那裡增加一點拖車配件。最終，小菅甚至想辦法從東京供應商那裡買到了一些最陽春的包裝盒：未漂白的棕色硬紙板，用橡皮印章蓋上英語：「jeep」。

每一批新貨抵達時，顧客就會在街道上排起長長的隊伍，無視於十二月的冷風颼颼。[48]在這片孩子們已經被奪走了他們的英雄和其他一切的土地上，小菅把佔領軍變成了他的品牌。每一輛在街上飛馳而過的盟軍吉普車，都在無意之間推銷著這個產品。到了當月月底，丸物百貨賣出了十萬輛被稱為「Kosuge's jeep」的玩具，[49]考量到當時日本的情況，這是一個驚人的數字。

大津市歷史博物館館藏中的 Kosuge's jeep 樣本。

將征服者的戰車轉變成手掌大小的玩具，顯然挖掘到了一些深刻的東西。

玩具吉普車似乎只是原始流行文化雷達上的一個小光點，出現在歷史上一個奇特的時刻。但日本很快就意識到，當一整個世代的孩子成長於玩具被剝奪的環境中時，會發生什麼事情。即使是那些在戰後仍幸運保有家人和家園的孩子，他們在玩扮家家酒的時候，也會悲哀地讓人回想起那個時代：「假裝黑市」、「假裝賭博」、「假裝抗議示威」、最讓人不安的是「假裝潘潘女（pan-pan）」[50]——模仿那個時代日本街道上隨處可見、和美國大兵出雙入對的年輕女子。其他孩子則成了孤兒，或無家可歸，或兩者兼具。一些人成了罪犯，他們洗劫倉庫，偷取任何可以到手的戰時儲備物資，然後拿去跟黑市的黃牛交換食物。東京一家孤兒院的院長在向《每日新聞》的讀者發出懇求時哀嘆：「我們可以餵飽他們，但是他們所需要的是可以玩的東西，這甚至比衣服或書本更重要。」[51]

Kosuge 在京都取得勝利的消息，在首都僅存的幾家玩具製造商聽來，猶如佳音。「業內的每個人都在競相打聽，『這到底是誰做的？』」[52]歷史學家加藤治回憶。「有誰能在像這樣的年頭做出這麼棒的玩具呢？」受到 Kosuge 成功的啟發，東京一家名為 Takamine 的公司開始生產自己的吉普車。[53]儘管比不上 Kosuge 的細膩，但是它同樣深受首都孩子的喜愛。到了一九四六年五月，這家工廠每天生產超過一百台玩具車，而且還計畫擴產到五百台。

對孩子來說，吉普車是急需的玩具；對大人來說，它們代表著一個正常社會經濟運作的活力。不久之後，美軍注意到了。年輕士兵拾起汽車和飛機的錫製複製品做為紀念，而佔領時期的經濟規劃者敏銳地意識到日本玩具業在戰前的成功，正密切地關注著。這些玩具成為了敵人和不安的同盟國之間搭建橋樑的一種象徵、一種工具。在一九四六年，太平洋版《星條旗報》（*Stars and Stripes*）上的一張圖片，[54]可以看到一名日本男孩和一名年輕的美國大兵在一輛真正的吉普車引擎蓋上競飆著錫製的吉普車。

吉普車成功的關鍵是它所傳達的訊息曖昧不明。創立於一九二四年的富山玩具公司，現稱為Tomy，它的創辦人富山榮市郎回憶：「日本成人討厭軍用車輛玩具，因為它們是我們戰敗的原因；[55]但美國人的情況則不同，它們是軍事成功的光榮典範。我知道它們可以賣到國外。」而就在一九四七年八月，麥克阿瑟將軍的經濟團隊指示，「將盡一切努力提高玩具出口產量，[56]以做為日本國民急需的食品配給的擔保品。」唯一被認可的其他產品是絲綢。多虧了玩具，日本終於可以開始重建出口貿易了。唯一的條件是，這些產品必須清楚地標示「Made In Occupied Japan」（據日製造）。

時機來的正是時候。一九四七年的聖誕節很快就要來臨，[57]美國本身正面臨缺乏玩具的窘境，這是戰時勞動力和物資短缺所造成的美國國內諸多揮之不去的後果之一。即使是著名的玩具火車製造商Lionel，在戰時也淪落到用硬紙板製造產品。日本的玩具製造商非常樂意用流行的美國乘用車和軍用車模型來填補這一空白。富山精巧的B–29轟炸機錫製複製品，在國外大受歡迎，而就是這架一模一樣型號的轟炸機，幾年前才在目前正在製造這個玩具的社區投擲燃燒彈，造成了無數死傷。當玩具經銷商米澤商會在一九五一年的紐約玩具展上展示這款玩具時，買家下了數十萬架飛機的訂單。[58]米澤商會最後光是在美國就賣出了將近一百萬架。[59]諸如B–29之類的產品，[60]將錫製玩具產業的產值從一九四七年的八百萬日圓，增長到一九五五年的八十億日圓。絕大多數的玩具都賣給了美國和英國需求若渴的孩子。

長期以來，一般日本人對這些戰爭象徵的矛盾心理，終於在一九五一年浮出檯面，當時，一個由教師和婦女所組成的團體在全國發起了一場反對製造軍事主題玩具的運動。玩具製造商反駁，他們的產品只是反映了兒童所生活的世界。孩子每天都會看到吉普車、坦克和軍用飛機，無論好壞，它們都是日常生活的一部分。把同樣東西的玩具版本隱藏起來有什麼用？

事實證明，這個問題很快就沒有什麼意義了，因為一九五二年，佔領結束的那年，日本的兒童流行文化進入了一個轉折點。像戰後世界的其他地區一樣，日本崇拜起美國文化：如此強壯、有力、性感又時髦。[61]來自一家小型日本玩具公司的年輕主管，很快地就憑著這點領悟，獲得了巨大的成功。他利用了比吉普車更能具體表達美國夢的東西來做到這點，凱迪拉克（Cadillac）。

在飽受戰爭蹂躪的淺草，幾乎沒有可供出租的建築，但仍然逐步從幾年前的地毯式轟炸中恢復過來。一九四七年，石田晴康和他的弟弟石田實，[62]以及第三位合夥人一起創立了「丸三株式會社」（Marusan Co. Ltd）。他在自己的家中做起生意，這裡也被充當做倉庫，兼做為公司十名員工的宿舍和廚房，這在戰後初期是很常見的安排。兄弟倆沒有製造新產品，而是專做鄉下玩具工廠和為該地區零售店提供服務的東京批發商之間的仲介交易。丸三的專長是「光學玩具」，這是一個聽起來很花俏的名字，指的其實是廉價的塑膠雙筒和單筒望遠鏡。他們賣得很好，報酬穩定。但是該公司三位創辦人中最年輕的實，想做的不僅僅是提供新奇的產品而已。充滿熱情和創造力的實，很快就成為了丸三的點子王。晴康則是個精明幹練的生意人，從市場定位和數字來衡量事情，扮演的是一個平衡者的角色。到了一九五二年，他們倆都同意一件事，他們的競爭對手靠出口錫製玩具賺了不少錢，於是他們決心自己設計一個。

製造迷你汽車的想法深深吸引了實，他對真正的汽車本來就很癡迷。十幾歲在新加坡讀書的時候，[63]他就曾開著 Citroën 11 CV 在城市裡奔馳；丸三才剛創立，他便從一名美國士兵那裡買了一輛二手的 Studebaker，充當公司的座車，然後又添購了一輛亮紅色的 MG T-type 敞篷車到車隊裡來。「我們用這輛 MG 轎車送貨的時候，著實吸引了很多目光，」[64]前員工石塚三郎跟我回述當時的情景時，笑了起來。「當時東京的街道上沒有像這樣的東西。」[65]

實也想要一些能在玩具架上引人注目的東西。一輛前所未有的玩具汽車，依照實物的大小尺寸按比例縮小，而且做到維妙維肖，讓外國買家驚嘆不已。只有一絲不苟的老工匠才能達到這般的境界，實知道要打電話給誰。

一九四七年，小菅松藏回到了東京。在那裡，他創立了一家設計工作室和一家錫工廠，名為東京創意藝術（Tokyo Zosaku Kogeisha）。它位於墨田區，距離戰前的工廠只有幾步的距離。小菅抓緊時機立刻推出了公司的第一款產品，一款可以感知桌子邊緣並在摔下去之前轉彎的發條車。他賣出了一萬輛。隨著訂單的湧入，他的聲譽也水漲船高，他乾脆把公司的名字也改成了每個人都叫習慣的：Kosuge Toys。

在和小菅討論了諸多想法之後，實終於選定了車型：一九五〇年的凱迪拉克轎車。這是一個顯而易見的選擇。隨著美國士兵和他們的吉普車在新近獨立的日本街頭不再那麼常見，美國汽車製造商生產的體積超大、色彩絢麗、性能極佳的流線型轎車，成了孩子們對科技和繁榮的新幻想，會讓孩子感到興奮無比。而凱迪拉克是美國首屈一指的汽車品牌。

汽車人小菅曾經透過選擇吉普車，精明地創造了一石二鳥的效果。它是美國軍事力量和汽車威力的象徵，被包裹在一個小巧的草綠色物件之中。他和日本玩具製造商同行都敏銳地意識到，美國轎車的魅力在本世紀中葉所向披靡，其威力不僅橫掃日本，而且也席捲了它們的原產國。戰後的美國人迷戀汽車。一九五〇年，在美國的道路上只有兩千五百萬輛登記有案的汽車；到了一九五八年，這個數字增加了一倍以上。[66]每個人都想要一輛凱迪拉克，即使它只是一輛玩具車也好。

而這一次，無需勉強湊合。一九五〇年韓戰爆發之後，美國政府向日本提供了將近三十億美元的訂單，用於生產和運輸到朝鮮半島的戰爭物資，這些由三菱和豐田授權製造的物品，諸如：繩索、電線、衣服、食物、彈藥，甚至美國吉普車的複製品，也許賺的是血腥錢，但這對一個深陷財政困境的國家來說，無疑是個福音。正如大使羅伯特．墨菲（Robert Murphy）在一九五二年所說的那樣，隨著日本公司建造工廠和運輸基礎建設來滿足美國的軍事採購訂單，日本變成了「一個巨大的補給站，沒有了它，韓戰根本打不下去」。[67] 看著日本經濟得益於這項投資以兩位數的速度增長，日本央行行長稱其為「天降甘霖」。

現在鑄造廠已重新開工，並再次生產高品質的國產鋼，已經不需要在骯髒的垃圾堆裡搜尋廢棄的錫材了。由於能夠製造齒輪、彈簧和其他精密零件的機械廠房重現江湖，工匠也能夠用新的發條裝置來提升玩具性能，這讓戰前最出色的玩具都相形見絀。在石田實的指導下，小菅的團隊花了一年的時間精雕細琢，製作模具和所有的微小細節。

最終的成品美不勝收。十三英寸的長度，將凱迪拉克從烏黑閃亮的車頂到白壁輪胎都完美地呈現出來。它的光澤來自於無數次精心塗抹的亮光漆；保險桿和格柵都鍍上了閃閃發亮的鉻，再加上用半透明膠做成的車燈晶瑩剔透。引擎蓋上裝飾著微型的凱迪拉克品牌標幟，每一個都是手工繪製。在內部，從錫製車「內部裝潢」的圖案，到車速表上的數字，都透過最先進的平版印刷技術複製了最細膩的細節。實體汽車上的每一樣東西，都如實地呈現在迷你版的車上。它逼真到像是可以開上路，就像某個瘋狂的科學家向真正的汽車照了縮小燈。在這個過程中的某個時刻，每個投入其中的人，似乎都已經到了廢寢忘食的地步，早已不把它能不能賣得出去放在心上。這是一種工匠藝術、一種職人精神。

每個產品在丸三的標幟下面都會用小字標明著KOSUGE FACTORY。這對一名工匠來說，是一個前所未有的讚譽，因為小菅之前就像他的許多前輩一樣，在名牌玩具零售公司的庇蔭之下，默默地辛勤工作。如今，車迷們暱稱它為「Kosuge's Cadillac」。

不勉強湊合的作法，迫使丸三必須以一千五百日圓的價格在日本銷售這款產品，[68] 這在當時是一筆不小的數目，遠遠超出了任何一個孩子可以負擔的能力。石田實唯一可以說服來販售這款產品的商店是百貨公司，他懷抱的希望是，有錢的大人可以買來送給他們的孩子，或是同樣很可能的，為自己購買。

事實上，它的價格如此之高，以至於被政府視為奢侈品，而非玩具，[69] 這迫使丸三必須提交更多的文件，並且繳交額外的營業稅。它們在日本的銷售情況並沒有特別好，不過考慮到價格，這是可以預期的。為了讓晴康放心，實向他保證，真正的客戶在國外。他是對的。事實上，從國外買家在紐約國際玩具展上第一次看到這輛凱迪拉克的那一刻起，丸三就幾乎一直處於供不應求的狀態。[70] 它代表了美國夢的一小部分，由幾年前還在與他們作戰的玩具製造商重新構

Kosuge's Cadillac。

想了出來。

就像生產吉普車一樣，小菅很快就適應了這種對自己手藝的新渴望。由於可以找到的專業人員很少，他擴大生產規模的方式跟在大津一樣：雇用當地的家庭主婦。她們一個個坐在長桌旁，組裝零件並進行最後的修飾。[71]這條生產線在巔峰時期，每天可以生產兩百七十輛成品，有各種顏色和規格，包括迴力車、電動車，後來甚至還推出了遙控汽車的版本。沒有人知道總共生產了多少輛，但是另一款產品暗示了它在外國買家中炙手可熱的程度。一九五四年，丸三推出了一套錫製迷你版的 Buick Roadmaster，這是汽車製造商生產過最奢華的轎車。這個玩具的包裝，以全英文寫著：「我們著名的『凱迪拉克』的姊妹車，深受年輕朋友喜愛。……這是一個玩具，但不僅僅是個玩具。它是丸三今年製造的另一個熱門產品。」一這款 Roadmaster 的日文版包裝則宣稱：「目前出口遍布北美、南美和澳洲的百貨公司，銷售量勝過德國和英國的同類商品。」[72]

做工精細、價格合理的日本玩具汽車，幾乎一放到美國的玩具店架上，就把國產的模型車給擠到一旁去了。到了一九五〇年代末期，日本成了全世界最大的玩具出口國，生產了全球消費四分之三的玩具（即使是全美國的偶像芭比娃娃，實際上也是由日本的一家工廠製造，[73]她的服裝是由日本裁縫在類似小菅的生產線上所縫製的）。全球的玩具製造商都發現，他們不可能和這群技術高超的勞動力競爭，這些人工作的薪資，依照西方的標準來說低的嚇人。一九五九年，憤怒的英國玩具公司做出回應，禁止日本公司參加當地的玩具展。[74]他們幾乎不知道，玩具車只是他們初次嚐到即將面臨的貿易戰滋味。

****

與此同時，日本國內的局勢則陷入一片動盪。一九五八年提出的一項具爭議性的《安保》修訂提案，為長期反對這項協議的公民團體、學生示威者和工會提供了一個凝聚點。他們聯合起來組織大規模抗議活動，反對首相岸信介所領導的政府，岸信介正是日後長期擔任日本首相的安倍晉三的外祖父。

岸信介是美國不太可靠的盟友。[75] 實際上，他幾乎單槍匹馬地體現了外國人和當地人對日本帝國主義的鄙視。他曾是日本偽滿洲國的經濟官員、對美宣戰的共同簽署者、日本戰時強迫勞動計畫的規劃者，也是一名死硬派的極端民族主義分子，並在晚年全力為自己的甲級戰犯罪行辯護，證明自己的無辜。

然而他所有的這些缺點，在美國戰略家的眼中都被他激進反共的特質所掩蓋過去了。這使得他在一九四八年的戰爭法庭獲得了一個不公開的赦免，並且得到了美國中央情報局（ＣＩＡ）的祕密資助，幫助他重返政壇。[76] 十年之內，岸信介就當上了日本首相。當他在一九六〇年一月訪問華盛頓特區，簽署更新這項條約的文件時，艾森豪總統卯足全力以盛大的外交場面款待他，而媒體則用封面故事來讚頌這位「友好、精明的推銷員」，日本彷彿被重新包裝成它在戰前向全世界兜售小玩意兒的角色。

事實上，回到家的情況就沒有這麼令人愉快了。社會正四分五裂。持續了十五個月的政治僵局和示威活動，吸引了將近三千萬名日本人（佔當時全國人口的三分之一）加入抗議運動之中。[77] 一九六〇年五月十九日，關鍵的時刻來臨。這是國會批准岸信介所簽署條約的正式截止日期，該條約允許美國在日本國土內，從本州北端的青森縣，到熱帶地區的沖繩，建立一系列主權屬於美國的軍事基地，而且不受日本法律管轄。由於充分了解岸信介在戰時的歷史，並且

像許多鄰里工廠一樣，Kosuge 的運作很大程度上仰賴當地家庭主婦的努力。

擔心被捲入更多的美國海外軍事衝突，憤怒的民眾聚集在國會大廈外，等待投票結果。在圍牆外聚集的群眾，由藍領勞工、學生和知識分子所組成，代表了日本社會的廣泛階層。在議會內部，反對黨成員拚命地在講台周圍圍成一道人牆，因而爆發了打鬥。經過幾個小時的僵持，岸信介下令用武力強行驅離這些政治人物。五百名警員趕到，將少數黨成員從議會廳裡強行拖走。那位年長的國會議長，掙扎擠過扭打的人群，像個布娃娃一樣，跌坐在他的椅子上，隨即，他未經全院表決就敲下法槌，通過了《安保》。

「這不是民主的良好宣傳。」[78] 英國百代新聞社（British Pathé）一段關於這個場面的新聞影片輕描淡寫地表示。這種蠻橫的行為激怒了示威者和一般民眾，吸引了愈來愈多示威者湧入東京，使得這個城市連續幾週陷入癱瘓。最終，一大批來自菁英大學、自稱為「全學聯」（Zengakuren）的激進分子，成功搗毀了國會議事堂的大門（全學聯是由一個較長的名字組成的混和詞，意思為「全日本學生自治聯合會總會」）。一波波的日本菁英與全副武裝的鎮暴警察全面交鋒，造成了數百人受傷，一名年輕的女大學生在極度混亂中被踩死。

一九六〇年抗議活動的動影片在日本和國外廣為流傳，[79] 許多電視觀眾第一次目睹這麼大規模的抗議示威活動，這樣的場面為後來的抗議運動提供了靈感的來源。特別令人感興趣的是，他們以獨特的方式將手臂勾在一起，並以環繞的方式快速前進，令警察難以驅散。這一定是日本次文化潮流在國外找到利基市場的第一個例子，[80] 後來英文將它稱之為「Japanese snake dance」（日本蛇舞），在一九六〇年代後期的反戰集會上，美國的抗議示威團體也採取了這套方法。

幾個月後，發生在一九六〇年十月的另一起事件，對主流的觀眾則產生了更深遠的影響。這件事牽涉到一位名叫淺沼稻次郎的政治人物，他是六十一歲的日本社會黨主席。十月十二日下午，淺沼走到台上，跟日本三大政黨的領導人進行辯論，在三千多名觀眾之前抨擊岸信介首相和《安保》條約。在他演講的過程中，一名男子突然從側邊衝了出來，揮舞著一把一英尺長的武士刀刺向淺沼的胸部，對這名政治人物造成了致命的傷害，當時電視的鏡頭正拍攝著。肇事者山口二矢是一名十七歲的狂熱右翼分子，就他的立場來說，他甚至認為極右翼的大日本愛國黨在政治上都太過中立了。在被制服之後，他宣稱他已經將日本從共產主義解救出來；一個月之後，他在牢裡上吊自殺，並且用牙膏在牆上塗抹留下一個擁護天皇的口號。與此同時，國內外媒體一遍又一遍地播放著這可怕的畫面。美國《生活》雜誌甚至對其所謂的「史上最完整見證的謀殺」，進行了逐格的畫面分析。該雜誌將其中一張令人屏息的照片，拿來與著名的暗殺故事「元祿赤穗事件」（Tale of the 47 Ronin）進行對比，照片正下方放的是一幅十九世紀浮世繪木版畫的複製品，刻畫的正是此劇的高潮之處。這起謀殺讓日本既震驚又難堪；山口二矢的襲擊不是政治陰謀的一部分，而是一個精神不穩定的年輕人的輕率之舉，而在那場悲劇的武士故事中，則幾乎沒有看到這種情形。美國媒體將現實與幻想混為一談，呈現了對日本異國情調的另一種敘事方式，這種方式在過去幾十年來都頗能引起共鳴，也產生了一些令人驚訝的後果。

儘管如此，日本的全球出口產業仍持續增長。小菅和他同行工匠們所製作的精美小汽車，在他們國家從破碎的經濟中重新站起的過程中，扮演了極為重要的角色。但是蘇聯在一九五七年發射了人造衛星史潑尼克號（Sputnik），立即改變了世界的幻想和夢魇，也逼得玩具製造商做出因應。隨著全球兩大超級核子大國之間「太空競賽」的新聞充斥頭條新聞和廣播，孩子們很快對汽車、坦克和飛機失去了興趣。到了一九七一年，小菅去世的時候，他的吉普車早已被世人遺忘；事實上，直到二十一世紀初，大津歷史博物館的一位館長，才設法透過對當地耆老的調查，重新確認了原作的模樣。到了一九六〇年代初期，一個終於進入承平時期的國家，現實生活已過於單調，無法再刺激想像力。取而代之的，孩子們渴望來自未來的幻想之旅，火箭、雷射槍和機器人成了科技時代的新象徵。

第二章
這場革命將由電視轉播

動漫・一九六三

世界上最偉大的動畫師，幾乎無法避免的，一定是日本人。[1]

——《紐約客》，二〇〇五

這是二〇一三年。一名年輕人開著他的懸浮汽車行駛在太空時代的高速公路上，高速公路穿梭在高聳的玻璃帷幕摩天大樓之間，交織出一個迷人的未來城市景觀。他在橋下、隧道和城市的各個角落裡奔馳，直到一輛卡車衝到他的面前。這名年輕人當場死於撞擊。他悲痛欲絕的父親是一名科學家，為了替代失去的兒子，他設計了一個機械，一個機器小男孩。機器男孩被送去上學，在學校裡，他解數學方程式的速度比老師寫的還要快；在家裡，他得到成堆的玩具和他發明者父親的寵愛。很多年過去了，這個小機器人自然不會像有血有肉的孩子那樣長大。這讓他的創造者深受折磨，不斷地提醒著他所失去的一切。儘管不能責怪這個小機器人，但他還是被丟棄了，並且流落到馬戲團，被迫與其他孤苦無依的廢棄物進行一輪又一輪的生死戰和危險的特技表演來娛樂人類。當一個把戲出了差錯，炸毀馬戲團帳篷時，這名機器男孩並沒有趁機逃走；他運用自己的超能力和腳底的噴射火箭解救觀眾，並且將馬戲團團長迅速帶到安全的地方。然而團長拒絕將這名男孩和他的朋友從奴役中解放出來。在一位善良科學家（他後來成為這群機器人孩子的代理父親）的支持下，這群被當做展示動物的機械掀起了一場全球革命，升起了寫著「機器人權利萬歲，機器人不是你的奴隸！」的標語。

在《原子小金剛》第一集結尾的時候，人類賦予了這些機器人世界公民的身份，而原子小金剛，這位有著一頭尖尖的頭髮、火箭發射系統和一顆善良心腸的機器男孩，則成為了新的英雄。這是日本有史以來第一部為電視製作的卡通，在它一九六三年元旦播出之後，從此之後一切都不一樣了。

《原子小金剛》是一款自力更生的產品，[2]它的製作費用低廉，格數只有標準動畫製作的三分之一，因此所產生的影像非常生硬，以至於業內的專家嘲笑它為「移動的剪紙」。[3]

孩子們則不在乎，他們以前在電視上看過卡通，例如《大力水手》和《摩登原始人》，但是《原子小金剛》是第一部為他們製作的卡通，它是根據他們所熟悉與喜愛的暢銷漫畫改編的。這個節目的成功，很大程度上要歸功於它的新穎和魅力，但也要歸功於絕佳的時機。東京，在一九六三年初，人口即將超過一千萬人，並且有望在當年稍晚成為世界最大的城市。事實上，它開始看起來有點像《原子小金剛》第一集裡的大都會。搭起鷹架的新摩天大樓、高速公路、地鐵和高速鐵路，以極快的速度蜿蜒穿梭在城市和鄉村，為一場特別的活動預做準備：一九六四年的東京奧運會，預示著一個戰敗的國家即將重新被全世界所接納。隨著太空競賽的全面展開，懸浮汽車和人工智慧機器人可能很快就會沿著高速公路滑行在東京高樓大廈之間的這個想法並非遙不可及（同樣的，「安保」抗議活動若沒有被廣為轉播，大家也料想不到，抗議活動會發生在同樣的街道之上）。

《原子小金剛》完美地捕捉到年輕人對未來的興奮感。他們出生於戰後嬰兒潮時期，太過年輕，無法記得戰時的貧乏，而且在經濟突飛猛進的環境中長大。在這個節目的巔峰時期，有超過四成的日本家庭收看，這樣的數字足以媲美奧運轉播的收視率。藉由第一個搶先在電視上播出，這部卡通同時確立了商業模式與藝術傳統，這些藝術傳統，諸如巨大的眼睛、狂野的髮型、誇張的姿勢、定格的靜態畫面，甚至在半個世紀之後仍然帶動著日本的動畫產業。它還向全世界介紹了一個新名詞：動漫（anime），[4] 這是節目製作人的傑作，用來區分他的創作與電影和進口動畫（animation）的不同，因為這種動畫的媒體是用日語發音的。

這不是憑空的虛榮心作祟，這個節目的確沒有輕易地將任何其他國家的卡通模式插入其中。這不是《糊塗交響樂》或是《樂一通》，甚至連情境喜劇《傑森一家》也稱不上。以結束戰爭的可怕力量來命名，但以卡通式的曲線來緩和，《原子小金剛》將未來的情境如此快速地鋪陳出來，使得大人都得努力跟上。從丑角的滑稽搞笑到嚴肅的社會評論，《原子小金剛》在來回的撞擊之間，為動漫提供了範本，它既可做為一種新的娛樂方式，也可做為一種強大的新流行文化工具：它是帶著一點辛辣味的迪士尼。從這第一部電視動漫的第一集開始，就向年輕觀眾呈現了先進科技社會的基本難題。摧毀長崎和廣島的可怕力量，也可以被運用來促進和平。科技可能令人興奮，但也可能很危險，並且讓人變得疏離。進步往往伴隨著贏家和輸家，權威人士未必最了解狀況，改變現況可能需要走上街頭。在將這些複雜的事物提煉成簡單的好人與壞人之間的戲劇衝突時，《原子小金剛》向孩子們保證，不管事情變得如何怪異，一顆善良的心都有能力改變它們，即使那顆心是一個迷你的原子反應裝置而不是血肉之軀也一樣。

在主題和視覺上，《原子小金剛》提供了之後所有的電視動漫一張路線圖。經過幾代傳承者的精益求精，日本漫畫和電視動漫從娛樂兒童的簡單形式，演變成充滿活力的表達媒介。它們激發出年輕人的夢想，提供社會運動驚人的養分，並成為西方幻想的珍貴對照。動漫的吸引力具有特殊的普世性，這使得它不僅具有娛樂性，還具有更多的意義：一種傳播文化價值的方法。在二〇〇三年，世界上仍然沒有懸浮汽車或飛行機器人；然而，那一年仍留下了一個難以抹滅的時刻，這一刻對於一九六三年的觀眾來說，似乎是同樣遙不可及的。美國影藝學院在衡量了動漫的精緻性和日益增長的全球影響力之後，將奧斯卡金像獎最佳動畫片頒給了一部名為《神隱少女》的動漫。不過，日本動畫師大放異彩的時刻，則是在未來的多年以後。

在動漫裡，原子小金剛的父親天馬博士是一位瘋狂科學家。在現實世界裡，他是漫畫家手塚治虫的創作。一九二八年，手塚治虫出生於大阪的名門世家。手塚的富裕，讓他在成長過程中可以自由地沉浸在他兩個非常相似的最愛之中：寶塚歌劇團的表演（這是一個很受歡迎的全女子劇團，以其華麗的女扮男裝歌舞劇而聞名），以及華特・迪士尼的動畫電影。從寶塚那裡，他學到了通俗劇和女性英雄的力量；從華特叔叔那裡，他吸收了一些風格慣例，例如圓形的外型、超大的眼睛，以及用擬人化的林中生物做為主角。他的迷戀近乎著魔：每天最多看五場秀，這些卡通在日本播出的期間，手塚後來總共看了五十遍的《白雪公主和七個小矮人》、超過一百三十遍的《小鹿斑比》。[5] 他將自己沉浸在這些外國的幻想當中，證明當時日本國產

《原子小金剛》賦予了科技一張人人都喜愛的臉。

的動畫卡通有多麼罕見（一九四一年，為了對影片製作人進行宣傳，帝國軍隊放映了一部迪士尼的卡通《幻想曲》，[6]這是在被俘虜的美國運輸船上發現的影片。他們的用意是，也許這可以讓這些人更深入了解敵方。這招似乎奏效了。一名男性觀眾因其精湛的技藝而深受感動，在劇終的時候淚流滿面）。

一九四五年夏天，二次大戰即將接近尾聲之際，手塚正在大阪帝國大學的醫學課程中痛苦掙扎。儘管高中沒有畢業（他每天都在畫畫），但他仍設法通過了艱難的入學考試。事實上，和全國每一位健全的年輕人一樣，如果沒能進到大學，一定會被徵召入伍，這無疑為他提供了強大的動力。手塚是一名聰明機靈但漫不經心的學生，他在大學的課堂上，更加倍地投入畫畫。他因說服護理系學生脫掉衣服進行「解剖研究」而受到懲處，[7]然後又多次在課堂上被逮到在畫素描，因而被勸告放棄學醫，改當漫畫家，以免犯下醫療過失害死病人。

手塚所在的地理位置非常理想，剛好可以善用這個建議。隨著東京的出版業被燃燒彈炸得面目全非，幾十家小型出版商，來自東京永遠的死對頭——大阪，紛紛湧入來填補這一片空白。

大阪是日本的第二大城，在第七、第八世紀是日本的首都；它世俗、務實的商業文化，一直被拿來陪襯光鮮亮麗的東京，並且一直持續至今（大阪方言被認為比國際化的東京話更為粗俗，事實上，它是當今日本喜劇演員偏愛使用的方言）。

大阪也曾慘遭燃燒彈的波及。事實上，其中的一次轟炸差點就殺死了手塚，他曾經被分配到一個高中的偵查大隊，執行消防任務（很難想像如果當初那顆炸彈擊中目標，戰後的日本流行文化將會有多麼大的不同）。無論如何，大阪還是率先重啟了印刷機。被壓抑的玩樂需求，刺激小菅松藏在戰爭結束才幾個月就推出了他的錫製玩具吉普車，這批戰後早期的出版商，也許感覺到同樣的需求，他們沒有把重點放在文學書籍，而是放在一種名為 kashi-hon（貸本）的漫畫：一種粗糙的兒童漫畫書，透過付費跟鄰里的租書店借來看，有點類似於當時的錄影帶出租。

這些不是什麼了不起的生意。「他們甚至連作品都不看，就直接出版，[8] 這意味著就內容而言，你可以隨心所欲地創作。」與手塚同時代的藝術家、也是他的對手，辰巳嘉裕回憶說。當時的報紙對充斥著忍者和武士的低俗漫畫進行了猛烈的抨擊，[9] 並且在評論專欄中嚴正地警告這些漫畫內容「讓人毛骨悚然」。可以想見的是，這些大人的憂心忡忡，完全阻止不了年輕大眾貪婪渴望逃避現實的內容，這使得廉價漫畫成為已成名，以及有志從事這行的藝術家的完美平台。

一九四七年一月，十八歲的手塚，以一部快節奏、長達兩百頁，名為《新寶島》的冒險小說首次登場亮相。[10]這是根據一位資深的漫畫家和動畫師酒井七馬的腳本所改編。酒井對前途看好的年輕手塚大力提攜，在他導師的指導下，手塚將動作處理成許多畫面，使得這部漫畫看起來更像電影，而不像那些可笑的貸本內容。在那個出版一千本就被認為是轟動武林的時代，它賣出了驚人的四十萬本，[11]而且完全沒有行銷，靠的全是口碑。手塚除了收到三千日圓做為這本書的酬勞之外，什麼也沒得到。這是意料中之事。但是酒井在將書稿交給出版商之前，已經悄悄地修改了許多臉孔，這是小小的手塚永遠不會原諒的事情。

《新寶島》代表了日本漫畫的革命性時刻。在一九二〇年代，受美國政治漫畫和週日幽默小品的啟發，藝術家開始在月刊上創作他們自己的連環漫畫。然而，在戰爭時期，審查當局讓漫畫淪落到只剩下無害的家庭題材，或是用例如「以我們殞落的英雄山本五十六的名義，增加生產」這樣的「情節」，把漫畫搞成可笑的宣傳單。現在，藝術家終於可以再次表達自己。

手塚和酒井的創作，開創了後來被稱為故事驅動型漫畫的世界，透過緊湊、嚴謹的手法，打開了插畫娛樂的新大門。它出乎意料地大受歡迎，激起了整個漫畫界的漣漪，刺激出許多令人振奮的想法：漫畫不僅是排遣無聊的消遣；動作不一定非要放進一格畫面中，或甚至一頁之中；而且你可以把它梳理成數百頁的故事，就像是一本小說。這使得漫畫感覺不那麼低俗了，更像是文學或電影的珍貴替代品。

這些漫畫史上的開創性作品，由於是用廉價的紙張印刷，而且一直流通在外，直到它們整本散掉為止，所以流傳至今所剩無幾。為了一九七〇年代重新發行，手塚重新繪製了整部作品，另外，他也把酒井的名字從封面上拿掉。原作的真正複製品要等到二〇〇八年，手塚過世多年後才再版。

隨著漫畫出版業的重心轉移到迅速重建的東京，手塚在一九五二年也緊隨其後。令人有點難以置信的是，他還設法通過了醫學院的期末考，並且完成了為期一年的住院醫師實習，同時還為三本男孩雜誌趕稿，忙得不可開交。儘管手塚因出生背景和日益受歡迎的漫畫作品而相當富有，但他還是選擇住在一間叫做「常盤莊」的破舊出租公寓裡。在這個城市新興漫畫家的骯髒臨時住處，手塚和他的同行藝術家們沉浸在惺惺相惜與攜手合作的氣氛之中。他大方地分享自己的藝術和商業知識，並為挨餓的同事慷慨解囊，以幫助他趕上最後的交稿期限。在手塚的庇護下，很多人後來都成為漫畫界的明星。他們的作品比以往都接觸到更多的孩子，這要歸功於每週漫畫選集這種新媒介的出現，它們包括了：《週刊少年 Magazine》、《週刊少年

Sunday》，兩者都在一九五九年上市，並且很快就代替了租書店，成為全日本各地漫畫家和讀者的首選媒介。

手塚極其多產，維持著多個系列的創作，並且類型繁多，令人折服。除了他的主力作品《原子小金剛》之外，他還推出了迪士尼風格的動物劇《森林大帝》（後來以《小白獅王》的名字在國外上映），以及為年輕女孩所創作的浪漫冒險，例如《寶馬王子》，講述一位美麗的公主假扮成王子，為自己的王國而戰的故事。他無所不在的作品，逐漸佔據了漫畫雜誌的主導地位。

然而，就在他的風格影響力達到巔峰之際，新一代的藝術家也開始對手塚將卡通劇情普遍設定在幻想的夢幻世界感到反感，他們夢想著藉由這種媒介來探索更適合自己品味與經驗的主題。為了將他們更為黑暗、陰鬱的作品跟給小男生、小女生看的漫畫區分出來，這些創作者將它稱之為「gekiga」，字面上的意思是「劇畫」，不過更口語的說法是「圖像小說」。它的出現確實改變了日本漫畫的方向，並且大幅地拓展了這個媒介的潛力。

這個詞是由辰巳嘉裕所想出來的，當時他才二十四歲，是位充滿企圖心的藝術家。一九五七年，他開始把劇畫放在他所創作的漫畫扉頁上，以凸顯他所偏愛的冷硬主題。辰巳小手塚六歲，在佔領期間成長於離手塚家不遠的一個社區。他把《新寶島》奉為聖經，甚至曾經拜訪這位藝術家前輩尋求建議。但是辰巳和他的朋友感覺到，手塚搬到大城市並且放棄長篇故事系列之後，他作品中的某種火花已經消失了。一九五九年，辰巳說服了其他六位藝術家一起加入他稱之為「劇畫工房」（Gekiga Workshop）的集體行動。他們的第一個行動是寄出一張明信片宣言，向出版商、報紙、編輯和其他同行藝術家，包括手塚本人，宣布他們的存在。[12] 它的結語是這樣寫的：

> 近年來，電影、廣播和電視的迅速發展，催生了一種以故事驅動的新型態漫畫，我們稱之為劇畫。針對青少年的娛樂需求，這個項目仍未被滿足，因為從來沒有一個論壇供此類內容發表。這些讀者是劇畫的目標讀者。

劇畫工房的第一個作品是一本叫做《摩天樓》的每月漫畫選集，在迅速衰退的租書店中，它發掘出一個需求若渴的市場。手塚異想天開的戲劇化風格已經一去不返，還有它所有的卡通人物和他們出糗、搞笑的畫面也全都過時了。取而代之的是一種全新的，更勇敢的插圖敘事風格，充滿了陰影對比、鮮明的線條和奔放的青春活力。《摩天樓》是前所未見的東西。它的封面是聳動的：全彩特寫的雙手抓住鍊條、孤獨的鐵道交叉口、自動手槍。內容也是如此，包括像是「謀殺公司」、「夜晚的第一個客人」、「用炸藥炸毀」等標題。故事中充斥著殺手、腐敗的警察和雙面女郎。其中有些藝術表現非常粗獷，類似於素描，彷彿藝術家是處於暴力在他們周圍橫行之際，躲在桌子底下匆忙畫出來的。

《摩天樓》簡單卻撩人的標題，反映出許多日本人的生活方式發生了巨大的改變。在第二次大戰結束時，絕大多數人口居住在鄉下地方，當中有許多人是從大城市逃避燃燒彈大轟炸的難民。[13]到了一九七〇年，有將近四分之三的日本國民居住在東京、大阪、神戶和名古屋等工業中心。美國也曾經歷類似的都市化歷程，但這過程進行了一個世紀。在戰後的日本，快速工業化的需求，將大規模移民的時間壓縮到僅四分之一。

辰巳和他的同伴並不是唯一在挑剔的讀者中引起轟動的人。白土三平的作品也是如此，他是一九五九年貸本漫畫《忍者武藝帳》和一九六四年的劇畫《卡姆伊傳》的創作者。白土成長於戰爭的年代，[14]曾經看著他父親，一位前衛的畫家，因為他的自由主義信仰而屢遭警察刁難。由於對權威人士極度不信任，白土的故事充滿了左派的社會評論，以至於後來的社運人士將它們推薦做為閱讀馬克思的替代品。以武士時代為背景，《忍者武藝帳》和《卡姆伊傳》將傳奇武士描繪成長期遭受苦難的農民的殘酷壓迫者，再加上反英雄忍者為了自己的目的彼此玩弄對抗的情節，藉此顛覆了過往的劇本。這些戰鬥往往真的是血流成河，白土透過將浸滿墨水的筆刷緩緩吹過紙面，把他的頁面濺得到處鮮血淋漓。他那陰鬱的線條、精心設計的武打場面、凶狠的暴力，以及反抗資本主義的世界觀，深深引起了新一代年輕城市居民的共鳴，因為他們對日本經濟奇蹟的承諾同樣感到幻滅。

這些新移民中絕大多數是年輕人，[15]他們在農村被招募，並透過一九五四到一九七五年執行的特許「就業列車」系統進入大城市。隨著這些就業列車出現在每個畢業的季節，鄉下的火車站月台上擠滿了一把眼淚、一把鼻涕，跟他們十幾歲孩子告別的家人。許多人由於經濟上的需要，中學一畢業就立刻被迫投入勞動市場。劇畫對反英雄和疏離感的描述，穿插著大量的性和暴力，深深地和這群人口迅速膨脹的青少年藍領工人產生共鳴。生活在離鄉背井的陌生城市環境中，他們渴望刺激、娛樂和單純的人際關係。在工地、工廠或服務業長期輪班工作，他們幾乎沒有時間發展社交生活。劇畫提供了一種既便宜又方便的逃避方式。

劇畫工房只維持了三年，由於在方向上的分歧，導致其成員在一九六〇年各自分道揚鑣，但是大局已定：日本青少年正成群結隊地投入劇畫所啟發的內容之中。與此形成鮮明對比的是美國，由於對青少年犯罪的擔憂，導致美國在一九五四年制定了嚴格的「漫畫規範」（Comics Code）。它讀起來酷似辰巳宣言的一個鏡像世界，它要求消除「令人毛骨悚然、令人討厭、陰森恐怖的插圖」，堅持「將犯罪描繪成污穢骯髒和令人不悅的活動」，宣布將「性變態」甚至「誘惑」的概念視為禁忌，並且規定「在任何情況下，正義終將戰勝邪惡」。「漫畫規範」將一整個世代的美國漫畫人才降格為褓姆的角色。

在日本，情況則非如此，只要作品賣得出去，藝術家就可以無拘無束，全心全意擁抱這種不同於主流的黑暗新選擇。

手塚在他的辦公室裡踱來踱去，閱讀著助手從租書店裡租來的幾十本劇畫仔細研究。由於天生缺乏安全感，他將這些粗暴作品的氾濫，視為是對他在漫畫界得來不易的領導權的一個致命威脅。[16] 在收到了劇畫工房的宣言之後，他發表了一封憤怒的公開信，名為「致新兒童漫畫家」，譴責這些新進者背棄了他們在娛樂孩童時應盡的責任。「此外，」他忍不住加了一句「反正你們也畫得不夠好，禁不起大人的細看。」沒什麼好說的！儘管如此，這些競爭對手的存在仍然讓手塚惶惶不安。他踱來踱去，心情變得愈來愈煩躁，陷入在那些跟他所寫的故事完全不同的作品當中，直到他滾下樓梯。[17]

他身體毫髮無傷，但不祥之兆已經出現。來自讀者的仇恨信件源源不斷地湧入，他自己的助手在閒暇之餘也在看劇畫自娛。手塚陷入了一種不尋常的焦慮之中。由於情況太過嚴重，他去找了一名治療師做諮商，這種作法在當時的日本幾乎從未聽聞。醫生告訴他，唯一的治療方式是放假三年。當恐慌發作，醫生則冷冷地建議他，也順便去結個婚吧。回到他自己的工作室，他對於自己不可思議的處境感到憤怒，手塚把自己搞到非常焦慮不安，以至於他又從同一個階梯上摔了下來。

諷刺的是，這個個人的谷底卻恰巧遇上了一個突破性的時刻，手塚的作品開始吸引戰後剛起步的動畫產業的目光。一九五八年，日本最大的電影公司東映跟手塚接洽，與他合作了一部改編自他漫畫《我的孫悟空》的動畫片。這部漫畫在一九五二至一九五九年連載於一本廣受歡迎的漫畫雜誌上，它大致上是以中國十六世紀的經典小說《西遊記》為藍本。這個充滿動感的民間故事，講述了美猴王孫悟空的冒險經歷。孫悟空是一隻具有神力的猴子，他能夠行走、講話，戰鬥力比誰都高強（三十年之後，藝術家鳥山明挖掘了這個相同的神話題材，創作出《七龍珠》漫畫與動漫系列）。手塚這部受歡迎的改編電影，以迪士尼風格重新塑造了這位傳奇英雄，他有著米老鼠般的巨大耳朵、超大的眼睛和圓滾滾的鼻子。為了吸引日本乃至全世界各地的兒童，東映公司利用這個角色，做為最新長篇動畫片的完美主角。

東映成立於此事件三年之前，以成為東方的迪士尼為目標，它是日本最大、也是最成功的動畫公司。[18]對於手塚來說，它們的提議，乍看之下似乎是一份讓人夢寐以求的工作。早在大學時代，他就曾考慮過成為一名動畫師；[19]但一九四六年被東京的一家動畫工作室拒絕之後，他便將精力轉而投入了漫畫。如今，東映基本上給了他另一次機會。他將負責畫分鏡圖，不論是在日本或其他任何地方，這都是製作卡通最重要的工作（如今依然是）。分鏡圖是一系列的連續圖畫，用以說明一幕幕製作的流程，它是任何動畫製作的核心與靈魂，同時也是讓藝術家在某個作品上留下獨特創作印記的珍貴機會。

但是手塚已不再是一位渴望得到認可的單純大學生。[20]儘管因為來自劇畫的競爭而苦惱不堪，他仍然是日本收入最高的漫畫家，遙遙領先其他人。他的工作滿檔，而且長久以來習慣按照自己的時間表做事，他自己也承認「並沒有把交稿期限當做一回事」。重要的分鏡圖遲交了好幾個月，他發現他的員工揣摩猜測他的許多原始構想，他們被迫在沒有他的情況之下做出創造性的決定。

手塚的自尊可能受了一點傷，但結果卻是一炮而紅。一九六〇年上映的《西遊記》，大受日本孩童的歡迎。它的粉絲之一是一位名叫宮本茂的七歲男孩，[21]幾十年之後，這個男孩成為了一名電玩設計師，他以影片中出現的一頭公牛為靈感，設計出《超級瑪利歐》遊戲中的大魔王庫巴（Bowser）。這部電影的美國化版本則差太多了，《Alakazam the Great》幾乎重新改寫和刪除了所有的亞洲元素，[22]它在西方觀眾中慘遭挫敗，以至於它在一九七八年的暢銷書《有史以來最爛的五十部電影（以及它們是怎麼辦到的）》（*The Fifty Worst Films of All Time (And How They Got That Way)*），贏得了一席之地。

《西遊記》的成功掩蓋了東映內部正在醞釀的風暴，公司要求的工作永遠超過負荷，而且工資過低。[23]為了製作這部電影，每位動畫師每個月都被迫加班超過九十個小時以趕上進度，而且沒有加班費。現在影片完成了，他們成立了工會，向管理階層請願，爭取更好的工作條件。動畫師在附近的一家麵店祕密開會，列出了三十一項要求清單，包括提高工資、更合理的工作進度，以及在強迫加班期間供應食物等等。公司願意討論這些建議，[24]但是經過一年曲折的談判之後，工會唯一獲得的讓步是，每天下午有一個官方批准的十五分鐘休息時間。一九六一年十二月初，沮喪的動畫師發起了一連串為期兩小時的停工，以訴求他們的意見。

這樣的對峙對動畫師來說是第一次，但是在日本，勞資糾紛有很多先例。工會在戰前有過悠久輝煌的歷史，在戰時受到當局的鎮壓，但美國佔領軍很快就讓它們重振旗鼓並加以鼓吹。美國起初把有組織的勞動力視為民主化的一股力量，但這段蜜月期並沒有持續太久，因為軍方對工人為爭取更好的薪資與工作條件而採取的激烈罷工手段愈來愈存有戒心。光是在一九四六年就有一百多次這樣的行動，在一九四七年初組織的全國多行業罷工前夕，麥克阿瑟將軍突然改弦易轍，徹底禁止了一般的罷工。在飢餓和失控的通貨膨脹中掙扎的工人階級，把這個草率的決定當做是一記偽善的耳光，是仁慈的解放征服者臉上露出的第一道裂縫。「這是哪門子的民主？」勞工組織人士伊井彌四郎要求佔領當局。「日本工人不是美國人的奴隸！」

那些在娛樂業辛苦工作的人員也不例外。一九四八年初，在經過一系列失敗的談判之後，[25]東映的競爭對手東寶，它的舞台工作人員將自己鎖在公司製片場的錄音棚裡。為了要求更高的薪資，以及對製作的排程有更多的決定權，他們將製作電影的工具變成臨時的武器。特效技術人員準備了漆彈。電工將造雨機改裝成水炮，並且操控工業電扇對可能破壞罷工的人噴灑辣椒粉。在那些設置路障的人當中，有一位是年輕的黑澤明。動用了兩千名鎮暴警察，並在美國陸軍第一騎兵部隊的協助之下，才驅逐了佔領者。

甚至在十三年之後的一九六一年，業內人士對那次痛苦而代價高昂的圍攻仍然記憶猶新。東映的動畫團隊幾乎沒有煽動暴力，在停工期間，他們聚集在最近的火車站附近散發傳單，指責公司侵犯他們的人權。但是即使如此溫和地讓家醜外揚，也觸怒了東映的社長。十二月五日早上九點，他採取了非比尋常的手段，將動畫員工鎖在公司外面。

在管理階層和工會達成協議之前，關閉僅持續了幾天，但損傷已經造成。資深動畫師對於公司和工會的妥協方案都已不存幻想，開始離職。部分的原因是很少人相信事情會真正有所改變，但主要的原因是，傳聞城裡即將會有一家新的工作室：手塚治虫製作公司動畫部門，它是從手塚蓬勃發展的漫畫工作室衍生出來的部門。一年之後，它就被重新命名為「蟲製作公司」（Mushi Productions），跟手塚治虫的名字有異曲同工之妙。對於一個蓄勢待發，想成為卡通界牛虻的工作室來說，這是一個再好不過的名字。但是手塚能用筆、墨和紙，將他的技巧轉換到螢幕上嗎？這仍然是一個待解的問題。

「他們除了戰艦，什麼都出動了，」一位曾經參與一九四八年東寶電影公司罷工的女演員回憶說。

手塚在東映的經歷使他變得謙卑。他已經學會了「人際關係遠勝於藝術本身，」[26]如同他後來所寫的，「動畫是一種合作努力的結果，是許多專家同心協力兢兢業業的產物。這裡沒有孤狼的空間。」牢記這一點，手塚竭盡全力找到了一群最有才華的狼，將他們打造成一個團隊。一九六一年六月，他在自家辦公室的車庫建立了他的新工作室，他給的薪水是東映平均薪資的兩到三倍，最後終於使得頂尖動畫師的收入可以和其他白領工作者平起平坐。他還提供了備受歡迎的額外福利，例如免費午餐和下午點心。對於那些飽受苦難的藝術家來說，這真是夢想成真，他們成群結隊地從東映跳槽。不過有一個令人苦惱的問題：自成立以來已經有好幾個月了，但這個工作室還沒有任何作品。除了對未來的承諾之外，就沒有什麼事情可做的了。儘管如此，關於這位日本頂尖漫畫家成立動畫工作室的新聞，還是引起了大眾極大的興趣。在無數次的媒體採訪中，手塚誇耀地避開跟迪士尼的比較。[27]「他們所做的，基本上是兒童文學，」他告訴《週刊コウロン》雜誌，「把迪士尼當做起點還不錯，但我相信我能把事情發展到下一個層次。」對於那個曾經猛烈抨擊劇畫成人主題的人來說，這句話聽起來頗為諷刺。

手塚利用漫畫的版權費自掏腰包打理一切，[28]並且速度不減地持續畫畫。蟲製作公司的第一個作品，是一部四十分鐘的實驗電影，名為《街角物語》，描繪了一個繁華大都市，它的海報和招牌都活了過來，不過卻被粗暴的士兵給毀滅了。手塚的預想是，這部片子既可以做為進軍產業的名片，也可以當做一個實驗平台，用來測試一種叫做有限動畫的美國新技術，這種技術可以使用最少的移動圖像來節省成本和時間。最後的成果，無可否認地，別有一番味道。但是令人難以忍受的緩慢節奏，以及嚴肅的說教，讓它很不符合主流觀眾的胃口，或甚至，它似乎也難以討好專業的觀眾。首映時，坐在戲院裡的觀眾，有一名叫做宮崎駿的東映新員工。他是資深動畫師大批跳槽到蟲製作後，東映雇用的新進接替人選之一。他後來寫道，這部影片黏膩的多愁善感，讓他感到非常厭惡，令人脊椎發涼。[29]

「向一家不賺錢的公司領薪水，感覺糟透了，」[30]動畫師坂本雄作回憶道，「我們動畫部門的人都會跑出去喝酒，想辦法生出一些可以帶來利潤的東西。」拍電視廣告？有利可圖，但很無聊。拍電影？大多數動畫師都是從東映落難到此，他們深知製作長片的艱辛。最後，他們決定製作一部「電視漫畫」，換句話說，一部電視動畫影集。這並不是個瘋狂的主意，這個國家現在是僅次於美國的世界第二大電視內容消費大國，而且還有一個先例：《大力水手》。TBS電視台在一九五九年開始播放這部美國動畫短片的翻譯版本。這是一件天大的事情，大到可以讓學童在它播出之前，迫不及待，不顧一切地衝回家。

坂本愈想，愈覺得有道理。他們所需要的只是一個故事。《原子小金剛》是一個很顯而易見的選擇。它家喻戶曉，這是手塚最受歡迎的漫畫。在它首次登場十多年之後，依然表現亮眼，它有足夠的情節內容讓動畫影集持續發展。而最棒的是，它實際上已經畫好了分鏡圖，就在漫畫的頁面上。是的，《原子小金剛》非常完美。當坂本和同仁跟手塚提出這個構想，他興致勃勃地答應了。

但是如果要擴大規模每週製作一集三十分鐘的卡通，需要更多的資金，即使是暢銷漫畫作家的金庫也遠遠不足。手塚估計，每集的製作成本將超過一百萬日圓。[31]即使是運用「有限動畫」的技術，也無法避免卡通製作極度耗時費力的這個事實。事實上，這就是為什麼在這之前，日本沒有人嘗試製作電視動畫的原因，即使是像東映這樣的大公司也沒有足夠的資本。潛在投資者對這所涉及到的成本都望而卻步。

他所需要的是贊助商。在日本這樣一個繁榮的消費經濟體中，很多公司都樂於看到它們的名字醒目地出現在熱門電視連戲劇的掛名上。每個人都知道手塚受歡迎的程度。根據《原子小金剛》這樣受歡迎的漫畫來製作卡通，似乎是一件輕而易舉的事。問題在於，贊助商習慣於贊助真人演出的節目，這些節目一集的製作費用可能遠遠低於五十萬日圓。「它們不可能在一個未經測試的節目上投入兩倍，或甚至三倍的資金。」[32]手塚感嘆道。

經過幾個星期的嘗試，只有一家贊助商表現出一絲絲的興趣：一家名叫明治製菓的糖果公司。絕望之下，手塚保證每集只要五十五萬日圓，並承諾將自掏腰包補足差額。該公司接受了這個條件，富士電視台通過了這個節目的計畫。但和他在《西遊記》的經歷相呼應的是，這場勝利對手塚來說也是苦樂參半。「按照現代的標準，不，即使以當時的標準來看，這個數字也低到愚蠢。」[33]手塚在他的自傳中嘆氣。他稱這是他職涯中最大的錯誤。

《原子小金剛》取得了成功，證明國產電視動畫的可行性，但是它也壓低了後來幾十年的預算上限，這損害了日本各電影公司的利益，包括他自己的在內。日本動畫深受人喜愛的特點，包括引人注目的誇張姿勢、慢動作的定格畫面，以及一定範圍內的移動，這些都是為了節省成本拚命想出來的變通辦法，最後卻成為將動漫與其他地區製作的內容區隔出來的關鍵因素。它們不僅是在賣弄風格。它們是手塚在數十年前做出重大抉擇時的直接後果。

一九六三年，英文版的《原子小金剛》改名為《Astro Boy》（宇宙男孩），在美國的NBC聯播網首次亮相。讓NBC對《原子小金剛》感到興趣的，不是它的開創性，而是它很便宜。任何帶有暴力、成人的主題，或日本味的內容都被仔細地刪除了，這是出於當時的想法，NBC認定這些都是奇奇怪怪的東西。就這樣，原子小金剛變成了Astro Boy，這也設定了後來的引進模式。手塚《森林大帝》裡的主角小獅王雷歐（Leo），被改名為白獅金巴（Kimba the White Lion）。極速賽車手Go Mifune被改名為Speed Racer，這樣的例子不勝枚舉。這其中並沒有什麼周全的計畫。NBC完全是在偶然的情況下發現了《原子小金剛》，當時它的一名員工到東京出差，在飯店房間裡剛好看到某一集。問題不在於日本卡通是否會徹底改變美國人的口味，問題在於它是否能用很低的成本與《摩登原始人》競爭。因此，與其說《Astro Boy》是艘旗艦，不如說它是個風向球。NBC甚至不是在它的家庭頻道上播出，而是將它降格到較小的地區性電視台。高階主管認為，如果把這個搞砸了，至少可以把損失降到最低。

它沒有搞砸。《Astro Boy》的收視率一鳴驚人，至少在播映的當地電視台是如此。但是這樣的成功並不足以力抗產業勢力，大家還是認為日本動畫只不過是優質美國產品的廉價替代品。這種現況持續了許多年。與生硬、匆忙配音的英文版怪獸電影，例如《哥吉拉》或是成本更低廉的姊妹作《卡美拉》，給人的感覺搭配在一起，動漫恰巧融入了戰後大家對日本製造的普遍看法，也就是認為「日本製造」的東西偶爾會很有意思，但不可避免地較為次等。

《Astro Boy》在秋季首映時，它的收視率輕鬆擊敗了《米老鼠俱樂部》，這是手塚個人的勝利。導演史丹利·庫柏力克（Stanley Kubrick）也是它的粉絲之一，他寄了一封信給手塚，邀請他共同合作，為一部以二〇〇一年為背景的新科幻電影創作視覺概念。[34]一如以往，手塚的工作行程早已排得滿滿，他回信表達遺憾，但令人不禁好奇的是，如果在《2001太空漫遊》這部電影裡面注入一點手塚的視覺和喜劇感，會是什麼樣子。

****

「漫畫之神」。[35]自從一九六四年，小說家開高健在一篇熱烈讚揚手塚的簡介中賦予他這個稱號之後，粉絲跟評論家都這麼稱呼他。憑藉著一股幹勁和企圖心，這位藝術家快速地從一名創作者發展成一家機構。蟲製作在一九六六年達到巔峰之際，同時為日本的電視台製作四部動畫影集，反映出它的創辦者四處遊走的精力，這四部動畫包括：《原子小金剛》、《銀河少年隊》、《Wonder 3》和《森林大帝》，再加上《新寶島》和《寶馬王子》的一集特集。

然而在幕後，蟲製作卻陷入了嚴重的麻煩。問題在於，手塚一直以來都是個發想點子的人，但卻不是個生意人。在一個仰賴先例的產業裡，他為了讓《原子小金剛》播出而提出刻意壓低的預算，已經變成了一道牢不可破的常規。如果一集五十五萬日圓對「神」來說已經足夠，那麼凡人還能要求更多嗎？對手塚來說，更讓人擔心的是，觀眾口味正在改變的事實。雖然年幼孩童對傳統漫畫的熱愛不減，青少年卻一面倒地更偏愛劇畫。到了一九六〇年代後期，這種更黑暗、更前衛的故事敘事方式，已經全面滲透到每週出刊的漫畫雜誌裡，甚至也開始影響兒童讀物。像原子小金剛這樣明亮耀眼的英雄，看起來愈來愈過時了。蟲製作被迫撤回一系列的節目，並在一九六七年結束《原子小金剛》。手塚也在接下來的一年，結束了這部漫畫系列。

值得稱讚的是，手塚很努力地想要與時俱進。但是當他試圖透過獨特的漫畫風格來表現那些更大膽、成熟的劇畫主題時，那些看起來很卡通化的主角們，在華特・迪士尼的英雄世界裡，處境卻愈來愈來尷尬，讓人看得臉紅。「那些可愛的角色正奄奄一息！他們正在做愛！」[36]兒童心理學家齋藤環寫道，「這會讓你想說：『先生，這會不會做得太過火了？』」但是在日本，一向雅俗並存。十九世紀廣受推崇的版畫家北齋，創作了最具代表性的《神奈川沖浪裏》，也創作了怪力亂神的《章魚與海女圖》，在這幅畫裡，描繪了一名女人與一隻大章魚的色情交媾。儘管粉絲接受了手塚的探索，但這並沒有化為影響力。青少年和成人讀者對他誇張的卡通人物不感興趣，不管被扔到多麼淫亂的情境裡，他們所渴望的是劇畫世界裡的真實刺激。

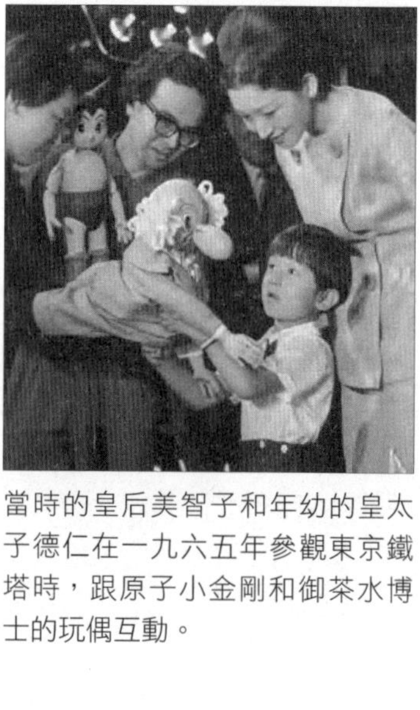

當時的皇后美智子和年幼的皇太子德仁在一九六五年參觀東京鐵塔時，跟原子小金剛和御茶水博士的玩偶互動。

他們最喜歡的作品之一，是一九六八年名為《小拳王》的劇畫。它是由梶原一騎所撰寫，千葉徹彌負責插畫，描繪了一名東京貧民窟裡的少年犯成為日本最偉大拳擊手的故事。這個系列在日本集體想像中的地位，大約等於席維斯．史特龍（Sylvester Stallone）的《洛基》在美國人心目中的地位。它如此深受歡迎，以至於當主角矢吹丈的主要敵手力石徹在拳擊場上死亡時，有超過七百名粉絲聚集在《週刊少年 Magazine》的辦公室舉行了一場假葬禮。[37]美國的水手透過一八五四年舉行的一系列公開賽，將這個運動介紹到日本，儘管它從未取代相撲在日本人心目中的地位，但是在主流的邊緣悄悄地盛行，這使得它成為無名英雄的完美擂台。從表面上來看，《小拳王》只是一個扣人心弦的運動故事，但那些有心人可以把它解讀為日本戰後掙扎奮鬥的隱喻，或是身處在社會體系底層中的工人，力爭上游的一則寓言。用時髦、粗獷的藝術風格來呈現汗流浹背、血腥暴力的訓練和對打，《小拳王》的角色是手塚亮麗可愛人物的完全相反面。

愈來愈多年輕人將插畫娛樂做為一種休閒方式，有部分原因在於作品的深度和品質。不用受到美國「漫畫規範」的束縛，日本藝術家一次又一次地突破極限，將漫畫和劇畫變成為全世界最有活力的插圖藝術形式。但是它大受歡迎的原因，也要歸功於在那個時代的東京，手頭拮据的勞工和學生沒有太多事情可做。這個城市的娛樂選擇遠遠沒有今天那麼多，便宜的娛樂，例如便利商店、電玩遊樂場、卡拉ＯＫ店，都是幾十年之後的事情。雖然當時大眾媒體熱衷於報導被廣泛使用的「３Ｃ」，即彩色電視機（color televisions）、冷氣機（air conditioners）、汽車（cars）這三樣現代生活裡的三神器，但這些東西卻遠遠超乎窮學生或年輕工人的負擔能力，這些工人搭著就業列車而來，行囊裡只帶了少少幾件衣服。一九六八年的一項調查，詢問年輕男性在過去三個月如何度過休閒時光，結果顯示「閱讀」高居榜首，其次是「在家喝酒」。[38]其中有一大部分的閱讀是看漫畫，特別是劇畫。被困在快速發展的消費社會之外，這群年輕男性之中的許多人，開始在休閒生活中添加了另一種消遣：上街鬧事。

一九六〇年《安保》的通過，嚴重打擊了曾經如此激烈反對它的各項運動。[39]在抗議期間搗毀國會大門的學生組織「全學聯」，飽受懷疑和指責，分裂成敵對的小集團，稱之為派系。這些較小的團體，由於缺乏當初推動發起抗議運動的共同使命感，在一九六〇年代前半期，成員紛紛鳥獸散。一九六四年，針對美國核子潛艇停駐在橫須賀港的抗議活動，只吸引了少數學運人士參加。在一九六五年的一項調查中，詢問學生對大學生活最喜歡是什麼，大多數人的回答是「社團和個人嗜好」，只有百分之一的人回答「參加學生運動」。

然而，那個時代的學生卻感到愈來愈沮喪。從小開始，父母老師就一路教導他們要追求好成績，他們度過了無數個失眠的夜晚，補習填鴨，只為了考上最好的學校。但是他們的期望卻因為嬰兒潮而落空了，入學人數激增，使得大學的服務品質超出負荷的極限。學生抱怨被迫要上「大規模的講座」，摩肩擦踵地坐在擁擠的講堂，聽著從冷冰冰的擴音器裡播放出千篇一律的課程。畢業後，他們卻發現幾乎找不到白領的工作。「上大學時，我們都懷抱著很高的期望，但是收到的產品卻極為劣質，」[40]一位社運人士寫道，「學生大量增加，大為降低了大學畢業生的地位，而且大學畢業未必能保證進到大公司就業。」這一切的意義何在？

在日益高漲的不滿中，一場新的青年運動開始結集。

真實與隱喻的火花，爆發於一九六七年的八月。這是一起戲劇性的意外，一輛載有美國軍用噴射機燃料的油罐車在新宿車站外爆炸。在這些火焰中，社運人士看到他們的國家和美國在東南亞戰爭裡的密謀合作。兩個月後，全學聯的一個派系對羽田機場發動攻擊，企圖阻撓首相佐藤榮作訪問西貢。一支大約由兩千名學生組成的強大隊伍，頭戴工地安全帽，手持二乘四吋的棍棒，在通往機場的街道上與裝甲鎮暴警察交戰，陷入僵持。直到當局控制住情勢，有三百人被捕，七百人受傷，一名抗議者身亡。

暴力的景象，在晚間新聞中以生動的畫面播出，[41]激勵了新一代年輕人參與政治集會。隨著各派系成員的激增，以前敵對的派系重新結盟，再次團聚。一九六八年夏天，東京大學和日本大學的學生合併成一個組織，自稱為「全共鬥」（全學共鬥會議）。同年十月二十一日，[42]

由一萬名工人和激進的學生組成的聯盟在新宿車站遊行，佔領車站，並中斷所有的交通三個小時。當局援引了一項長期擱置、且很快就引起極大爭議的公安法，派出三千名鎮暴警察，將他們從該地區掃蕩出去。當圍觀者自發地加入這場愈演愈烈的騷亂時，滋事群眾的規模擴大到兩萬人。他們砸碎窗戶，拆毀他們拘留所的長椅、向警察投擲磚塊，並且縱火燒毀車輛。超過七百名抗議者被抓進監獄。今天，這個事件被稱之為新宿暴動。

這些幻想破滅的年輕菁英，成了各派系召募新成員的沃土。在西方，民謠和抗議搖滾為年輕的社運人士提供了音樂背景；在日本，則非如此。即使對那些買得起吉他或電唱機的人來說，狹窄的住所（一九六〇年代的城市住房通常被貶抑為「兔子窩」），往往也會讓他們沒有辦法在個人的空間裡彈奏或聆聽音樂。許多社運人士轉而傳唱左翼的民謠，例如在集會上以及在歌聲喫茶（唱歌的咖啡店，卡拉OK的前身）齊唱「國際歌」。不過，對於一般的日本年輕人來說，他們這一代的心跳並不是跟隨音樂節拍而跳動的，而是比較符合漫畫一格格畫面的節奏。

整個社會並沒有忽略這一點。「全學聯的年輕人從白土三平的劇畫中發展出他們的運動。」[43]小說家三島由紀夫觀察。早稻田大學學生報刊登的一則口號更加簡潔：我們的右手拿著（左傾的）《朝日新聞》，左手拿著《週刊少年Magazine》。一九六八年，當全共鬥領導的學生團體佔領東京大學和日本大學建築物，設下路障將官員和警察擋在門外之際，插畫娛樂幫助他們緩解了被困在臨時堡壘裡經年累月的單調乏味。「因為大家普遍認為漫畫是為兒童而創作，所以最初看到報導說學生躲在路障後面看漫畫會令人感到很驚訝，」[44]社會學家小熊英二寫到，「漫畫人物甚至被當成學生起義的吉祥物，出現在標語和傳單上，或甚至畫在社運人士的頭盔上做為派系的識別。」直接從他們童年時代的動畫和真人電視英雄汲取靈感，[45]參與者把自己塑造成一個好人的角色，正在進行著一個對抗惡勢力的史詩級戰鬥。

佔領開始於醫學生抗議實習醫生的工作條件，之後，很快就如滾雪球般發展的愈來愈廣泛，對任何有心對抗當權派的人敞開大門歡迎。在這一年接下來的時間裡，佔領持續進行，並且在這過程中得到了大量的媒體報導，激勵日本各地數百所大學和高中展開了類似的行動。儘管年輕學生反抗權威的熱情一開始引起了媒體和大眾的同情，但是大家對於安保的狂流仍然心有餘悸，隨著社運人士未能明確提出任何可以採取具體行動的訴求，這種情緒很快就消失了。「我們只有在佔領校園之後，才會去想佔領的理由。」[46]一名全共鬥的成員坦承。動畫導演押井守，當時也是一名高中學運分子，他說得更直白。「我們不在乎什麼馬克思主義，」[47]他在二〇一六年時說道，「我們只想要搗毀一切。」

這沒辦法持續，而且也沒有持續。一九六九年一月，超過八千名鎮暴警察在汽油彈、充滿酸性液體的瓶子，以及學生從佔領的建築中拆下來的混凝土磚塊的槍林彈雨攻擊之下，向東京大學的路障推進，並以消防水槍和催淚瓦斯回敬。[48] 包圍持續了十幾個小時，到最後，有三百七十名學生被拘留，大學大部分的基礎設施都被摧毀了。在騷亂發生之前，執法部門在校園裡的行動向來非常謹慎，擔心來自國民和政府的反彈。現在立法者迅速通過委婉命名為「大學管理法」的法律，給予警察更多空間來制止校園的騷亂。[49] 校園起義的失敗，促使運動中最狂熱的政治信徒做出愈來愈絕望的行為。一九六九年九月，一個自稱為 Sekigun-ha（赤軍派）的激進組織對日本宣戰。

一九七〇年三月的一個清晨，八名年輕男子和一名女子在羽田機場登上了日本航空公司飛往福岡市的航班。[50] 起飛後，這九個人從座位上站起，把偷偷帶上飛機藏起來的武士刀和土製炸彈亮出來，控制住飛機，並用繩索將乘客綁在座位上，以防萬一。帶頭的是二十七歲的田宮高麿，而最小的成員才十七歲。在福岡著陸後，劫機者釋放了一百二十九名乘客中的少數幾人；然後，他們強迫飛行員設定飛往北韓平壤的航線。他們在首爾意外地停留，並且在那兒釋放了人質之後終於抵達目的地。當時的想法是從那裡飛往古巴接受訓練，在日本發動共產主義革命。

諷刺的是，這個陰謀的策劃者塩見孝也，並沒有登上飛機。在劫機發生前兩個星期，他在警察的一次掃蕩中被捕，迫使田宮代替他領導了這次襲擊。就在與其他八名襲擊者登機之前，田宮寄了一封信給一家報紙，宣稱這次劫機事件是他們所為。信尾附上這則神祕的宣言：「永遠不要忘記：我們是《小拳王》。」[51]在日本監獄待了十八年之後，塩見在出版的回憶錄中公開回憶這個團體所受到的一些影響。「我們的確看了很多漫畫，[52]我們喜歡《週刊少年Magazine》、《週刊少年Sunday》；《小拳王》和《忍者武藝帳》則是大家永遠的最愛……我想你們可以說，我們這群學生是劇畫世代的開端。」

塩見因參與劫機事件而入獄十八年，但他可以說是這群人中較幸運的一位。在匆忙之中，劫機者除了劫持飛機之外，沒有別的計畫。北韓和古巴都不知道他們的意圖。北韓當局允許這九個人進入，聽取了他們的計畫，然後立即禁止他們離開。有一個人在試圖逃跑時死亡；有兩個人設法離開了，但是回到日本之後被判長期徒刑；而其餘的人則在這個貧窮而封閉的國家永遠作客他鄉。

劫機事件發生後一個月，蟲製作推出了最新的作品，這是第一部非改編自手塚治虫漫畫的作品，是根據《小拳王》改編的動畫電視影集。在劫機事件發生之前，這部作品已經籌備了好幾個月，這個計畫是由辦公室裡的一群新起之秀所想出來的，他們渴望將蟲製作的產品現代化。在《原子小金剛》取得驚人的成功之後，許多動畫工作室也進入市場，而蟲製作則在日益競爭的市場中努力爭取賣座。為了投身於不那麼擁擠的市場，蟲製作轉向成人取向的影片，製作了一九六九年的《一千零一夜》和一九七〇年的《埃及豔后》，此片後來與《怪貓菲力茲》爭奪第一部在美國發行的限制級卡通頭銜。這兩部作品後來都付出了昂貴的失敗代價，使得蟲製作公司深陷赤字的泥淖。

也許有人會以為手塚會把收購《小拳王》，這個競爭對手最成功的作品，視為是一場個人的政變。向來爭強好勝的他，在他的團隊正在打造一個後來非常成功的節目時，他根本沒去注意。在這部動畫影集播出期間，手塚從公司社長的職位退了下來，全心專注在他的漫畫作品上；一九七二年，最後一集播出後不久，蟲製作的主要成員離職成立了他們自己的公司Madhouse。這部作品的成功並不足以讓蟲製作擺脫負債，一年之後，蟲製作就宣布破產。當《Astro Boy》在美國播映完畢，NBC想要歸還底片時，蟲製作的事務負責人湊不出足夠的運費，底片於是就被銷毀了。

一九八九年，當六十歲的手塚死於胃癌時，整個國家都在哀悼漫畫之神的逝世。唯一發出異議的是宮崎駿，當時他仍沉浸於動畫電影《龍貓》在主流市場所獲得的成功。在一份措辭嚴厲的訃聞中，宮崎駿宣稱：「就動畫而言，手塚先生所說的，或所強調的一切，都是錯誤的。」[53]他有一部分指的是藝術上的妥協，例如手塚為了加快製作速度而擁抱的「有限動畫」技術，不過宮崎駿主要指的是手塚所創下的荒謬低預算先例。這個重大決定的後果，至今仍在動漫產業引起反感。為動畫製作「關鍵影格」的那些資深老手，能夠為自己的才華爭取高額的收入；但是在早期還沒出師的日子裡，那些在第一線工作的一般動畫師，用行業術語來說就是「中間人」。之所以如此命名，是因為他們的工作是要製作許多靜止的圖畫格，以用來填補關鍵影格之間的動作，而每格只能拿到幾百日圓的酬勞。根據二〇一九年的一項研究，二十歲出頭的動畫師，每個月平均只賺到十二萬八千八百日圓（大約一千一百美元）的收入，根本就是廉價勞工。

儘管手塚獲得了大眾一致的讚譽，但無庸置疑地，一般的流行漫畫或動漫作品，主要歸功於劇畫的靈感啟發，而不是手塚開創性的插畫敘事風格。然而經過了這一切，他從未放棄、從未停止進化。為了證明他做為一名藝術家的高超技巧和靈活性，手塚將劇畫風格與敘事的傳統融合在一起，強而有力地造就了往後的成功：一九七三年的《怪醫黑傑克》是一部風格粗獷，連載長達十年的漫畫系列，重點在描述一位受雇的外科密醫。還有懷舊的佛教史詩《火之鳥》（一九六七至一九八八年），手塚將其視為他最偉大的藝術成就。儘管粉絲可能會發現他的傳統角色已經過時了（一九八〇年，全彩的《原子小金剛》於電視重播，只持續了一季就停播了），但從更長遠的角度來看，也許有人會說他們為另一個新興的商業鋪平了道路：一個新興的兒童產品市場，以可愛的小貓和其他可愛的卡通造型為特色。不過，這是另一章的故事了。

如果沒有手塚，這位日本第一位國際化的內容創造者，很難想像動漫或漫畫會以它今天的形式存在。這些年來，諸多競爭對手的出現，既證明了他十足的創造力，也證明了插畫娛樂在滋養日本一個全新創意階層的崛起所扮演的角色。藉由透過漫畫和動漫來表達自己，年經人將這種藝術形式界定為不僅僅是一種娛樂，它也為年輕的外來者和叛逆者提供一種新型態的認同。正如我們即將看到的，日本年輕人叛逆的方式在接下來的幾十年將發生改變，但無論是在國內或國外，以插畫故事做為體制外的選擇媒介仍然不變。

你可能會好奇，在發生這一切的同時，大人們都在做些什麼？答案很簡單：他們在唱歌。

第三章

每個人都是明星

卡拉OK伴唱機・一九七一

地獄裡充滿了業餘的音樂愛好者。[1]

——蕭伯納（George Bernard Shaw）

一九七一年一個悶熱的夏夜，一群音樂人聚集在神戶紅燈區的一間公共大廳裡。[2]他們不是來這裡練習或表演，他們來這裡是因為他們非常、非常生氣。這是神戶藝人音樂協會三宮分會的緊急會議。三宮是這個港口城市夜生活的中心，大約有四千個喝酒的場所聚集在半徑只有一公里的街道和小巷弄當中，從華麗的歌舞表演到狹小的便宜酒吧應有盡有。

這次聚會是由一群名為hiki-katari（彈唱藝人）的音樂人所召集的，這個名稱的意思有點類似「伴唱機歌手」。他們是自由音樂人，擅長伴唱，會即時調整演出以配合消費客人的歌喉水準和清醒程度。這並非神戶所獨有，其他地方也有它們的伴唱專家。在許多城市，巡迴演出的藝人稱為那卡西（漂流者），從事著沿街伴唱的行業。神戶的不同點在於，它的彈唱藝人往往會跟原地的樂隊一起演出，與酒吧簽約演出一個晚上、一星期或是一個月，以吸引客人。

今晚的氣氛很緊張，這群彈唱藝人認為他們當中有一名叛徒，所以要伸張正義。他們憤怒的目標是一名叫做井上大佑的人，或更準確地說，是他發明的一種裝置。它叫做 8 Juke。這是一個立方體形狀的自動販賣機，大小正好適合放在酒吧的吧台上。但是它提供的產品不是食物或飲料，它提供的是一首歌：一枚硬幣投下去時的樂曲編號，可以為拿著麥克風哼唱的客人伴奏。在過去幾個月裡，井上在三宮各地的小吃店和酒吧裡都擺上了這台 8 Juke。客人很喜歡它。聽到自己的聲音從麥克風裡發出來，搭配著他們最喜歡的曲子，這種前所未有的新鮮感，讓人欲罷不能。

井上並不是工程師或修理師傅，他差一點就被高職退學。他請一位電工朋友按照他的規格製造出這些裝置。但是他很了解他的彈唱藝人競爭對手，因為他就是其中一員。事實上，他是箇中高手。當地的客人稱他為「伴唱博士」，因為他能跟得上客人醉醺醺的抖音，簡直是神乎其技。他創造出這台機器純粹是出於務實的考量：他的表演供不應求，以至於不得不回絕私人演出的邀約。這不僅減損了收入，也讓他最忠誠、口袋裡最有錢的客人不悅。對井上來說，8 Juke是一種服務，一種電子分身，每當有人迫不及待想要高歌一曲，而他不能隨侍在側的時候，這個電子分身就可以隨傳隨到。他的彈唱藝人同行則有不同的看法。對他們來說，井上的機器是一個怪物，就像《幻想曲》「魔法師的學徒」片段裡的魔法掃帚一樣，在三宮的酒吧裡快速繁殖。在他們眼中，客人投進這東西裡的每一分錢，完全是從他們的口袋裡偷出來的。

「你是想讓我們失業嗎？混蛋！」一名觀眾大喊。[3]跟大多數在紅燈區工作到深夜的人一樣，井上對於如何對付難纏的客人也是經驗老道。他在日本各地表演，從豪華的歌舞秀到脫衣舞，有一次，他甚至協助抵擋兩名黑幫小混混在後台的襲擊，[4]這兩名小混混因對脫衣舞孃動粗而被趕了出去，當一名樂隊成員將沉重的將棋棋盤砸向攻擊者頭上時，他看得肅然起敬。那天晚上他們全都進了牢裡。相較之下，一群憤怒的音樂人算什麼呢？他不動聲色地吞下這些辱罵，耐心地等待著一個機會。

完全自學成材的井上，並非音樂神童。三十一歲的時候，他還只會用兩根手指和兩隻大拇指彈奏鍵盤。不過，他也是一個勤奮的人，毫不遲疑地擁抱自己的缺點。他熱愛表演，從不知道其他工作為何物，也從不想要從事其他的工作。他的整個職業生涯都在神戶的夜色中度過，先是在高中時擔任候補鼓手，然後又自己學會了電鐵琴和電子琴（第一批電子樂器之一）。他看不懂樂譜，卻透過死記硬背記住了數百首歌曲。他缺乏任何正規的音樂訓練，但是他和藹可親、為人可靠的特質，彌補了他的缺點。不像其他許多在三宮的表演者，他不喝酒，或者應該這樣說，不論如何，他通常喝得不多。他也不沾染毒品，也許最重要的是，他全心擁抱這份工作的商業面。他知道音樂就是金錢。

所有的這一切都幫助井上掌握了當一名彈唱藝人的關鍵。他們的技藝只有一部分跟音樂教巧有關，他們存在的真正目的在於，讓那些業餘的歌唱愛好者感覺良好。如果他們只是低著頭盯著樂譜，忠實地像個訓練有素的音樂家般演唱這首歌曲，這將會逼著那些唱歌的人得勉強才能跟上他們的專業水準。井上對於樂譜的文盲，讓他得以從中解脫，將目光轉向那些唱歌的人，並幫助他們順利地唱下去。井上從他們搖擺的方式（通常不太穩定），或嘴唇的形狀來尋找線索，他讓客人帶頭唱，而不是反過來。他知道他們也想體驗一下被當成專業歌手的感覺。

突然間，井上從椅子上跳了起來。

「我們可是音樂人啊！」他大喊。[5]「我們能夠配合每一位客人來調整表演。是量身訂做的啊！難道你會因為那台每次只會用同樣方式演奏的愚蠢機器就死無葬身之地了嗎？」沉默了好長一陣子。突然間，一位音樂人打破了沉默：「是的。忘了那台機器吧。」[6]其他人也點頭表示同意。看來，卡拉ＯＫ度過了這一道難關。

****

在一九六七到一九七二年之間，卡拉OK伴唱機在日本至少被各自發明了五次，每一款伴唱機顯然都是創造者在不知道其他人作品的狀況下被拼湊出來的。[7]

跟隨著錄製的音樂唱歌，這個概念並非日本獨有。佛萊雪兄弟的熱門電影《Screen Songs》，就是一部伴唱卡通，它的特色就在於歌詞上有一個彈跳的小球，這部影片於一九二九年在美國電影院首映。紐約一家名為 Music Minus One 的唱片公司，在一九五〇年代銷售器樂演奏專輯給學音樂的學生，NBC也在一九六一到一九六四年間播出了一個廣受歡迎的節目，叫做《跟著米區一起唱》（*Sing Along with Mitch*），邀請觀眾在家裡一起加入。而八軌錄音帶，這個第一代卡拉OK伴唱機的機械「內臟」，則是美國的技術，而非日本。

卡拉OK伴唱機甚至不是第一台跟那卡西或彈唱藝人這類提供人聲伴唱服務藝人競爭的機器，第一台機器是投幣式自動點唱機，而這也一樣是進口的。它最早由美軍引進日本，到了一九六〇年代，自動點唱機已經成為所有歌舞表演場所、俱樂部、酒吧或咖啡廳必備的設備，店主為那些對全球音樂文化愈來愈有品味的客人準備了各式唱片：法國香頌；美國爵士、民謠、靈魂音樂；英國搖滾樂。這些不僅僅是歌曲：Sony 的董事長盛田昭夫形容這些軍人所帶來的音樂無非就是「在經過多年思想控制與軍事獨裁統治之後，將自由與民主的想法，種植在肥沃的土壤上」。[8] 一些高檔的自動點唱機甚至包括內建的麥克風，儘管它們似乎是為主持人而非為唱歌的人而設計的。無論如何，自動點唱機是一種非常昂貴而且複雜的機器，需要經常維修，因而催生出當地的租賃和維修產業。其中有幾家發展成全日本最大的大型電玩機台製造商：產業龍頭諸如 Sega、Taito 和 Konami，都是從經營和維修這些極為複雜的音樂設備起家的。

鑒於這段歷史，美國似乎理當發明出第一台伴唱裝置。然而，卻是日本拔得頭籌，並且徹底改變了這個國家，而後更改變了全世界唱歌的方式。

為什麼有這麼多日本人如此專注於創造一台自動伴唱機？人類學家可能會高談闊論關於唱歌在傳統生活中所扮演的不可或缺的角色。這個國家的創世神話，就牽涉到天照大神被喧鬧的歌舞聲從藏身之處引誘出來的經過。文化歷史學家則可能會指出，公開演唱在日本很流行；一九四六年一月，戰爭才結束幾個月，日本公共電視 NHK 就舉辦了戰後的第一次歌唱比賽，[9] 吸引了超過九百名熱情的參賽者，參與這個有點類似日本偶像大賽的活動。日本，不論過去或現在，都是一個喜歡和人分享歌聲的國家：夏日祭典遊行的民謠歌曲、學校校歌跟企業主題曲，還有「紅白歌合戰」，歲末年終在電視上播出的流行歌手「歌唱大賽」，首次於一九五三年播出，幾乎日本全國民眾都會在每年的除夕夜觀看這個節目。

但是卡拉OK伴唱機之所以會源自於日本，並且被發明了五次以上，而非出自其他的地方，一言以蔽之，就是：「salaryman」（上班族）。

這是一個借自英文的合成詞，日本稱上班族為salaryman。這個名詞是由知識菁英分子在第一次世界大戰前所提出。十九世紀播下的現代化種子，在日本以亞洲第一個經歷工業化的社會這種形式結出了果實。在戰前的年代，上班族只佔日本勞動力的一小部分。在一個主要依賴農業、服務業和藍領勞工為主的國家裡，他們的形象很令人嚮往。幾十年後，當日本帝國的太陽殞落，建立一個民主的新「日本公司」這個重責大任，就完全落在這些上班族的肩頭上了。

最早和最知名的上班族記錄者之一，是著名的電影製作人小津安二郎。在一九五六年的電影《早春》中，他巧妙地捕捉到這個奇特中產階級百無聊賴的生活方式：無數個穿著一模一樣西裝的男人，摩肩擦踵地擠在火車月台上，正在前往單調乏味的辦公室途中，迎接一天辛苦的工作，他們只有在夜晚飲酒高歌的時候，才能得到舒緩。至於女人，她們到了二十五歲左右，就被期待要放棄自己的職業生涯，準備養育家庭。她們的工作是待在家裡操持家務，要比丈夫早起，準備好早餐；要熬到深夜，等著迎接他們的男人回家，然後遞上一碗茶泡飯，這是一種日本典型的療癒食物。下班後與同事社交，幾乎是強迫性的活動，使得上班族都會到居酒屋，在那裡吃點東西、喝點小酒，排遣煩惱。隨著漫漫長夜，他們會哼起古老的軍歌或節慶歌謠，跟著節奏一起拍手合唱。這是一種用唱歌建立團隊情誼的方式。

即使在一九五〇年代後期，日本社會處於示威抗議的動盪之中，上班族仍然是受人尊重的對象。日本的反主流文化不等同於美國的反主流文化，當然，他們的抗議活動中有共同的反戰元素：反對一九五〇年代的韓戰，以及稍後一九六〇年代的越戰。但是即使在一九六〇年代末、一九七〇年代初動盪的巔峰期，在日本的大學設置路障的激進學生之中，有相當多數、甚至絕大多數，不是因為厭惡這個制度才想要推翻它，而是因為他們被這個制度排除在外。[10]可以看到，在一九六〇和一九七〇年代的調查中，問學校裡的男孩長大後想要做什麼，「上班族」一直名列前三名。[11]問題出在嬰兒潮：男孩子太多了，根本無法滿足需求。從一九六〇年代中期開始，大量合格的人才從大學湧現，使得畢業生愈來愈難以在頂尖企業裡謀得一個夢寐以求的職位。而一旦獲得了這樣的位置，則代表一個真正的獎賞，因為上班族幾乎可以保有這份報酬優渥的工作一路做到退休。只要根據簡單的年資，就可以預期加薪，裁員幾乎從未聽聞。一九六〇年代末期的大學生，經歷過五花八門的考驗，受盡了各式各樣「考試地獄」的折磨，想盡辦法進入理想中的學校，為的就是贏得一張通往日本夢的車票。但是，當他們發現火車已經離站，他們就被擊垮了。

正如美國的反主流文化不同於日本，美國的商業人士也不同於上班族。當然，美國公司也重視員工的忠誠度，也經常透過喝酒來聯絡同事情感。但同樣的是，美國人從離開住家的那一刻開始，他們也擁有了更大的獨立性。一般的美國人沒有擁擠的地鐵可搭，他們開著自己的車子去上班，也許是坐在一輛豪華閃亮的真實版凱迪拉克裡。如果他懂得在酒過三巡之後談成生意，讓自己在公司裡平步青雲的話，他會有一間專屬的辦公室，上班就像在自己家裡一樣。而對於當時的美國商業人士來說，一整天都是喝酒的適當時機。

日本的上班族幾乎都在開放式的空間裡工作，一舉一動大家都看在眼裡，每個人都像一台大機器上的小齒輪。雖然日本公司也重視員工的才華，但是更看重員工是否循規蹈矩，因為這才符合以年資為核心，而非以個人成就為核心所設計的制度，個人的主動性會在團隊的成果之下顯得黯然失色。這就是為什麼有這麼多公司要在每天早上讓員工一起做團體健身操，然後也許會唱上一兩段振奮人心的企業之歌（是的，任何一家值得一提的公司都有他們的主題曲。不過，憑良心講，當時的許多外商公司也是如此。下次你打開電腦的時候，不妨將瀏覽器點向IBM的「Ever Onward」）。

一段一九六九年為日本觀眾所製作的新聞影片，描繪出了那個時代的景象。[12]「看看這些男人所創造出來的象徵，」在東京閃亮的玻璃帷幕摩天大樓峽谷之中，一位旁白者站在鏡頭前，嚴肅地說道，「像蜜蜂一樣勤奮，像綿羊一樣順從！這就是他們的成就之道。」這段影片的用意在於支持全國上班族的勤奮努力，但是從現在的角度來看，這實在沒有什麼值得讚揚的。成群結隊的通勤者，被身穿制服的助推員強行推進擁擠不堪的地鐵車廂，然後在市中心的辦公地區再從車廂裡被擠出來。某家電子公司，會把遲到的人記錄在每個月的公司通訊之中，讓這些人感到羞愧。某家化妝品公司，要新進的年輕員工在開始銷售之前，先高呼公司的口號和擦洗廁所，而且是穿著襯衫、打著領帶！某家汽車製造商，會配發給業務員一款最先進的「pocket bells」，這是日本人對發明於美國的新型呼叫器的稱呼，這個呼叫器可以透過一根「牢不可破的無線電波電線」將他們與辦公室連接在一起。在影片最後，所有的人都疲憊不堪地回到他們的「團地」，這是在遙遠的郊區倉促建造的沉悶大型公寓建築群，以緩解城市裡住房的極度短缺。

儘管他們被形容成蜜蜂或綿羊，但是一九六〇、一九七〇年代的上班族，過得卻是斯巴達式的生活。他的價值很大程度上取決於他所能承受的痛苦，無論是在工作上所付出的時間、失眠的時間、下班後與同事喝上幾杯啤酒的時間，或是在深夜醉醺醺時引吭高歌的時間。對上班族來說，工作決不會止於上班日。

下班後與同事或客戶一起放鬆，被視為是工作的一部分，這既是為了商業上的目的，也是為了宣洩壓力。在這些聚會裡所發生的事情，不會流傳出去，不論是宣洩對上司或客戶的負面情緒（這在辦公室裡絕對是禁忌），或是任性地偷偷溜到某家含蓄命名為「土耳其浴」的妓院。他們將這種行徑稱之為「nomyunication」，這是結合了「nomu」這個字的嘲諷用法，「nomu」在日語裡是「喝酒」的意思，加上英語「communication」（溝通）就是邊喝酒邊交流的意思。隨著一九五〇、一九六〇年代上班族人數的增加，一套完整的娛樂產業生態系統應運而生，以供應他們的需求。

隨處可見的居酒屋和酒吧，讓客人可以自得其樂，但也出現了許多新型的聚會場所，這些地方可以透過音樂來跟同事和客戶建立關係。其中最精緻的是歌舞表演，精心編排的舞台演出，搭配管絃樂隊的演奏，足以讓城裡的客戶留下深刻的印象，對談生意大有幫助。女公關俱樂部的環境則更為親密，昂貴而安靜，這裡保證提供年輕美眉一對一的互動服務，她們訓練有素，懂得維持愉快的閒聊氣氛，以免談話變得索然無味。至於那些自己花錢喝酒的人，這裡到處都有「小吃店」，之所以這麼稱呼，是因為這裡會供應隨手料理的一點點小吃，以規避酒吧必須強制在午夜打烊的法律。在這些便宜的小酒館裡，客人們會隔著吧檯與酒店媽媽桑嘻笑怒罵，這些媽媽桑通常是退隱的女公關。而當有那卡西藝人來走唱的時候，他們就會跟著唱上幾句。然後回到家裡，周而復始地過著這種生活。

上班族一邊幫呼叫器充電，一邊振臂高呼。

也許真正的問題不是卡拉OK伴唱機為什麼最早會由日本所發明，而是它是否有可能在其他的地方被發明出來。

井上大佑是最知名的卡拉OK發明者，但他不是第一位。在東京一個陽光明媚的秋日，我坐在一名男子的廚房裡，此人才是發明卡拉OK的真正第一人。他的名字叫做根岸重一，我透過日本全國卡拉OK業者協會找到了他。當我打開他們辦公室大門的時候，我有些許預感會打斷他們的卡拉OK派對，但可惜的是，裡頭就跟日本其他的辦公室沒什麼兩樣：開放式的平面、塞滿的書架、穿著商業套裝的男女安靜地在辦公桌前辦公、講電話。只有掛在牆上的卡拉OK設備供應商和產業活動的海報，才些微透露出他們的身分。我本不應該為眼前景象感到驚訝，但我確實如此。在我找對了人，與之交換過名片，並且說明來意之後，他們打了幾通電話，幫我做了引薦，然後寫下地址給我。這就是我如何來到這裡，並且跟第一位想出卡拉OK伴唱機概念的人一起啜飲綠茶的經過。

「實業家」會讓人想起舊時滿臉大鬍子的強盜大亨形象。無論如何，從視覺上來看，根岸都滿符合的。以九十五歲的年齡而言，他看起來很年輕，他有著美國演員威福．伯萊明（Wilford Brimley）的體格和鬍子，即使我們只是在他東京郊區的廚房裡見面，他還是為此鄭重地穿上了淺灰色西裝，打上黃色的領結。他談笑風生、反應靈敏，唯一會暴露出年紀的地方，是他的重聽。這也許是這個行業的後遺症之一。

一九六七年，四十四歲的根岸於板橋區現在住家的隔壁，經營著一家小工廠。這裡是東京西北郊外一個暮氣沉沉的住宅和工業混和區，在這個遠離市中心的地區裡，幾乎沒有什麼夜生活，乍看之下，似乎不太可能出現什麼創新的娛樂方式。如今，便利的火車跟地鐵遍布整個城市，板橋區並不會顯得特別偏僻。但在古時候，情況則不相同；在十九世紀，板橋區根本就是個鄉下地方，這種遠離市區的地理優勢，使得該地區被選為日本第一個現代化火藥工廠的所在地。在隨後的幾十年，它默默地崛起成為一個軍事製造業的中心。一九四五年，美國《戰爭週刊》（*War Week*）雜誌描述，B–29轟炸機對「板橋軍火庫」的摧毀，導致了「日本前線背後近乎最重要的戰爭機器」被徹底殲滅。

日本投降之後，許多曾在這裡服務的工匠、化學家、工程師仍然留在當地，有些人創辦了自己的新事業。在一九五〇、一九六〇年代，他們結合了彼此的專業，將板橋區從一個戰時物資的製造者，轉型成一個微型的矽谷（或更精確地說，電晶體集中地）。[13] 大品牌消費電子產品繁重的製造基礎工作，就是落到板橋區這裡無數的小型承包商手上。某個產品上面也許寫的是Panasonic或Sony的牌子，但其實很有可能是在此處組裝。根岸的Nichiden Kogyo就是這樣的公司之一，大約雇用了八十名技術人員和工程師。當他在一九六七年想到Sparko Box的概念時，Nichiden Kogyo正在為一家大型音響公司組裝八軌汽車音響。

由包括福特汽車公司、RCA、Lear Jet和摩托羅拉在內成立的財團所創造的八軌錄音機，在一九六四年問世的時候，便代表了最先進的移動音響技術。在那之前，在行駛的交通工具上聆聽錄音唯一的方法，是在專門的移動電唱機上播放，這在高速行進下已經有點冒險，更遑論在崎嶇顛簸的道路上，或是亂流騷動的天空中。這條四分之一英吋的八軌磁帶，纏繞在一個堅固的塑膠盒中，使它不會受到撞擊和顛簸的影響。雖然以現代的眼光來看，它像個四四方方的盒子，有如一本四乘以五英吋大小的平裝書，但這種新媒介的出現改變了人們聽音樂的方式。

除了提供穩定性之外，這種錄音帶具有八個錄音軌，可以提供八十分鐘的音樂，是標準ＬＰ唱片的兩倍。另一個好處是，錄音帶纏繞成一個循環迴路，所以不需要翻面。

根岸是一名不折不扣的發明家。他擁有各式各樣的專利，從工廠生產線輸送帶、可折疊喇叭，到改良的「標記彈」（設計用來扔向搶匪，將他們染上染料）。他甚至一度涉足漫畫人物衍生商品的行銷。在一九六〇年代中期，他拜訪了蟲製作，以取得在袖珍型電晶體收音機印上原子小金剛圖案的授權。在與授權負責人商談的過程中，他環顧著工作室，驚訝地看著手塚由這棟建築物頂樓的開放式閣樓中，用繩索和滑輪裝置，把一頁頁漫畫下放到樓下，交給他的助理來作業。看到手塚將藝術產業化的方式，讓根岸留下了深刻的印象。

根岸最喜歡的藝術形式（至少從休閒的角度來看）是唱歌。他每天早上都要從一個播出時間很長的廣播節目開始他的一天，這個節目的名稱直截了當地就叫做《無歌詞流行歌曲》，有點像是透過電台播放的全國卡拉ＯＫ先驅。有一天，根岸的總工程師發現根岸低聲唱著歌走到辦公室，他因此被消遣了一下；而根岸說，這件事引發了他發明那台機器的靈感。

「我問工程師，」他回憶道：「我們可以將麥克風連接到這些錄音機上嗎？這樣我就可以聽到自己跟著《無歌詞流行歌曲》所錄唱的歌。『小事一件，老闆。』他告訴我。」

三天後，根岸要求的成品送到了他的辦公桌上。工程師將一個麥克風放大器和混合電路連接到一個多出來的八軌錄音機；這串裸露的組件看起來像是某個瘋狂科學家實驗室工作台上的東西。根岸把它打開，並且插入了一捲「Mujo no Yume」（無情的夢）音樂錄音帶，這是一首一九三〇年代最受歡迎的老歌。他的聲音與音樂一起從揚聲器傳出來，這是有史以來第一首卡拉OK歌曲。「它行得通！跟我想的一樣。而且最重要的是，它很有趣。我立刻知道，我發現了新玩意兒。」他告訴工程師，幫這台機器做個盒子，並在這些東西周遭連接上一個投幣計時器以方便計量。他立刻意識到，這是一個有市場潛力的東西。

他稱這個小寶貝為Sparko Box。[14] 它最終完成的樣子，是一個立方體，每邊大約一英尺半，邊緣鍍了鉻，表面則以米黃色類似美耐板的材料完成，這種材料可見於一九六〇年代簡餐店的櫃檯。上面有一個放錄音帶的長方形開口，周邊有控制音量、平衡和音調的旋轉鈕，兩側則有一個麥克風插孔和一個百元日幣投幣孔。這台機器的名稱來自於根岸的另一項創新：它前面的板子是一塊半透明的波紋狀塑料，裡面隱藏著五彩繽紛的燈光，隨著音樂閃爍。

但就目前來說，他有的只是一件瘋狂科學家的原型。那天晚上他把這些組件帶回家，想給太太和三個小孩一個驚喜。他們一個個輪流跟著錄音帶唱歌。根岸當年還在讀中學的女兒，在我與根岸訪談時回憶起當她聽到自己的聲音和音樂一起從揚聲器裡傳出來的時候，那種驚訝和興奮。這是關鍵的一刻：根岸在他的廚房裡舉辦了世界上第一次卡拉OK派對。以現代的標準來看，它很原始，只有唱歌的人和錄音帶，沒有聲音變化的效果、沒有滑音，或是影片字幕，或任何我們今天習以為常的卡拉ＯＫ輔助功能。很快地，根岸就會印出有歌詞的歌本，讓唱歌的人邊唱邊看。現在，它只是一個錄音機、一個放大器、一個揚聲器和一支麥克風。然而，即使只是在這個廚房裡，有些東西已經改變了。在音樂背景中加入自己的歌聲，已不再是專業表演者的專利了。

根岸經營著一家工廠，他的客戶都是大公司，他沒有親自向消費者推銷和出售產品的經驗與基礎設施。和處理他其他的發明一樣，他找到了一家經銷商；與此同時，他也接洽了一位在日本公共電視台ＮＨＫ擔任工程師的朋友，他也許知道去哪裡找到更多那種沒有歌詞的流行歌器樂曲。為了使這個投資值得一試，他得想辦法盡量找到更多。

「他說，『卡拉ＯＫ，你在找的是卡拉ＯＫ錄音帶。』那是我第一次聽到這個詞。你知道的，這是個行業術語。每當歌手要下鄉演出的時候，他們就會使用器樂曲錄音帶。因為帶著一整團管弦樂隊跟著他們實在太費事了，所以他們用錄製的背景音樂來替代，管絃樂隊（譯註：orchestra，簡稱 orche，發音近似 oke）的位置就『空』（kara）在那裡。所以 karaoke（卡拉ＯＫ）就是無人樂隊的意思。」

根岸和 Sparko Box 全都熠熠生輝。

根岸找到了一家經銷商。「但是他不肯讓我把這台機器叫做卡拉ＯＫ機！說 karaoke 聽起來太像 kanoke。」這個字是棺材的意思。於是 Sparko Box 就以其他各種品牌名稱銷往全世界，像是：Music Box、Night Stereo 和 Mini Jukebox 等等。根岸也知道不能仰賴ＮＨＫ為他的實際產品提供音樂，所以他轉向另一位從事錄音帶錄製生意的朋友求助。「當時器樂曲的錄音其實很容易找到。」根岸回憶。它們會被賣到舞廳使用，那裡有請來的藝人演唱這些歌曲，或是被那些單純只是喜愛唱歌的人買去。根岸挑選了幾十首最棒的歌曲給他的朋友錄製到客製的八軌錄音。

沒有人想到要去連絡版權所有人，也沒有人跟他們索取賠償金。根岸透過他的新發明所提供的器樂曲，讓他落入了一個法律的模糊地帶。在 Sparko Box 之前，沒有任何卡拉ＯＫ。「那時候如果你想要唱歌，唯一的方法是跟那卡西一起唱，」（那些流浪的吉他伴唱藝人，穿梭在各個酒吧之間，為客人表演以收取費用）「而這些人很貴！」

Sparko Box 承諾可以為大眾帶來伴唱功能，每首流行歌曲的使用費只需要一百日圓，而不像那卡西或彈唱藝人，伴唱幾首歌就要上千日元起跳。這就產生了一個問題。根岸和經銷商在酒吧示範這台伴唱機時，店主一想到可以賣伴唱曲子給客人，都顯得興致勃勃；然而，隔天卻又不好意思地打電話給他們，請求將這些設備收回去，而且要快。「他告訴我們，他們的顧客沒那麼多，而且我們最好不要再來了，」根岸嘆了口氣，「是那卡西搞的鬼！他們在抱怨。不論我們把這盒子放到哪兒，他們都會強迫店家將它搬走。」在那個卡拉ＯＫ出現之前的年代，那卡西對顧客仍然有很大的吸引力，因此，他們拒絕提供服務的威脅，會對店家造成很大的壓力。「那卡西對付我的作法，就像是日本黑幫。我們是死對頭。從秋田往北，一路到大阪，情況都一樣。」

根岸最死忠的客戶之中，有些是經營含蓄地稱之為「情趣旅館」的業者。這些旅館的出現，與其說是為了挑動情慾，倒不如說是出於必要。在日本，一家幾代人，經常睡在同一個屋簷下，彼此之間隔著的不過是一道紙屏風。然而，吸引客人的，並不是唱歌。而是那絕妙的閃爍燈光，非常適合那些以小時計費的住宿空間裡俗麗的內部裝潢，這可以讓人好好擺脫一下束縛。情趣旅館的銷售，讓根岸有了穩定的獲利，即便獲利有限。但卡拉ＯＫ真的僅限於此嗎？

根岸本身對它的發展性也感到懷疑。在討論了為 Sparko Box 申請專利的構想之後，他和合作夥伴都認為不值得為此付出成本和傷腦筋的代價，因為在當時，取得專利是非常昂貴又曠日廢時的事情；況且，他們也沒有任何競爭對手。至少，他們還不知道競爭對手是誰。

儘管兩人都不知道對方的存在，更別說對方的發明，但是井上大佑的 8 Juke 看上去跟根岸的 Sparko Box 有幾分相似。8 Juke 在 Sparko Box 問世三年之後推出，是一個裝有八軌汽車立體音響的木製立方體，由井上一位經營樂器維修店的朋友依照他要求的規格改裝而成。[15] 它沒有閃爍的燈光秀，但是有別的東西：一種基本的聲音處理方式。井上讓他的朋友在盒子裡接上一個效果器，這是一種透過金屬彈簧輸出麥克風聲音的裝置，可以使人聲更加宏亮。伴唱博士很清楚一個無法否認的現實情況：我們大多數人都是一個很蹩腳的歌手。混音效果可以大大掩蓋業餘歌手的聲音瑕疵。

井上還有另外一招。[16] 他或許看不懂樂譜，但是他對於觀眾喜歡的歌曲，以及特定的歌曲對一般人來說難度有多高，都有第一手的了解。他還是一名樂隊領班，這讓他有能力把音樂人組織起來。井上所有的前輩們，包括根岸，都是仰賴市面上可以買到的器樂曲，基本上跟專業人士伴唱用的是一樣的東西。但是井上知道這不是顧客想要的，即使顧客同樣自認為如此，他還是如此確信，以至於即使在一九七〇年初就完成了第一台8 Juke，他仍然保密了整整一年。這讓他有時間跟當地的樂隊一起錄製大量的流行歌曲翻唱，他們將這些歌曲調成較低的音調與較慢的節奏，讓一般人比較容易跟著唱。

井上沒有人脈或財力去使用專業的錄音室，但是他在當地的某個婚禮宴會廳有個演奏音樂的副業。今天的日本人使用西洋曆，但是對於有關日子吉凶的傳統信仰依然保留著。根據中國古代曆法所計算出來的六天循環周期（譯註：日本人稱之為六曜），意味著每個月會有幾天是butsumetsu（佛滅日），也就是傳統上諸事不宜的凶日。那時，即使是具有現代思維的人也傾向避免在這種日子裡舉辦婚禮之類的大慶典，所以在這些日子裡，這個宴會廳免不了就得關門休息，井上就是利用這些機會來為8 Juke錄製歌曲。沒有專業設備，沒有疊錄、沒有多軌錄音、沒有編曲，有的僅是一支麥克風和一個八軌錄音機，將每首歌錄進一個音軌裡。一開始，井上和他的樂手一次只能勉強錄製幾首歌；一旦他們漸入佳境，他們一天可以錄下多達十首曲目。與其說這是器樂曲，不如說這是「虛擬樂曲」：真實地足以讓人聽得出來，但對於外行人來說，又巧妙地簡化了。

與此同時，井上也向當地的電工和木工下了零件訂單，準備在原型機之外，另外製作九台8 Juke。到了一九七〇年底，他建造了最初的十台機器大軍，加上數百首為業餘愛好者客製化錄製的歌曲庫，目的是要讓他們感覺自己像個歌星。

一九七一年一月，關鍵時刻到來。井上說服了十家小酒吧擺上第一批 8 Juke 招待客人。大家對它們的出現，反應一片鴉雀無聲。很明顯地：客人不知道這台機器是什麼東西，也不知道如何使用。井上靈機一動，花錢請了幾位在餐廳擔任女侍的友人來光顧這些酒吧，靠這些穿著暴露的可愛女孩魅力，引起大家的興趣。這些女孩用 8 Juke 做了一場大型歌唱表演，吸引顧客一起來個即興二重唱。

這麼做終於得到了回報。到了三月，他和他經營樂器維修店的朋友已經無法滿足大家對這台機器的需求。他和橫濱的一家工廠簽約，從神戶開車五百公里去取貨，將它們堆放在一台租來的小卡車上，然後開五百公里把貨載回去。在 8 Juke 初次問世之後，他還繼續從事彈唱藝人的工作相當長一段時間，這可以證明在這整個計畫的一開始，情況有多麼不穩定。

三不五時，井上演出到一半，就會收到一則訊息說他的某台機器卡住了。他會藉口假裝去上廁所，然後狂奔到需要修理 8 Juke 的地方。一如往常地，機器動不了是因為它的硬幣盒塞滿了。這對井上來說是個大好消息，他的商業模式是把機器免費借給酒吧，然後每個月賺超過兩萬日圓的部分跟店家平分。考量到有些顧客一次可以花到上千日圓，這錢賺起來很容易。突然間，他發現 8 Jukes 的訂單如雪片般飛來，多到他不可能自己應付得來。大約就是在這個時候，他的彈唱藝人同行一定已經注意到他們的收入下降了，於是召開了那場神戶藝人音樂協會的緊急會議。

井上的姊夫建議他為 8 Juke 申請專利。這在今天根本是想都不用想的事情，但是井上就是沒有足夠的財力來做這件事。他忙著經營他的新公司 Crescent，並且將大部分的利潤投入到製造更多的機器上。所以這是第二次，卡拉 OK 機沒有被拿去申請專利。「我不是從無到有建造出這個產品的，」[17] 井上在多年後的一次採訪中，被問到為什麼沒有去維護自己的設計專利時解釋說，「我有商業模式的構想。但是放大器、麥克風、多軌播放器，甚至百元硬幣投幣機，別人都已經擁有了專利。今天我可以申請這種商業模式的專利，讓別人來做，並且靠最初的想法獲取專利費。但是在當時，為某種商業模式申請專利似乎是不可能的。」況且，雖然 8 Juke 在神戶的紅燈區一時大受歡迎，但當時還不是很清楚，伴唱機會不會只是當地曇花一現的流行而已。

事實上，不論是根岸、井上或任何一個人，都無法掌控卡拉 OK 的命運。過沒多久，電子產品製造商就知道了這台伴唱機的存在，無疑地，他們是透過自己雇用的上班族員工得知的，這些人在鎮上消磨夜晚時光的過程中，偶然遇見了這個裝置。他們甚至花了更短的時間就意識到，這基本上是個公共財。第一個將自己的伴唱機推到市場上的，是消費電子產品龍頭，日本的 Victor Company（ＪＶＣ），[18] 它在一九七二年推出 ＢＷ－1。包括 Toshiba 和 Pioneer 在內的對手，很快地就推出了與之競爭的產品。當這些大公司在接下來的幾年在爭奪市場佔有率的同時，受到 8 Juke 基本款啟發的卡拉ＯＫ伴唱機，也勢不可擋地蔓延出去，從神戶到附近的大阪，經過整個一九七〇年代，遍布到全日本。卡拉ＯＫ不屬於任何人，而這正是它能夠蓬勃發展的原因。

在某種程度上，卡拉ＯＫ對社會的影響愈來愈大，由於卡拉ＯＫ伴唱機已經從以前上班族經常去的酒吧擴展到幾乎所有的酒吧，將原本的社區變成業餘表演的舞台，為了處理噪音的投訴，警察幾乎疲於奔命。當社會上一些比較沒品的人拿起麥克風，偶爾也會引發一些暴力衝突。一九七七年十二月二十六日凌晨，[19] 川崎一家妓院的員工在當地的夜總會裡，經過酒精與音樂的催化之後，一個關於下一個輪到誰唱歌的爭執，演變成一場十八名客人的混戰。其中四名因為遭到啤酒瓶和拳頭的攻擊而挫傷送往醫院，這是歷史上第一次記錄在案、也許可以稱之為卡拉ＯＫ暴動的受害者。從那以後的幾年裡，這種混和了酒精、激情和隱含競爭的媒介，在國內外都引發了類似的事件。例如，菲律賓，至少有六名歌者在演唱法蘭克・辛納屈（Frank Sinatra）的「My Way」這首歌時被謀殺，迫使那裡的許多卡拉ＯＫ供應商，不得不將這首流行歌從歌單上徹底刪除。

其他的影響則更加微妙，對批評者來說，危害也更加嚴重。「我們正在失去酒吧交談的藝術，」[20]科幻作家半村良在一九七八年對《朝日新聞》抱怨，「現在每個人都坐在那兒，把大腦關上，等著麥克風輪到他們。」一九七九年，日本某報紙的專欄作家嘲笑卡拉OK愛好者「裝模作樣的虛張聲勢」，以及他們對於成為目光焦點的迷戀。[21]而在一九八四年，音樂評論家藤田忠哀嘆：「卡拉OK熱潮席捲了業餘愛好者和專業人士，每個人都樂於和其他人唱著同樣的節奏、拍子、歌詞和旋律。」[22]就像是哈里森·布吉朗（Harrison Bergeron）這篇小說裡的情節一樣，在這樣的世界裡，傑出的聲音被業餘歌手的有限技巧所壓抑（為了避免被當成古板守舊的人，藤田引用了美國的嘻哈文化做為一個反例，說明人們如何從廣告歌曲中創造出新的表達方式）。

在卡拉OK剛出現的頭一個十年裡，它的歌曲庫是停滯且又重複的，幾乎清一色都是由演歌（enka）所組成，演歌是一種風格奇特的感傷歌謠類型，以一種明顯的搖擺顫音演唱。[23]演歌的歌詞提供了滿懷希望的浪漫幻想，充滿了對遠方的家鄉、母親和年輕愛人的思慕：這是那些滿載著眾多天真浪漫的鄉下男孩女孩搭上大城市的就業列車之際所發出的心聲。演歌一詞的字面意義是「演說歌曲」，它的根源可以追溯到十九世紀後期，民運人士將他們的口號編成詩歌，以規避政府的叛亂相關法律。隨著幾十年來的發展，演歌擺脫了它的政治根源，但仍然保留了某種程度的反抗精神，一種獨立的、「My Way」之類的精神。二次大戰後，隨著佔領軍令人振奮的大型樂隊音樂（以及爵士和後來的搖滾）橫掃日本，令人感傷落淚的演歌重現江湖，因為老一輩對征服者的新奇曲調不太感興趣，演歌成為他們與之抗衡的旋律。早在他們拿起卡拉ＯＫ麥克風之前，演歌對刻苦精神與個人犧牲的浪漫化傾向，就深深吸引了那些具有男子氣概的中年勞工與上班族。而在多年以後，演歌跟這台設備之間的關係仍難分難捨，以至於年輕的員工一聽到「卡拉ＯＫ」，都會心生恐懼，因為這意味著他們又要聆聽風光不再的老闆低吟著舊時的歌謠一整個晚上。「年輕人有他們的吉他，」[24]一九七七年的一篇報紙文章解釋，「而中年男人的卡拉ＯＫ伴唱機上則有他們的演歌和軍歌。」

直到一九八〇年代中期，這一切才得以改變，而且改變一旦發生，就發展得很迅速，這要歸功於另一位Boss（老闆）：布魯斯・史普林斯汀（Bruce Springsteen）[25]（譯註：Bruce Springsteen 暱稱「the Boss」）。一九八五年的日本巡迴演唱會上，史普林斯汀吸引大批的當地歌迷跟著他一起合唱，這啟發他的日本唱片公司製作了史普林斯汀歌曲的卡拉ＯＫ版本。那年的十二月，《Born in the U.S.A.》成為第一張完整「翻譯」成卡拉ＯＫ的搖滾專輯。「That exact feeling of singing with the Boss, if not making you feel like him inside and out!」（跟 the Boss 一起唱歌的真實感覺，就算沒有讓你覺得自己跟他徹底一樣！），包裝上用華麗的破英語寫著。他們做得很開心。兩百萬張卡拉ＯＫ版本的《Born in the U.S.A.》唱片、錄音帶被搶購一空。這個出乎意料的成功，讓人注意到日本家庭卡拉ＯＫ興起的現象，因為製造商已經將卡拉ＯＫ的功能整合到家庭音響和雷射唱片播放機中了。這張搖滾卡拉ＯＫ的意外成功也建立了一個灘頭堡，從此改變了這個媒介：青少年也許跟他們的父母一樣想唱歌，而且他們想要在私底下唱，而不是在夜店或酒吧的公開舞台上唱。一九八五年，一種新型態場所的出現，加快了這一個趨勢，這種場所是一種為小團體或獨唱的個人所分隔出來的隔音房間。這些被稱之為「卡拉ＯＫ盒子」或「卡拉ＯＫ膠囊」的場所，迅速地在日本的城市和鄉村蔓延開來，迎來了新興的唱歌人口，包括小孩、婦女、老人，這些通常不會涉足歌舞表演或女公關俱樂部的族群。這是那卡西和彈唱藝人最後致命的一擊，他們擔心卡拉ＯＫ會將他們淘汰完全是有根據的。據說在他們影響力達到巔峰的一九六〇年代，每晚有超過一百多名那卡西在東京市區的酒吧裡提供服務。[26] 卡拉ＯＫ讓他們失去了生計，如今只有幾位年長的堅定守護者在從事這一行：他們無視於時空錯置，為了懷舊的緣故而表演，而不是為了真正的需求。

****

卡拉OK伴唱機不只是關於唱歌。它讓明星大眾化，對於日本人和西方人的幻想生活都產生了深遠的影響。它是所有生活領域裡，第一個可以讓業餘表演者感覺完全像是個專業人士的裝置；那些簡單的輔助功能，像是調音和回音效果，是我們現代生活中習以為常的高科技幫手的先驅：例如可以使快照更接近專業攝影師作品的影像防震技術和Instagram濾鏡；具有電腦輔助節奏指引功能的《Rock Band》之類的音樂會模擬器；可以讓笨手笨腳的《Fortnite》玩家感覺像海豹部隊一樣戰鬥的增強電玩物理效果。卡拉OK給了每個人成為歌星的機會，即使只是在一首歌的時間裡，它為未來更多沉浸式和變革性的技術鋪平了道路。卡拉OK是使用者原創內容的始祖，是第一個不受制於把關者（除了那些樂於供應我們伴唱機和伴唱帶，讓我們關上大腦，乖乖等著輪到我們唱歌的公司之外）的平民混音網路。

一九九〇年代中期這個現象的高峰，日本大約有十七萬間可供唱卡拉OK的房間。[27]一項產業調查估計，大約有六千萬人，將近全日本人口的一半，每年至少會縱情於卡拉OK一次。即使在千禧年之後，面臨著更新形態的行動和互動娛樂的激烈競爭，這個數字仍然徘徊在五千萬人左右。[28]所有的這些業餘歌唱，對整個日本音樂產業產生了深遠的影響，尤其是在一九九〇年代初期。當時數位串流技術的出現，使得日本唱片公司能夠即時看到大家在唱些什麼。

在西方，情況則稍有不同。最早進口到美國的卡拉OK機出現在日本的餐館裡。「在辦公室忙碌了一天之後，許多日本人喜歡到小吃店裡放鬆，一邊喝著蘇格蘭威士忌或清酒，一邊唱著稱做演歌的懷舊歌謠，」[29]《紐約時報》在一九八三年五月首次提到這種現象，「這種行為助長了所謂的卡拉OK熱潮，而有一些日本製造商希望在美國如法炮製。」這種新奇的產品主要侷限於酒吧、餐廳、私人宴會廳，目的是為了招待日本商人，之後則以創紀錄的數量抵達美國，成為美國人辛苦努力了一天之後，渴望用來放鬆的方式，這也造就了日本的貿易逆差（正如美國政治人物所認為的那樣）。

在一九八〇年代中期至後期，美國企業家開始針對唱英語歌的客戶推出卡拉OK的業務。紐約和洛杉磯是卡拉OK休息室的早期溫床，幾乎在轉眼之間，伴唱機的想法就跟美國人的想像一拍即合。到了一九九二年，這個詞已經深入美國人的語彙，以至於小布希總統在他的競選活動期間宣稱：「我們正在跟卡拉OK小孩競選，他們會唱出任何他們認為會讓他們當選的曲子。」[30]

儘管日本的消費者喜歡待在私人的房間以免去公開表演的壓力，並增加和朋友一起唱歌的親密感，但在西方（特別是美國），卡拉OK變成了一種展示性的運動，在商場、酒吧和餐廳裡蓬勃發展。湧向這些地方的年輕人，傾向用以下兩種方式接近麥克風：用老掉牙或鬧哄哄的派對歌曲來逗樂眾人，或是炫耀自己的歌藝，跟有同樣才華的客人來一場大車拚。而對於那些最投入的參與者來說，唱卡拉ＯＫ根本不是為了放鬆。「這是一條堅苦卓絕、真實的成名之路，」正如《印第安納波利斯月刊》在二〇〇五年描述當地受到《美國偶像》節目所鼓舞的人，他們「努力堅持到最後，希望在陰影中的某個包廂角落裡，坐著一個重要的人，一邊抽著胖胖的雪茄，一邊等著發掘你」（很誘人地，這個夢想有時真的會實現：歌手瑪莉・布萊姬〔Mary J. Blige〕用她在購物商場卡拉ＯＫ包廂裡錄製的一捲錄音帶，開始了她的職業生涯）。[31]「我們都是有待發掘的明星」這個誘人的想法，在《美國偶像》這類長期流行的真人實境秀中最能被體現出來。

那根岸和井上呢？儘管遭到種種抵制，根岸還是設法在日本各地的場所裡放置了大約八千台 Sparko Boxes。[32]它算是獲得了些許的成功，儘管它比較常被當成攜帶式點唱機來使用，而不是被當做伴唱機。而當他的合夥人在一九七三年退出經銷業務，根岸也放棄了。他已經受夠了那些專業音樂人的反擊，而且他還有很多其他的事業要忙。他把重心轉而放在自己創辦的成功事業上，而他和 Sparko Box 也從此淡出了卡拉ＯＫ的歷史。

相反地，井上則拚命搶錢。[33]當 8 Juke 被大型電子公司更精緻的產品給比了下去，他換檔操作，將重點放在音樂方面，安排錄音，更重要的，安排版權的銷售。到了一九七〇年代中期，他已經成為唱片公司和卡拉OK公司之間的中間人，卡拉OK公司迫切需要為他們的歌曲庫提供熱門的歌曲。雖然他沒有從卡拉OK伴唱機本身獲得任何一分的專利費，但是在他身為代理人的鼎盛時期，透過製作卡拉OK錄音帶和銷售其他公司製造的伴唱機，他一年的銷售額可以達一億美元。

由於他的努力，井上被廣泛地譽為是官方認證的卡拉OK發明人。一九九八年，新加坡的一個卡拉OK頻道發起尋找這台伴唱機發明人的活動。[34]他們的詢問促使日本全國卡拉OK業者協會匆忙建議將井上做為卡拉OK興起的源頭。卡拉OK的業者選擇他的創作而不是根岸的作品，原因很簡單：根岸曾經發明了一種伴唱裝置，但是井上則發明了整套組件和客製化的軟體，使得卡拉OK可以從日本在地的一種流行發展成全球性的商業模式。隨著井上成為卡拉OK的代言人，消息迅速地從新加坡傳到當地的亞洲新聞機構：那台風靡全球的日本伴唱機有個發明人！

一九九九年，《時代雜誌》將井上突兀地列入二十世紀最有影響力的亞洲人物之一，把他和毛澤東、甘地和Sony的創辦人盛田昭夫相提並論。這主要是因為作家皮科．艾爾（Pico Iyer）把活力充沛的井上說成是「東方的華特．米堤（Walter Mitty）」，[35]大肆宣揚他發明了一種機器，可以用歌聲將全世界結合在一起，然而這些描述不免有些誤導（譯註：華特．米堤為小說虛構人物，形容愛做白日夢的人）。二○○四年，搞笑諾貝爾獎委員會決定授予井上年度和平獎，[36]「以表彰他發明了卡拉ＯＫ，從此為人們提供了一個全新的方式，學習彼此容忍。」在頒獎典禮上，井上帶領觀眾一起演唱了一首一九七○年代的可口可樂廣告歌曲「I'd Like to Teach the World to Sing (In Perfect Harmony)」（我想教全世界唱歌〔在完美的和聲中〕）。

回到根岸的廚房裡，那台 Sparko Box 擺在我們之間的桌子上。經過了這麼多年，它餐廳櫃台風格的亞麻油氈已經有些褪色，但鍍鉻的按鈕和轉盤依然閃閃發亮。投幣孔也是如此，誘人地向人提出保證「大約十分鐘」，只要一百日圓。我問我們是否可以試用一下。

這位老發明家很樂意地投入一枚硬幣，然後把一卷厚厚的八軌卡帶插入，這捲卡帶發出令人滿足的洪量咔嗒聲滑到開頭。流行歌手鄧麗君一九八四年的歌曲「Tsugunai」（償還）的器樂曲呼呼作響，就像一個破舊的發條玩具又嘎吱嘎吱地活了過來，機器的前方隨著音樂的節拍閃爍著燈光。當我們觀賞著這場燈光秀時，根岸笑著說：「這就是我想出這個名字的原因。」它是那種很適合擺在家中粗毛地毯上、熔岩燈旁邊之類東西。

很久很久以前，他曾經將數千台這種裝置銷往日本各地的酒吧和飯店。你可以說他為日後的每一種卡拉ＯＫ奠定了基本的樣板，即使他的後繼者之中沒有人記得這一點。五十一年之後，這是全世界最後一台Sparko Box，一個被遺忘的紀念品。我認為它應該被放進博物館，就像印第安納．瓊斯偶然發現的一些古代文物一樣。

神奇的是，這台擁有半世紀歷史的機器還能夠運作，根岸拿出麥克風，金色的網孔依然閃閃發光，即使是在封藏了多年之後。我興致勃勃地接下麥克風，但這首曲子是來自異國的骨董級老歌，遠早於我出生的年代。我不知道這旋律，甚至連一句歌詞也不知道。不像現代的伴唱機，Sparko Box無法為唱歌者提供幫助。沒有回音效果、沒有電視螢幕、沒有無厘頭的通用伴唱影片、沒有任何文字會隨著音樂即時改變顏色。只有迪斯可的閃爍燈光和一份紙本的歌詞，而且根岸還把歌詞放錯了位置。

沒關係。在許多年以前，這裡正是卡拉ＯＫ誕生的地方，似乎很適合給這台小小的機器片刻屬於它自己的時間。隨著音樂繼續播放，我們笑了起來。

第四章
可愛崇拜
Hello Kitty・一九七五

無論何物，凡小者皆可愛。

——清少納言《枕草子》

傳遞一份小小的禮物，擁有一個大大的微笑。

——三麗鷗的廣告標語

一九七一年三月，一款名為Petit Purse的產品首次亮相，它沒什麼了不起，也沒有引起任何轟動。這是一個半透明的塑膠包包，[1]有個金屬扣子，打算給小女孩隨身帶著裝零錢用，當時的售價只有兩百二十日圓，還不到一美元。三麗鷗，製造這個產品的公司，為了降低風險，藉由生產好幾款圖案來多方押寶。但隨著幾星期過去，三麗鷗的員工在統計銷售額時，發現了一些奇特的現象。只有一款圖案的 Petit Purse 賣得好，而且它賣的數量極多：一隻穿著工作服造型的小貓咪，側身坐在一個英文單字下面，這個英文單字是：HELLO！

在 Kitty 出現之前，只寫著 Hello：這個頗具開創性的 Petit Purse。

雖然看起來很像，但這隻小貓不同於流行漫畫或卡通裡的角色。在那個時候，她還沒有個性、沒有故事情節，甚至連個名字也沒有。她面無表情。而且她的載體甚至不是一個媒體。它是個物品，是日本小學生的日常生活用品。緊跟著錢包出現的是杯子、盤子、涼鞋、鉛筆、鋼筆、學校用的筆記本，以及用來跟女朋友傳紙條的信紙之類的東西。

這顯然不像是那種可以用來建立商業帝國的東西。然而在四十多年之後，我們一眼就可以辨認出來的 Hello Kitty 設計，已經不再只是一種裝飾。她是世界上最大的授權資產之一。她像史努比或米奇一樣具有代表性，是一個標準單位，是用來評量其他可愛吉祥物的標準。

她是一家大型多媒體授權公司的基石，[2]每年在全球可以賺取多達五億美元以上的收入，這使得三麗鷗成為全世界第八大授權商，領先眾多好手，諸如驃悍的美國國家橄欖球聯盟（National Football League，排名第十二），無所不在的精靈寶可夢公司（Pokémon company，排名三十），以及擅長挑逗情慾的花花公子（Playboy Enterprises，排名四十五）。她以自己的方式融入了全世界的現代生活之中：Hello Kitty 盤旋在我們的頭上、在梅西百貨感恩節的大遊行上，她裝飾著巨型的噴射飛機，沿著第五大道飛來飛去。她的無所不在，意味著她真的會出現在一些很不協調的地方。二〇一四年，伊斯蘭陣線指揮官札哈蘭・阿盧許（Zahran Alloush）在敘利亞對部隊講話時，他是這麼做的，[3]肩上的槍套上掛著一隻半自動手槍，講台上放著一本 Hello Kitty 筆記本。哈囉（Hello），的確如此。

Hello Kitty 究竟是如何……嗯……變得在全世界無所不在的？她成功的祕密，就是日本人所說的 kawaii（可愛）。發音與「Hawaii」（夏威夷）相近，唸做「kah-wah-eee」（卡哇伊，而且絕對可以在最後這個小小的「eee」發出尖叫聲！），這個詞在某種程度上與西方的 cuteness（可愛）這個概念重疊。「cute」這個字源於「acute」（靈敏的），[4]讓它同時帶有不具威脅性，又有點猜疑的意思。《牛津英語辭典》列出了「cute」最早的用法，它在十八世紀被用做「shrewd」（精明的）的同義詞，帶有聰明而狡黠的意象，可以從所留下的「Don't get cute.」這樣的句子傳達出來。日文的可愛則沒有這種語言學上的包袱，小狗很卡哇伊、小貓很卡哇伊、嬰兒很卡哇伊。事實上，直到一百年前，卡哇伊也還不過只是一個要人懂得感恩的描述詞，所傳達的涵意是「這不是很討人喜歡嗎？」。

卡哇伊最早的現代用法可以追溯到一九一四年。[5]當時一位富有事業心的女子，名字叫做岸他萬喜，她是著名的流行藝術家竹久夢二（Takehisa Yumeji）的前妻兼生意夥伴，她在他們共同開設的東京精品店的廣告傳單上使用了這個詞。這家店稱做 Minato-ya（港口商店），它的標誌是一艘在海浪上航行的快速帆船，暗示著夢幻般的異國船來品。事實上，這家店的商品完全是日本製造，巧妙地融合了日本和異國的風格。夢二描繪了穿著和服的日本年輕美女婀娜多姿的形象，以諸如巴黎風格的咖啡館等西方意象為背景，重新定義了戰前時代的女性時尚：你可以是日本人，但同時也可以很國際化。他的作品在日本繁華的一九二〇年代非常受歡迎，以至於他的名字本身就變成形容時髦女性的詞語，Yumeji-shiki 就是指「夢二式」。[6]岸他的用法是最早被記錄下來的卡哇伊用法，用來描述一種品味或時尚，泛指之前可能被年輕女子稱之為 kirei（美麗、有吸引力的）的各種事物。部分歸功於這個品牌定位，這家精品店的精美圖畫和明信片、配有插畫的詩集，以及圖案鮮豔的布料和時尚配件，紛紛銷售一空。

稍後，在一九六〇年代，卡哇伊與漫畫設計交織在一起：手塚角色柔軟圓潤的形狀，以及給年輕女孩看的浪漫少女漫畫中所展現的女性優雅光彩。到了千禧年末，它已經演變成所有年輕人和心思年輕的人，以及各種年紀、性別和性取向的人所使用的一種誇張的、通用的，形容最棒的詞彙：一種純真和正向概念的柏拉圖理想，「是現代生活日語中，最廣泛、最受喜愛、最習慣的用詞。」[7] 一九九二年的一份女性雜誌調查如此宣稱。

然而試圖定義卡哇伊是一種愚蠢的作法。很明顯地，日語中 kawaii 的相反詞並不是醜陋或不可愛；而是 kawaiku-nai，字面上的意思是「不卡哇伊」。這並不是一個形容詞，而是一種心情。什麼是愛？當你感覺到時你就知道了；卡哇伊也是如此。對很多人來說，Hello Kitty 代表了他們第一次接觸到這種令人陶醉的新感情。Kitty 在一九七五年的誕生，代表了它第一次成功地包裝好準備大量生產。手塚的漫畫固然可愛，但是他販賣的是故事；而三麗鷗販賣的則是可愛本身。

Hello Kitty 是如何從一個廉價錢包的裝飾變成一個帝國的基石？簡單的答案是：創造它的公司有著精明的商品化和行銷手法。但同樣的，Hello Kitty 也創造了三麗鷗，她幾乎是單槍匹馬地將一家原本在地的小飾品經銷商，轉變成一個龐大的跨國企業。

當時很少人意識到，Hello Kitty 被創造出來的那一刻，代表貫穿整個日本的社會、文化和經濟的潮流匯合在一起了。歸功於戰後的重建，日本的國民比任何時候都更加健康、富有。嬰兒潮帶來了大量的孩子，這些孩子的家人用各式各樣的玩具和禮物來寵愛他們。隨著這些男孩和女孩在這片富裕的土地上長大成人，他們渴望擺脫戰後初期他們的父母受限於學習、操持家務和工作這種永無止盡的循環。Hello Kitty 像一道閃電、一幅塗鴉的奇蹟，它匯聚並引導這些社會思路，形成了一整個世代的審美觀，以及日本這個國家極易辨認的象徵之一。

這就是卡哇伊的力量。

在三麗鷗的背後，在所有的花朵、裝飾、小貓、小兔子，或是全球包裝精美的卡哇伊商品背後，有一位男人。他是一位詩人、一位化學家，也曾是一位釀造私酒的販子，他的名字叫做辻信太郎。

早在 Kitty 和三麗鷗出現之前，辻信不過只是另一個不安的十八歲高中畢業生，正苦苦掙扎於他那一代的人所面臨的問題：[8] 如何避免在二次大戰中喪命。而這不過是他整個嚴峻的青少年時期諸多考驗中最新的一項罷了。辻信幾乎沒見過他的父親，他是由單親媽媽撫養長大，他的母親是一位商人，家族在東京以西八十英里的山梨縣擁有一家成功的連鎖旅店，這使得她有餘裕將兒子送到專為外籍人士開設的基督教幼兒園。這個外國宗教並沒有固守下來，但是其中的一個外國傳統卻流傳了下來。「生日派對，」在二〇〇八年的一次採訪中，辻信如做夢般地回憶道，[9]「那時沒人知道自己孩子的生日。日本人沒有慶祝生日或舉行生日派對的習慣。我深受感動。」

一九四〇年，他的母親死於白血病，當時年僅十三歲的辻信，在喪母之後被送去和阿姨與姨丈同住。儘管他們的生活比大部分的日本人要好，但隨著日本戰爭機器的崩潰，食物供應日益短缺，他的新監護人毫不掩飾對於他們要多照顧一個孩子的厭煩。年少的辻信從此不再有派對。「他們不斷地給我臉色看，[10]『你吃太多了』、『你屎拉太多了』、『現在就給我去刷廁所』。」他在二〇〇〇年的回憶錄《三麗鷗的祕密》（*These Are Sanrio's Secrets*）裡寫道。他有著一顆浪漫的心，被希臘神話、詩歌和文學的世界所吸引。有一次，他甚至因為寫了一個愛情故事而被勒令休學，在一個全面戒嚴的時代，這是一件非常令人不屑的事情，尤其是對一位被期許要堅忍、剛毅，準備隨時為他的國家慷慨赴義的男孩子來說尤其如此（深受歡迎的少年漫畫《少年俱樂部》，在一九四五年戰爭剛要結束之前出版了最後一期，其中的內容用愛國文章取代了漫畫。[11]令人毛骨悚然的是，在最後還詳細說明了如何使用手榴彈做為武器，以及如何引爆它）。儘管他渴望寫作，但辻信知道希臘悲劇詩人索福克勒斯（Sophocles）並不能讓他遠離戰場。一九四五年四月，新學期開始的時候，辻信進入了當地的一所技術學院，宣布主修毫無浪漫色彩的有機化學領域。醫生和工程師的迫切缺乏，意味著研修醫學或科學是遠離戰爭最好的方法。

一九四五年八月十五日，身為日本帝國海軍上尉的系主任把這些年輕人聚集起來，聆聽裕仁天皇史無前例的全國廣播談話。在極度精緻的正式演講中所發表的戰敗宣言，幾乎沒有幾個國民可以解析其中的詞句，但每個人都知道這意味著什麼。戰爭結束了，日本輸了。辻信和他的同學沮喪地回到教室，迎來的是另一個震撼：上尉在自己的桌前開槍自盡了。[12]

人類學家露絲・潘乃德（Ruth Benedict）在她一九四六年的暢銷書《菊與刀》（*The Chrysanthemum and the Sword*）中，引用了日本人對戰爭結束的典型反應：「解脫了真好。但是我們不用再戰鬥了，也沒有了目標。每個人都一片茫然，做起事情來也心不在焉。我就像那樣子，我妻子也是，還有醫院裡的人也是如此。」[13]這種無精打采的情形如此普遍，以至於媒體很快就給它取了一個名字：kyodatsu jotai（虛脫狀態），一種持續的倦怠狀態。[14]如果說這對辻信有造成任何影響的話，那就是社會的崩潰似乎為他注入了活力。他偷偷溜進學校的實驗室，祕密合成迫切需要的用品，例如肥皂、糖精甜味劑，甚至一些更加需求孔急的東西：烈酒。就像貝蒂妙廚（Betty Crocker）變成《絕命毒師》（*Breaking Bad*）一樣，辻信在經營當地黑市的黑幫中，找到了渴望購買這些違禁品的客人。[15]

不過，一場突如其來的肺結核結束了他的走私生涯。從另一方面來看，這是一個最好的時機。與他打交道的那些人，嚇壞了他的上層家庭，而且當局也開始嚴厲打擊黑市。辻信重返學校，於一九四九年畢業，並且透過人脈在山梨縣政府謀到一份他人夢寐以求的職位。在接下來的十年裡，他重複做著一系列薪水優渥但不需要花費心思的工作。他大部分的同胞都會為這樣的肥缺搶破頭，儘管戰後社會上充滿抗議和罷工的紛擾，但是大眾對於職業官僚仍然高度尊重。然而埋葬在官僚機構中的辻信，看不到自己努力的成果，也不知道該如何評量自己的進步，純粹是為了工作而工作。這足以讓他懷念起在黑市的日子。辻信稱它為「童年後的第二次逆境」。[16]

終於，他實在受夠了，決定辭職。同事都跟他說他瘋了。然而，正如過去幾次的先例，他跟反對者證明他們是錯的，而且後來有一些的確如此。他沒有悄悄遞出辭呈，而是大步走到附近的當地商會，憑著三寸不爛之舌進到了山梨縣知事的辦公室，並含糊地表達了自己想要出去闖一番事業的願望。辻信通過了審查，從會議裡走出來，口袋裡已獲得了這個城市一百萬日圓的創業投資。他前往東京，用這筆投資創立了一家名為「山梨縣絲綢中心」的公司。

它銷售地方特產，例如葡萄酒、水果、蔬菜，當然還有絲綢。[17]辻信集結了一群旅行社的業務員組成一個小組，將這些商品批發給首都的商店，以及透過旅遊勝地的露天市場直接供應給客戶。利潤增長迅速，無論從什麼標準來看，都是個巨大的成功。但辻信並不這麼認為，他的夢想並不僅僅是做一個傲人的蔬果商而已。就在那個時候，關於幼兒園派對的記憶又浮現到他的腦海。

「那時，大約是一九六〇年，我的兒子正在東京目黑區的一所小學讀書，所以我問他們的同學，有多少人在生日那天收到禮物，結果三十五個人裡面只有三個說有收到，」辻信回憶說：[18]「沒有人參加過生日派對。那三個收到禮物的同學都說他們的禮物來自母親。所以我想做一個跟生日以及送禮物有關的生意。」

看起來也許很特立獨行，但是辻信對於精美包裝禮物的著迷，卻深入挖掘出日本社會習俗的深層脈絡。大人稱它為giri（義理），這個在日語中一個字就能表達的東西，用英文卻需要用很多字來解釋，它的意思是：以心照不宣的方式，回報別人對你的恩惠，這是一種義務。很少有文化像日本那樣把送禮訂出一套規矩，有夏季的禮物Ochugen（御中元），有冬季的禮物Oseibo（御歲暮），這些禮物是要送給那些在這一年之中以某種方式支援過你的人：可能是某個客戶，或是你的老闆，或某個老師，或某個房東。在日本，到別人家拜訪時要帶禮物是種常識（現在依然如此），即使你並沒有任何義務要這麼做。它跟這個物品的價值無關。經常被當做御中元和御歲暮禮物的有啤酒、水果，或其他日常必需品等，即使是看起來似乎微不足道的香皂、醬油或食用油，都可以成為完美的禮物。但關鍵是，它們絕對、萬萬不可以，用原來的面貌呈現。在老闆家門口放一瓶芥花籽油？這在日本和美國都一樣奇怪。在西方，也許還有點意義；但在日本，重要的在於呈現過程中所費的心思。這就是為什麼日本人熱情地擁抱以禮物為中心的外來節日，例如情人節和聖誕節，儘管事實上只有不到百分之一的人口被認定是基督徒，原因僅在於有更多的機會可以贈送包裝精美的禮物！

辻信的天才之處，就在於將大人這種交換禮物的模式重塑在兒童身上。「傳遞一份小小的禮物，擁有一個大大的微笑」，在未來的歲月裡，這將成為他公司的座右銘。於此之際，該賣些什麼呢？

他從山梨縣絲綢中心的一名承包商那裡找到了答案。[19] 她帶著一個服飾配件來參加會議，配件上點綴著風格獨特的草莓裝飾。它看起來很應景，這要歸功於一位名字叫做內藤 Rune 的少女時尚插畫家的作品。在一九五〇年代，內藤的時尚設計以苗條的美女、不可思議的長脖子，以及巨大的眼睛（甚至比手塚治虫筆下的角色眼睛還要大）為特色，為日本各地小女生的生活注入了一種閃亮、令人嚮往的異國優雅情調。一九六一年，內藤開始涉足商品設計，推出一系列以卡通蔬果圖案為主題的陶瓷馬克杯和廚具。他的美感吸引了戰後日本的年輕女性，就像夢二的美感曾經在繁榮的一九二〇年代吸引了當時的年輕女性一樣。很顯然地，辻信，也深受他的吸引。草莓裝飾的配件令他著迷。「喔，太可愛了！」他喃喃自語，彷彿自己是個小女孩。[20]

一九六二年，辻信推出了山梨縣絲綢中心的第一款原創商品：一雙點綴著草莓圖案的兒童橡膠涼鞋。他很快就把這商品賣光了。洞察到它的潛力之後，辻信接著迅速推出上面同樣畫著鮮豔多汁草莓的手帕、小袋子、水杯、果汁杯。這些草莓商品賣得火熱，比絲綢中心以前推出的任何產品都還要暢銷。

就是這樣！辻信知道，從本質來看，新奇的禮物必須不單是個產品：它們必須是特別的。透過草莓，他領悟到，額外的裝飾可以多麼簡單。還不到一個世代之前，日本的國民還過著缺乏食物與棲身之處的日子，現在他們則有了一點餘裕。隨著一九六〇年代的到來，人們會想要擁有一些額外的東西，不僅僅是給自己，也希望給他們的孩子，一點點奢侈品。漫畫和動漫是非必需品最重要的元素之一，它們為好幾個世代的男孩和女孩奠定了基礎，讓他們對插畫設計有著令人驚訝的精緻品味。這一切的背後，是長期以來對「高檔貨」（fancy goods）的迷戀，高檔貨是個從美式英語借來的貿易術語。

在十九世紀和二十世紀初的西方世界，「高檔」事實上指的是「日本的」：從遠東進口的異國風情絲綢、陶瓷、銀飾和藝術品。Tiffany's這個精品的堡壘，在一八三七年以「文具和高檔商品商場」的面貌開始營運，並在二十年之後將品牌重新定位為高級珠寶商。[21]為了成功地將商店轉變成日本奢華和風格的把關者，共同創辦人查爾斯．蒂芙尼大力吹噓他專注於製作

「比日本還要日本」的物品，並推出了諸如帶有北齋版畫轉印圖案的純銀餐具：一種藉由與東方異國情調連結而進一步升級的奢侈品。

另一方面，日本人喜歡的高檔貨，則幾乎恰好相反。[22]它是低調的、自然而然地柔軟、圓潤、可愛、有褶邊或蓬鬆的。更重要的是，它必須散發出一種夢幻、令人嚮往的異國風格，特別是美國或歐洲的風格。對於後面這些要求，可以追溯到一九一四年的岸他和夢二。戰爭年代抑制了日本人對外國事物的迷戀，但是當戰爭一結束，這種興趣在第一批美國吉普車開進日本的時候又立刻被重新點燃。

辻信已經一腳踏入了日本流行文化當中湧現的一股強大新潮流：強烈渴望必需品之外的東西。事實上，是渴望與必需品完全相反的東西，是對輕薄短小與夢幻的渴望，然而，並不是任何設計都能辦得到。卡哇伊是個善變的女郎，辻信經歷了一番慘痛的教訓才領悟到。

櫻桃是一次慘敗。

一九六二年草莓主題的系列產品大獲成功，讓辻信變得更為大膽，同年，他迅速地推出後續產品，改用櫻桃圖案重新上市了同款的商品。他以為這些色彩鮮艷的嬌小水果，會更受那些購買草莓系列產品的女孩歡迎。他錯了。「我並不感到失望，確切地說，我比較像是受到驚嚇，」[23]辻信回憶，「我的意思是說，櫻桃跟草莓都是紅色的水果，是吧？為什麼草莓可以，櫻桃卻不行？」

他知道自己需要幫助，而且要快。辻信有足夠的自知之明，知道自己擅長的是做生意而不是設計。他需要藝術家。他接觸的第一個人是一位二十三歲的女子，名字叫做水森亞土。在他們的第一次會面，她回憶：「他簡直像個小女孩：『它好卡哇伊；你的藝術作品好卡哇伊！』他親身感受到了這點。」[24]辻信也許無法憑空變出可愛，但是當他看到可愛的東西時，他肯定會知道。

今天，水森以她的藝名 Ado-chan 更廣為人知。她在日本的娛樂圈佔有重要的地位。她兼具插畫家、歌手、女演員、表演藝術家等多重身分，是一位文藝復興型的才女。後來她成為一名很受歡迎的兒童節目主持人，在懸掛在她和觀眾之間的白色壓克力板上描繪故事，她背向觀眾，從她的角度用雙手一起畫畫。但在這一切發生之前，她則是因為創造了一個角色而聲名大噪，這個角色帶動了更多產品的銷售，絕不是辻信的草莓所能企及的。可以預見地，它是一隻小貓。它的大受歡迎幫助亞土打破了玻璃天花板，成為新一波年輕女性創作者的先鋒。

在挑選像她這樣有才華的年輕女性方面，辻信算是走在潮流的前端。對於一家以製造女學生用品賴以維生的公司來說，這樣的選擇似乎不需要多想。但在一九五〇年代和一九六〇年代早期，針對女孩子的作品，無論是時尚雜誌的插畫，或是新興的少女漫畫都是由男人繪製的。內藤 Rune 就是一位這樣的插畫家。另一位漫畫家是手塚治虫，他在一九五三年出版了《寶馬王子》，這個故事講述了一位年輕的公主女扮男裝進行戰鬥的經過。在他獲致成功之後，出版商推出了許多雜誌，專門鎖定這一群意想不到的年輕女性新讀者。但是當時的漫畫產業，就跟日本的其他領域一樣，是一個男人的世界。女人被視為是消費者，而非創作者。為了滿足讀者對內容的渴求，編輯甚至要求繪製《小拳王》的劇畫畫家千葉徹彌為少女漫畫執筆。

正是水森的女孩們讓她初次成名，並吸引了辻信的目光。水森並不是漫畫家，她畫的是卡通插畫，辻信曾經看過她的作品被其他公司用來裝飾諸如手帕之類的商品，或是被雜誌文章或書籍做為設計的元素，幾乎都創造了相同的氛圍。她的作品洋溢著某種異國情調的嬉皮海灘玩家的魅力，這是在她未能進入藝術學院就讀之後，在夏威夷的某所高中度過一段空檔年所受到的影響。亞土的女孩們聰明、快樂，偶爾會脫光衣服（但總是會被巧妙的遮住），經常會在未來男友的臉頰上種下一個天真無邪的吻。這是一種溫和的暗示和童年天真的平衡，一種去除掉邪惡的脫衣舞。

在水森所受到的影響中，包括真實的脫衣舞，特別是她在東京著名的日本劇院（Nichigeki

Music Hall）所看到的表演。日本劇院是城裡無數上班族夜晚的去處，它的特色是爵士樂加上亮片、踢高的大腿、旋轉的乳貼流蘇，所有的這些都包裝在一個崇高的使命宣言之下。在一九五二年，一檔名為《夏日醜聞》的表演節目中，清楚地闡明了這一點，它宣稱要致力於「以炙熱的野心將裸體藝術提升到更高的水準」。[25]

水森在十幾歲的時候，她那放蕩不羈的父親就曾帶她去看過這個俱樂部最早的表演之一。[26]那個場面給她留下了非常深刻的印象，以至於她從座位上溜出去探索這個地方。「在後台，舞者們都是全裸的，她們的臀部漂亮得像顆桃子，」她在回憶錄中寫道，[27]「後來我去美國和法國看歌舞秀的時候，我就只是盯著她們的臀部看。她們的臀部就是一切。我不想看見她們的靈魂，我不想讓現實摧毀夢想。我希望她們像個天使，永遠卡哇伊。」

但是她並沒有為辻信設計一個女孩，她為他畫了一隻小貓，是Hello Kitty神韻上的前身，叫做「Ado's Cat, Mii-tan」（亞土的貓，Mii-tan）。超級可愛的嬰兒語，這個名字意思就類似於「喵——喵——」。一款Mii-tan小雕像在一九六五年上市，結果賣出了巨額的銷售量。[28]在接下來的幾年，辻信推出了五十多款以水森的作品為特色的產品，使Mii-tan成為一九六〇年代最具代表性的角色之一。

他還嘗試與其他的藝術家合作，[29]其中有些人憑著自己的實力成為了偶像，例如武藤敏子後來幫迪士尼樂園的未來世界設計了日本館，而漫畫家柳瀨嵩，則因創造了最受日本幼稚園小朋友歡迎的卡通人物《麵包超人》而一舉成名。但是，儘管辻信積極網羅人才，卻沒有任何一位藝術家的作品可以在任何地方比得上水森的表現。他為了那些根本賣不出去的東西支付給藝術家的授權費，讓荷包大為失血。一向足智多謀的辻信嘗試了其他的投資，他獲得了美泰兒芭比娃娃在日本的經銷權，但是這些進口玩具無法與日本國內較為便宜的玩具競爭。他簽下合約成為 Hallmark 在日本的經銷商，但是儘管日本有悠久的送禮傳統，但是寄送帶有插畫的問候卡並未能在大眾之間流行開來。

他賠了好大一筆錢。他必須弄清楚是什麼造就了他的成功，是什麼造就了卡哇伊，這才是重點。

****

直到二十世紀中葉，才有人開始量化是什麼讓人發出「哇！」的讚嘆聲。而他並非日本人。他的名字叫康拉德．勞倫茲（Konrad Lorenz），是個納粹分子。[30] 從醫學院畢業之後，他在動物學領域獲得第二個博士學位，並且因為對動物行為的研究而為人所知。一九四五年入伍後，他曾服役於德國軍隊的心理部門，為該政權對優生學和種族淨化的狂熱癡迷提供研究和評論。一九四三年，勞倫茲將注意力轉向人類依戀的概念，提出了一系列身體和臉部的特徵，當人們遇到這些特徵時，就會觸發天生的神經衝動想要養育某個東西。這些特徵包括：相對於身體來說稍大的頭部、位置較低的大眼睛、鼓鼓的臉頰、短短胖胖的四肢、一種「始終如一的開朗、彈性」，加上搖搖晃晃的動作。他把這些特徵稱為「先天釋放機制」，並統稱為「嬰兒基模」（在蘇聯的戰俘營被拘禁了四年之後，勞倫茲宣布放棄他對納粹的信仰，並因為他對動物行為科學的研究而獲得了諾貝爾獎）。

儘管它的來源不怎麼光彩，但是「基模」這個概念從直覺的角度來看似乎有些道理。小嬰兒總是讓人精疲力竭，吵吵鬧鬧、弄得亂糟糟、永遠要人關心，但是我們仍然愛他們。疼愛我們自己的嬰兒有明顯的生物學因素，但是為什麼我們也會想寵愛其他的孩子呢？而且為什麼我們對動物也有類似的傾向，似乎愈弱小無助就愈得寵呢？勞倫茲提供了一個非常直接的答案。

多年後，演化生物學家史蒂芬．古爾德（Stephen Jay Gould）將羅倫茲的基模應用到一個難以想像的主題：[31]米老鼠。古爾德在他一九七九年一篇題名為〈對米老鼠在生物學上的致敬〉（A Biological Homage to Mickey Mouse）的論文中提到「最初的米老鼠是個粗暴，甚至有點虐待狂的傢伙」。隨著米老鼠的個性軟化，他的外表也開始改變。古爾德用一對卡尺，測量了一九三〇、一九四〇和一九七〇年代標誌人物的形象。古爾德舉證說明了「我們被強大的稚氣特徵所掌控著」，他量化出迪士尼的藝術家，不管是有意還是無意的，如何應用嬰兒基模來馴服他們的明星囓齒動物，讓它對觀眾更有吸引力。

《Peanuts》提供了另一個例子。當它在一九五〇年十月首次亮相的時候，它完全不同於美國人在幽默版面上所看到的任何東西。這個連環漫畫的第一句妙語是有關於一個可愛的小淘氣宣稱他對查理・布朗（Charlie Brown）的厭惡。《小阿布納》（*Li'l Abner*）的創作者艾爾・凱普（Al Capp）形容這些小學生角色是「既可愛又尖酸刻薄的小渾蛋，渴望互相傷害對方」。[32] 在二〇一五年《Peanuts》漫畫系列的簡介中，《辛普森家庭》（*The Simpsons*）的創作者麥特・格朗寧（Matt Groening）回憶說：「漫畫中擊中要害的不經意殘忍和無理的羞辱，會讓他感到興奮。」[33] 對《杜恩斯伯里》（*Doonsbury*）的作者加里・特魯多（Garry Trudeau）來說，它「跟一九五〇年代的疏離感能產生共鳴」。[34]

很難將這些讚美與後來的《Peanuts》相提並論，到那時候，這些雜七雜八的「小混蛋」角色，已經被歸結為討喜和可愛的原型。而史努比這隻有著四條腿的小獵犬，也變成了一隻兩條腿的擬人化動物，與牠的身體相比，牠有著一顆巨大的頭、粗短的四肢、始終如一的開朗、彈性，以及笨拙的動作。好吧，也許最後一點不算。這個史努比會跳舞。

後來這個更溫柔、更可愛的《Peanuts》化身，尤其是史努比，讓三麗鷗的辻信著迷。在探索這個角色的發展歷史時，《大西洋月刊》將牠的幼兒化追溯到一九六六年，當時在《這是南瓜大王哦！查理・布朗！》（*It's the Great Pumpkin, Charlie Brown*）這部動畫片中，花了大約四分之一的播放時間講述史努比幻想中的冒險。[35]在那兩年之後，也就是一九六八年，辻信獲得了史努比的授權。他有可能完全不知道史努比早期的四條腿化身。

他可能不知道他的草莓跟水森的漫畫有什麼共同點，但是他找到了另一個熱賣商品。在一年之內，光靠著史努比商品就獨力重振了絲綢中心日漸衰落的命運。

辻信知道，市場上很快就會充斥著競爭對手推出的類似商品，只是時間早晚的問題。[36]為什麼要跟他們競爭？正如他後來所說的，日本是一個「『賺錢』就意味著『製造物品』的世界。我拚命地想要超越『物品』（硬體），並且利用智慧財產權（軟體）來做生意。我猜想我周圍的每一個人都認為我瘋了」。

一九七一年，辻信成立了一個公司內部的設計部門，而且招募的員工都是年輕人，其中大部分是剛從藝術學校畢業的女生。在《Peanuts》持續取得成功之後，辻信給了這個團隊一個簡單的指示：「畫貓或熊。如果一隻狗可以這麼大受歡迎。這兩者之一也一定可以跟著走紅。」[37]他需要這些設計師，因為他計畫同一年在東京市區推出首家精品專賣店，這需要源源不絕的新產品，以保持充足的貨源。

辻信稱它為 Gift Gate（禮物門）。[38]為了彰顯他的雄心，他招搖地選擇了東京新宿區中心一個極其昂貴的地點，就在日本零售奢侈品連鎖店三越和伊勢丹的附近。他從過去在美國旅行時曾參觀過的 Hallmark 商店學到了基本的作法，但是落實的過程則純粹是辻信個人式的，踏入 Gift Gate 就像走入了他的內心。牆壁被做成看起來像是薑餅屋的樣子，房子中央立著一架光鮮亮麗的白色鋼琴，彷彿李伯拉斯（Liberace）會用來彈奏的那種（譯註：Liberace 是美國著名的藝人和鋼家，以奢華作風聞名）。當然，它周圍的架上擺滿了卡片、筆記本、鋼筆、文具、故事書，以及他的公司一定要有的卡哇伊商品。從 Hallmark 借鏡而來的另一項創新作法是，辻信利用這些商店可控制的環境來測試新產品並追蹤銷售狀況，細追到每一個單一產品，以幫助他挑選出下一季的熱賣商品。

兩年之後，一九七三年，他大膽地將自己的公司重新命名。受到 Sony 這個範例的啟發，辻信夢想將自己的產品推向全世界，他知道「山梨縣絲綢中心」這樣一個聽起來很拗口的在地名稱，再也行不通了。

「Sanrio」是西班牙文 san rio 的縮寫，在英文裡的意思是「神聖的河流」，[39]他解釋，「世界上偉大的文明都是沿著河流興盛起來的：底格里斯河、幼發拉底河、尼羅河、黃河。推動我們的產品成為一種嶄新的文化，這就是我在為我們公司命名時的想法。」至少，這是官方的說法。不過碰巧的是，山梨也可以讀做「sanri」，而「o」的讀音聽起來像是「人」或「國王」。因此 Sanrio 聽起來就像是「the lord of Yamanashi」（山梨之王）的諧音。辻信從來沒有證實或否認這一點。「公司需要自己的內部笑話，」在一九七〇年代晚期的一次媒體採訪中，談到這個問題時，他坦承，「如果你少了這一點，你就完了。」[40]

****

終極的美麗。永恆的生命。深不可測的恐怖。無法解開的謎題……一場腥風血雨，還有冰冷的指尖和憂鬱的微笑……鮮血！生命之泉！我光是想像就會發冷！[41]

這聽起來一點都不像少女漫畫，但這的確是出自於某部少女漫畫的場景。這部漫畫叫做《波族傳奇》，是一部血汗交織的劇畫。少女漫畫的賣點是眼淚，盛在晚餐的碟子裡，從內藤設計作品裡得到靈感的那雙巨大眼睛，因憤怒、快樂、悲傷、羞愧，或主角此刻所陷入的任何情感困境而顫動。劇情不外乎尋找失憶母親的迷路小流浪兒，或者倒過來。善良的芭蕾舞者戰勝了壞心腸的女孩。心碎的分離，然後重逢。這些男性編輯希望女孩子會喜歡的內容。他們辯稱，它賣得很好。但是這類型的忠實讀者渴望得到更多東西。《波族傳奇》在一九七二年首次連載，並且滿足了這個渴望。

在以男性人才為主導的漫畫產業中，《波族傳奇》是女性漫畫家發出的第一記春雷，她的名字叫萩尾望都。萩尾從小到大狼吞虎嚥地讀遍了國內外的科幻與奇幻小說，做為一名藝術家，她完全靠自學成材，她的父母非常嚴格，認為漫畫不利於孩子的健康發展。[42]她偷偷地研究手塚的「卡通學院」（Cartoon College），這是他出版的一套指導課程，詳細介紹專業人士使用的所有技術，從畫草圖到用特定類型的紙張、筆和墨水畫出定格的漫畫。然而即使在成為專業漫畫家之後，她仍瞞著父母從事著這個行業（多年來，他們一直以為她是個美術老師）。

從表面上來看，《波族傳奇》跟一般的少女漫畫很類似。簡潔的線條，細膩精緻的背景，充滿詩情畫意的視覺蒙太奇，誇張矯情的永恆愛情宣言。但是《波族傳奇》的主角不是小女孩，愛德格（Edgar）和艾倫（Alan）是一對年輕的「吸血鬼」，不朽且永恆美麗，在月光下的玫瑰花園裡啜飲著茶，消磨了數十年時光，偶爾還會手牽著手。在《夜訪吸血鬼》和《暮光之城》將同性戀吸血鬼引進西方青少年小說的多年之前，他們就以理想化的維多利亞時代歐洲為背景，開始尋求鮮血和友情。《波族傳奇》並不卡哇伊，它太黑暗了，而且誘人陷入黑暗，但是它很對青少年的胃口，就像三麗鷗很切中小學生的喜愛一樣，並且以大致相同的方式達到這個效果：將理想化的美感與西方的幻想融合在一起。

值得稱讚的是，這些少女漫畫界的男性把關者，都沉浸在荻尾的幻想中，不管他們對這些幻想感到多麼困惑。在看到《天使心》第一頁時，她的編輯就請求她「趕快把它結束掉」，這部漫畫描述的是兩名高中男生之間的禁忌之愛（當《波族傳奇》全集的初版在一天之內就賣出三萬本之後，他的態度很快就軟化了）。[43]

是誰在買？一九七五年十二月一個寒冷的冬日，在東京的一間社區中心裡，這個問題得到了明確的答案。它是Comic Market的首次登場，這是日本第一個專為漫畫迷自行出版的作品（日本的書迷稱之為「同人誌」）所舉辦的集會。這些漫畫是向受歡迎的漫畫和劇畫致敬與模仿的作品，它們是由業餘的漫畫家粉絲遊走在合法版權的灰色地帶所創作、銷售和交易的作品。在東京消防員大廳的一間舊會議室裡，Comic Market提供了他們第一次擺在陽光下的機會。活動一開始就出師不利，主辦人員連自己的活動都遲到，在他們急忙幫這些賣家設立攤位的同時，抱怨不已的參與者被鎖在寒冷的外頭整整半個小時。

Comic Market是由一群年輕人構想出來的，其中大多數是東京明治大學的學生，[44]他們在那裡經營了一個名為 Meikyu（迷宮）的漫畫迷俱樂部。他們把自己視為是當時日本最大的主流粉絲活動「日本動漫大會」（Japan Manga Convention）的難民。日本動漫大會推崇專業人士，並且視同人小說是對已成名者的冒犯。Comic Market 的主辦者曾夢想打破這堵假想中的牆。他們認為活動可能會吸引數十名志同道合的粉絲來訪，即使是日本動漫大會，以及一年一度的「日本科幻大會」（Japan Science Fiction Convention）這類的大型集會，最多也只吸引了上百名參觀者。日本科幻大會甚至還在大會上由業界頒發他們自己版本的星雲獎（Nebula Award）。

當他們的活動被七百多名參與者圍繞時，他們感到很驚訝，更驚訝的是，這些人的人口分布。[45]他們原先期待的參與者看起來會跟自己很像，但有九成是十幾歲的青少女，販賣的同人小說既不是主流的男孩漫畫，也不是男人的劇畫，而是少女漫畫，而且其中一大部分都非常煽情。在一次又一次拙劣地模仿之後，粉絲漫畫家以一種令人興奮、露骨的方式，探索了荻尾所暗示的曖昧關係：深情地詳述了男性角色之間的祕密約會，而這些內容在原作中僅有隱約的暗示。最後，女性粉絲將這種戀物癖類型命名為 yaoi，yaoi 是日語「沒有高潮、沒有結尾、沒有意義」這幾個字的羅馬拼音首字母縮寫。它跟說故事無關；它在乎的只是，用狂熱愛好者的話來說，「美味的部分」——雌雄同體的美麗男孩渴望勾引上彼此的那些時刻。在接下來的許多年，他們的作品主導了 Comic Market。

荻尾的成功為女性漫畫家鋪出一條道路，讓她們得以在一九七〇年代翻轉劇本，主導少女漫畫的偏好，並且經常將Comic Market這類粉絲文化中借用來的鮮明主題，交織成愈來愈複雜且動人的主流作品。在專業和粉絲之間不再隔著一道牆；從那一刻開始，它成了一種對話。

在一九七〇年代剩餘的時間裡，這些超級粉絲仍然是一個規模雖小，但持續成長的次文化族群。與此同時，一群更年輕的女性觀眾開始證明，她們本身就是一群有力的消費者，她們會用自己的零用錢為那些打動自己的美學投上一票。而三麗鷗的辻信太郎總是走在潮流的前面，完全準備好要為她們效勞。

果然不出所料，三麗鷗時代的第一款原創熱銷商品不是一隻貓或一隻熊，而是一個小女孩。一個梳著辮子的金髮小女孩，由一位筆名叫做前田路子（Maeda Roko）的二十歲設計師所創作。前田從藝術學校畢業後的第一份工作就在三麗鷗，[46]藉由一系列以蘋果為主題的圖案，她獲得了一些成功，這些蘋果圖案有點類似三麗鷗早期的草莓系列產品。一九七四年，她為一個帆布手提袋創造了這個角色做為裝飾。手提袋的正面是那個女孩，在她下面寫著「Love is,」這個句子，袋子背面在「a little wish.」這幾個字上方的則是女孩的背面。它看起來清新可愛，英文字母賦予了它幾分異國情調，顧客很快就將它搶購一空。這個角色有個圓鼓鼓的頭、低垂的雙眼、膨鬆的臉頰，以及萎縮般的手臂，就像是個蹣跚學步的嬉皮，彷彿水森亞土的嬉鬧胖娃娃被滲透進某種查爾斯・舒茲（Charles Schulz）式的美感。對這個公司來說，這是個關鍵的時刻：即使你以前從未見過她，這個沒有嘴巴的金髮小女孩，立刻就被認定是典型的「三麗鷗風格」。

辻信很討厭它。「老實說，我告訴過所有的人，我認為它不好，」他說，「我認為它根本賣不出去。」[47]他不喜歡它是個小女孩；他不喜歡用英文字母把設計弄得亂七八糟。就算這些批評曾經惹毛過前田，她也沒有表現出來。手提袋上架不久，她就為她的小創造物介紹了一位男朋友，也連帶介紹了這個故事的開場背景。這個女孩的名字叫帕蒂（Patty）；這個男孩的名字叫吉米（Jimmy）。他們來自堪薩斯城（具體是哪一個沒有說明），她喜歡運動；他則是個書呆子。不論是藉由設計，或是單純文化上的耳濡目染，三麗鷗的第一對明星所遵循的，是在幾十年前由夢二，以及卡哇伊最初的先驅們所設定的模式：日本人的美感，搭配上一點點的異國情調。這對組合在整個一九七〇年代都是這家公司最暢銷的產品之一，一九七七年，《朝日新聞》的一篇文章介紹三麗鷗是一家因「Patty & Jimmy」而成名的公司，而非 Hello Kitty。[48]這篇文章向成年讀者解釋，「幾乎每個女學生都認識他們。」這對組合被描寫成是沉悶的日常學校考試生活中的一道陽光。

當然，前田不是三麗鷗唯一在設計角色的人。大約就在 Patty & Jimmy 出現在前田電腦桌面的同時，她的另一位同事正在默默地創作新作品。他的名字叫清水侑子，也是三麗鷗直接從藝術學校裡選拔出來的二十多歲女孩。因為清水愛貓，所以她的作品更接近辻信最初對動物吉祥物的要求。「我當時的想法是，如果這些貓咪的其中一隻，可以像人一樣說話、像人一樣舔冰淇淋、像人一樣去逛街購物，那不是很好玩嗎？」幾年後，她在三麗鷗的內部雜誌《草莓新聞》（*Strawberry News*）裡的一篇文章裡解釋，[49]「我畫的第一幅畫是一隻小貓用吸管喝牛奶。我畫了兩款，從正面看和從側面看。我在公司裡的工作才剛起步，當我把我的圖畫拿給助理看，她指著斜向一旁的那隻，然後尖叫起來，『就是它了！這隻真的是太可愛了！』」即使是在專家的圈子裡，看來，卡哇伊似乎也是一種無法定義的東西，當你看到它時，你就知道了。

辻信也不喜歡這個。「我只覺得它還可以，」他經常在採訪中坦承，一邊微笑一邊搖頭。[50]在那個時候，這不過是對一個潛在角色的另一個想法，還算不上什麼。直到接下來的那年，也就是一九七五年，她才正式推出這隻當時尚未被命名的貓咪，結果它成了塑膠零錢包中最受歡迎的一款。

它的成功讓每個人都感到驚訝，尤其是它的創造者。「它的銷售量遠遠超出我的預期，」清水回憶道：「甚至連我都感到震驚。」[51]遵循 Patty & Jimmy 所建立的成功模式，清水趕忙為這隻貓咪編造一些背景故事。她把自己的貓咪叫做「Kitty」，取自於她最喜歡的書籍《愛麗絲夢遊仙境》中主人翁寵物貓的名字。

流行文化歷史學家現在套用流行病學家的語氣，宣稱「第一波 Kitty 熱潮」發生在一九七七年。在那年開學推出的一系列新 Kitty 商品，成為小學女生族群該季必備的用品。三麗鷗的產品，以及其他競爭對手模仿的商品，很快地就把文具店貨架上的一般商品打入冷宮，並且吸引新顧客到 Gift Gates 尋找更多超級可愛的東西。三麗鷗「有如夢想和快樂傳遞者的形象，似乎頗能引起整日浸泡在學校考試和補習班的孩子們共鳴」，[52]《朝日新聞》在當年稍晚刊出的一篇特輯裡提到，在通貨膨脹導致經濟惡化加劇的情況下，該公司的營收還能每年倍增，令人嘆為觀止。隨後發生了一些反彈，當時全國家庭主婦聯合會的女性發言人譴責這種狂熱，宣稱用這些品牌角色來裝飾學校用品既不必要而且昂貴。[53]

諷刺的是，清水並沒在那裡目睹這一切，或至少沒有從內部看到；她在一年前結婚成家之後，便離開了三麗鷗。這位劃時代設計的創造者，竟然在她職業生涯如此早期就放下了她的畫筆，聽起來也許很令人震驚，但這在日本社會裡卻是稀鬆平常的事情：女性在懷孕之後被認為應該放下一切，專心操持家務（所以才會有「全國家庭主婦聯合會」的存在）。儘管辻信在賦予女性員工權益上不斷地進步，但他並不反對這種文化趨勢。在他看來，這確保了定期的人員流動，使人才保持新鮮和年輕，在年齡上可以比他更加貼近三麗鷗的顧客群。當時的日本沒有平等就業法案這類的制度，女性人才遭到邊緣化的情形在當時的職場上很常見。

清水的前助理米窪節子，就是宣稱清水一開始的插畫非常卡哇伊的那位，在Kitty聲勢最旺的那些年，負責掌管它的一切。她採取了一些漸進式的創新，例如首次以站立的姿勢刻畫Hello Kitty，[54]但除此之外，她則強調要緊緊遵循她前任者的線條，甚至使用了Kitty的臉部影印模板來確保一致性。不知道是因為這種保守的作風，或是因為年輕孩子們的幻想說變就變，第一波的Kitty風潮在一九七九年左右後繼無力。米窪藉此機會宣布退休，因為她也打算成家。三麗鷗並沒有特別認真去尋找取代她的設計師，而米窪的離職則使得Kitty陷入了一種卡哇伊的不確定困境，這證明即使是Kitty自己的創造者，也不了解這個角色的魔力。面對Kitty商品銷售量的持續下降，設計團隊毫不眷戀地將焦點轉到一對前途看好的新人，叫做Little Twin Stars（雙星仙子），這是沿襲Patty & Jimmy的模式所推出的一對天使般的孩子。再見了，Kitty。

像前田和清水這樣的藝術家，顯然在她們的作品當中挖掘出了某些東西，但同樣明顯的是，在成功與失敗，走紅與褪流行之間，沒有人真正了解為什麼某個特定的塗鴉會引起三麗鷗顧客的共鳴。甚至三麗鷗自己的員工，甚至是老闆也弄不清楚。他們只知道卡哇伊是有效的。

雖然當時三麗鷗的設計師們還不知道這一點，但事實證明，在一個跟他們完全不同領域的同行們，受惠於卡哇伊的設計甚多。這個領域的成功應用，提供了第一個暗示：卡哇伊的概念可能不只適合用來設計女生的東西，或是小孩子的東西。事實上，它表現得如此出色，以至於世界上許多人第一次領略到卡哇伊的設計感並不是透過三麗鷗的產品，而是透過電玩遊戲。

****

宮本茂想到這個構想的時候，全身是赤裸裸的。[55] 這很自然，因為他坐在浴池裡。實際上，這是一種在日本隨處可見的傳統大眾澡堂，在那裡，你要先用肥皂擦洗乾淨，接著沖個澡，然後再爬進浴池裡跟其他的人好好地泡個澡。不過，此刻只有宮本一個人，他獨享整座浴池。這個特殊的澡堂位在一家工廠的某個角落，這家工廠曾經用來製造傳統的日本紙牌。這個過程需要用到蒸氣，鍋爐中的一些熱水被分流到浴池裡，做為過去勞工在此地工作的一種福利。不過，這已經是陳年往事了，因為宮本的雇主任天堂，已經不再使用這個工廠製作紙牌了。當時是一九八一年，這家公司正卯足全力轉向電玩遊戲的製作。

但這個轉型進行得不太順利。任天堂的大型電玩遊戲是從暢銷產品所衍生出來的，沒有一個能受到玩家的青睞；與此同時，競爭對手卻大發利市。在絕望之餘，這家公司的總裁把創造一個成功產品的任務交給了一位滿頭亂髮的二十九歲小夥子。

宮本沒有一丁點編寫程式的經驗，事實上，他是一位平面設計師，但這卻變成一個令人意外的優勢。[56]那個時代的電玩看起來跟我們今天所知道的很不一樣，沒有逼真的3D圖像或震撼的電音效果，只能提供很陽春的體驗，玩家必須自己去想像螢幕上那些簡陋的正方形和矩形代表了現實生活中的哪些物體，例如球拍、球、汽車或太空飛船。等到宮本加入這個產業的時候，它的技術已經發展到可以畫出可辨識的角色。勉強可以。

宮本面臨著跟三麗鷗的設計師同樣的問題。儘管三麗鷗帶著綺麗幻想的色彩，但本質上不過就是一家供應鉛筆、文具或餐具等尋常用品的公司。它的精明之處在於懂得善用可愛角色的力量，讓這些原本無足輕重的日常必需品，在擁擠的市場上脫穎而出。宮本知道他也需要一個角色讓他的遊戲可以脫穎而出。但是，三麗鷗的設計師僅僅受限於他們自己的想像力，宮本的企圖心卻嚴格受限於當時電腦和電視的技術。

例如他的遊戲英雄必須放在一邊只有十六格畫素的網格內。[57]在藝術界，傳統的智慧認為一個人的平均身高相當於八個頭的高度。但是一個十六乘以十六的矩陣，容不下多少空間來捕捉實際的比例。點數太少了，如果宮本遵循解剖學的設計原則，他的英雄臉部最後會變得無法辨識，因為只有兩個畫素。

在這個難題上掙扎了幾個星期之後，他終於靈光一閃：他不需要捕捉實際的比例！他可以想辦法設計一些風格化的東西、一些壓扁的東西，或是，一些卡哇伊的東西。一旦宮本做出決定，其他所有的事情該怎辦就非常清楚了，這讓他可以把他的英雄精簡到只剩最基本的部分。讓這個角色留上鬍子，就不需要有嘴巴；為它戴頂帽子，它就不需要有髮型；幫它穿上紅色的工作服，便可以只暗示出手臂的形狀而不需要具體畫出來。最後產生的這個角色，就像 Kitty 一樣，使用了最少的元素，讓使用者可以運用自己的想像力來填補其他的部分。「他是第一個將卡哇伊的觀點帶入遊戲角色的人。」任天堂娛樂系統（簡稱ＮＥＳ）的設計師上村雅之告訴我。[58]所以，「瑪利歐」（Mario）就這樣誕生了，儘管在一九八一年的《大金剛》（*Donkey Kong*）中，他第一次做為玩家角色的化身時，只被簡單地稱做 Jumpman（跳躍人）。

他在 Hello Kitty 熱潮的尾聲首次亮相並非巧合。他們都是從同一塊文化布料裡剪裁出來的，而他們千絲萬縷的繩線現在已經蔓延到全世界了。

《大金剛》在海外大獲成功，不只是因為它製作精良，還因為它獨特的卡哇伊設計，它與美國廠商出品的軍事主題遊戲形成了強烈的對比，例如《飛彈指揮官》（*Missile Command*）和《戰爭地帶》（*Battlezone*）。它們之間的差異不僅止於表面而已，《大金剛》不只看起來卡哇伊，它實際上也體現了這一點。沒有雷射光、沒有太空船、沒有爆炸場面，只有一個搖頭娃娃在奔跑、跳躍、攀爬。除了要擔心搖搖欲墜的油桶和單純的地心引力威脅之外，他沒有真正的敵人。當然，還有反派角色大金剛本身，證明了卡哇伊的設計甚至有能力使得一隻逃跑的兇猛大猩猩看起來很可愛。

西方的遊戲玩家把《大金剛》和其他來自日本公司走卡哇伊風格的作品封為「可愛遊戲」。[59]起初，業內人士對於這些跟美國的產品看起來和聽起來都截然不同的日本入侵者保持懷疑的態度。「他們的遊戲在這裡無法被接受，」美國暢銷遊戲《Armor Attack》和《Star Castle》的創作者提姆・斯凱利（Tim Skelly）在一九八二年告訴一位記者，[60]「我可以預見他們在美國的生意會賠得很慘。」事情並沒有如此發展。可愛遊戲像是《小精靈》、《Dig Dug》、《Frogger》，很快就開始比它們的猛男對手賺進更大把的鈔票，領先幅度相當巨大，成為日本最早在美國本土取得勝利的國際流行文化之一。事實上，在短短幾年之內，整個美國產業就玩完了。不過，這是後話了。

山口裕子在一九七八年，Kitty 正流行的時候加入三麗鷗，當時她二十二歲。在那個時候，沒有人意識到（尤其是她），這隻小貓咪即將成為一股什麼樣的文化力量。

做為一名藝術系的學生，山口對於三麗鷗的產品並不特別喜愛，她的夢想是要到日本蓬勃發展的廣告業工作。但是她非常清楚年輕女性在日本辦公室裡所面臨的障礙，她知道經營廣告公司的那些男人絕對不會讓女人來主導廣告活動。「我加入三麗鷗並不是因為我想要做角色設計，而是因為我想要探索自己的潛力。」山口在多年後解釋說。

Kitty 剛推出的時候，辻信對她並沒有特別的熱情，但是從那之後，這位社長對她的魅力好感與日俱增（毫無疑問的，在熱銷那些年賺進的大筆現金，也有推波助瀾之效）。山口回憶，當辻信得知設計團隊要放棄她時，他突然大發雷霆。「她是友誼的象徵，」她記得他這樣大喊，[61]「你們不可以放棄她！」他命令設計部門停止正在進行的工作，並且舉辦一場內部的比賽，構思新的 Kitty 概念。

每個人都提出了想法，但最後是山口勝出：一幅 Hello Kitty 坐在鋼琴前，被愛慕的家人環繞的綺麗插畫。山口的前輩們只曾經暗示過這樣的想法，而這個迷人的畫面，則為這個想法增添了更深刻的背景故事。一九八〇年，她被賦予 Hello Kitty 首席設計師的職位，這對她來說，是一個苦樂參半的勝利。「我擔心一旦被指定為 Hello Kitty 的繪製者，就不能再畫其他的東西了。」她在二〇〇二年的一次採訪中解釋說。在她的回憶錄裡，她更是直言不諱：「即使在他們告訴我『Kitty 現在是你的了』之後，我對她也沒有特別的喜愛。[62]她的頭很大，完全不平衡，不論你給她穿上什麼都不好看。她面無表情。如果你問我，我會覺得那對耳朵看起來像惡魔的角……我只是看著她，心想，『我到底要怎麼樣才能讓她再度散發光芒呢？』我不知道，我真的不知道。」

山口走馬上任的時刻，正是女性在日本社會發生重大轉變的時刻。一九八〇年代初期，日本大眾媒體開始興起使用 gyaru（辣妹）這個封號，這個字源自英語的「gal」。它在一九七九年進入日本大眾的語彙，出自於澤田研二的一首叫做「Oh! Gal」的熱門歌曲，它的副歌推崇「每個女人都是超級巨星」。[63] 就跟英語一樣，日語也充滿了各式各樣稱呼女性的方式，從直呼 onna（女性）或 josei（女子），到更細分的用語，例如 onna-no-ko（小女孩）、musume（女兒）、ojosan（年輕小姐）、shojo（少女），以及 obasan（中年婦女）。日本人之所以覺得需要一個新的詞彙，是因為出現了一種新型態的大學女生和應屆畢業生。她們公然違抗社會期望，寧可盡情玩樂，也不願意安定下來。

那個時代的日本成人，認為這種新出現的自我中心行為簡直是可恥到極點。記者山根一真用挑釁批判的措辭來描述這一現象。「如果 gal 是隻動物，那她一定是隻貓，」他在一九九一年的著作《Gal 的構造》（*Gyaru no Kozo*）中寫道，[64]「不是狸貓（日本民間對黃鼠狼的說法），不是狐狸。貓會把爪子藏在可愛的臉龐和咕嚕聲後面，但卻有養活自己的本能。」

這些年輕女子出生於一九六〇年代，曾經是三麗鷗最早的一群顧客。現在，她們成了年輕人，對於新奇事物的持續迷戀，結果恰巧與浮誇放肆的「泡沫年代」一拍即合，「泡沫年代」是日本經濟實力在一九八〇年代下半葉達到巔峰的時期。出版商爭先恐後出版了像是《Gal's Life》、《Carrot Gals》、《Popteen》之類的新雜誌，裡面充滿了年輕女孩自由自在、熱愛生活的精采故事。一九八〇年代是精心栽培的松田聖子、酒井法子等超級可愛的偶像巨星首次在電視走紅的時候，也因此帶動了卡拉ＯＫ這一現象的發生，並催生出AKB48這類大眾市場偶像團體的先驅，這些團體至今在日本娛樂界仍佔有主導的地位。這是村上春樹用第一人稱自述的「百分百愛情故事」小說《挪威的森林》使他成為超級明星的時候，也是一位二十四歲的女子，以鮮活的筆名吉本芭娜娜，寫出《廚房》這本書震撼男性主導的文學界的時候，她在這本一九八八年意外暢銷的書中所講述的，不過是大學男女生之間的無聊瑣事。

隨著gals的卡哇伊品味滲透到主流中，她們在兩性之間都催生出嬰兒語體的流行，這些嬰兒語體諸如burikko（裝模作樣，努力讓自己看起來很可愛），以及bodikon（注重身材，穿著緊身衣的時尚）。她們白天在LV購物，晚上在夜總會和帥哥約會，「gals具備了一位良家婦女所沒有的一切，」社會學家難波功士寫道：「輕浮、愛玩、愜意、性感，以及隨時準備行動。」[65]不過，一九八〇年代後期這些gals的大膽行徑，只不過是對未來的一種初體驗。到了一九九〇年代，在長期以來以男性品味為主導的文化中，這個世代的女性，受到 gals 的示範啟發，浮出檯面成為新的品味製造者。

青少年使用三麗鷗的產品做為一種類似彼此連繫的暗號，挑釁地將小女孩和小嬰兒的形象當做獨立和力量的象徵，推出令人非議的性感可愛時尚設計，並用來裝飾呼叫器到早期的數位相機、手機和簡訊等最新的科技工具。日本的青少年和年輕女性，毫不掩飾地擁抱自己內在的小孩，同時瘋狂地接納任何可以擴大他們社交圈的科技工具，在不知不覺之間，他們把自己變成了全球的開拓者。山口裕子將趁著這股社會浪潮，把 Hello Kitty 從一個給孩子的奇特日本珍品，轉變成每個人的全球偶像，並在這過程中將卡哇伊文化國際化。不過這個故事將留待稍後再來講述。

與此同時，那個開啟了這一切的 Hello Kitty 塑膠小錢包又發生了什麼事情呢？令人難以置信的是，三麗鷗忽略了為自己保留下這一個開創性產品的樣本。在一九九〇年代初期，三麗鷗的員工們齊心協力在眾多辦公室和 Gift Gates 的儲藏室裡試圖想找到一個，但都徒勞無功，大家都以為 Petit Purse 永遠消失了。[66] 然後，奇蹟出現了……[67] 一位在小時候收到這個錢包的婦女，聽說了這次搜尋行動，於是將她的這個樣本捐贈給三麗鷗公司。它仍然是世界上已知僅存的一個一九七五年款的 Petit Purse，目前它放在三麗鷗東京總部一個上鎖的保險箱裡（一九九八年的限量復刻版，本身也已經成為收藏家的收藏品）。[68]

至於辻信，他在創作過程中幾乎不插手，將大部分決策交給了這個主要由女性組成的設計團隊。在一九七〇和一九八〇年代初期的日本，基本上仍幾乎是男性的天下，但是辻信逆勢操作。到了一九七九年，三麗鷗的新進員工有七成是女性。[69]儘管高層管理人員仍然全部都由男性組成，但光是像三麗鷗這樣給予年輕女性盡可能的自由去提案、創造、管理她們的設計，在當時的日本企業界之中已經是史無前例的了。

也許辻信在這方面的前衛，可以追溯到隱藏在他內心的那些諸如水森所注意到的「小女孩」。三麗鷗的二當家泰瑞．荻須（Terry Ogisu）曾經提到在一九七〇年代末期拜訪辻信在東京的家，他從老闆打開的臥室門中驚鴻一瞥，驚訝地發現床上蓋著一件 Hello Kitty 的被子，上面鋪著一對 Little Twin Stars 的枕頭，中間有一隻泰迪熊，天花板上懸掛著一個嬰兒床鈴吊飾。[70]與其說這是那位年近半百、已婚執行長的臥室，它看起來更像是個育嬰室。這位來自山梨縣的小孤兒已經長大成人，但他每天都過得像生日一樣。他的個人品味也許有點古怪，但是渴望躲到自己私密世界裡的人，絕非只有他一人。

第五章
插入與拔出

隨身聽・一九七九

在改變人類感知方面，Sony隨身聽的貢獻超出任何虛擬實境裝置。[1]

——威廉，吉布森（William Gibson）

史帝夫・賈伯斯（Steve Jobs）在一九八三年參觀日本工廠時所表現出來的行為真是糟透了。[2]當時他急需為他的最新產品，一款他稱之為麥金塔（Macintosh）的革命性電腦系統，找到一家三點五英吋的軟碟機供應商。但是他卻穿著牛仔褲和運動鞋跑去會見一身正式穿著的執行長與他們的下屬。他對於他們精心包裝贈送給他的禮物毫不懂得欣賞，而且在會面之後經常犯下不可思議的失禮行為，將禮物忘在桌上。他還會痛罵那些帶著軟碟機來的工程師，儘管這些產品對他們來說可是公司的寶貝。「這是一堆垃圾！任何人都可以開發出比這更好的軟碟機！」

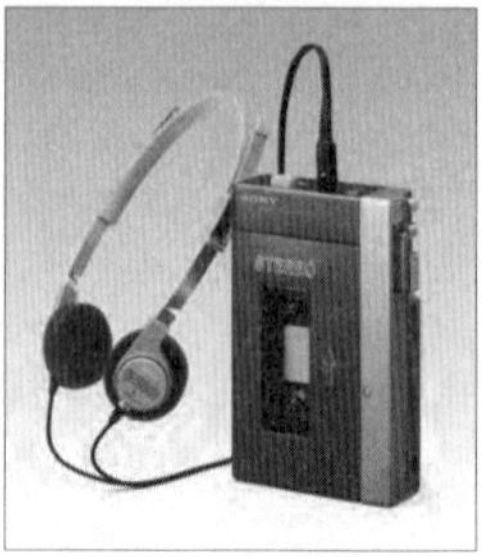

型號 TPS-L2 隨身聽

但是有一個例外，那就是Sony。當矽谷的青年才俊遇到Sony的共同創辦人兼董事長盛田昭夫時，盛田六十二歲，看起還很年輕，而賈伯斯才二十八歲，看起來根本像個青少年。[3]賈伯斯，說得委婉一點，是一位Sony的忠實粉絲。Apple在創立之後，曾與Sony在庫比蒂諾（Cupertino）共用一棟建築物好些年，賈伯斯都會專程定期去拜訪他們的辦公室，以獲得最新的產品目錄。他甚至收集了他們公司信頭的樣本，對於這家公司的字體和版面非常著迷。有些人認為他的迷戀近乎戀物癖。年輕的賈伯斯向年長的盛田提出了關於產品、工廠，甚至Sony員工所穿著制服的問題。盛田就像是一位慈祥的阿伯，耐心地逐一回答每個問題。會面結束時，他獻上自己要贈與賈伯斯的禮物，隨身聽。這是一種個人立體音響，盛田解釋說，這樣你就可以隨時隨地聽音樂了。

這一次，賈伯斯沒有把禮物遺留在那裡。他一輩子都是個音樂迷，崇拜巴布·狄倫（Bob Dylan），曾短暫地與瓊·拜雅（Joan Baez）交往，會用最先進的配備精心組裝頂級的家庭立體音響，並且一直堅持麥金塔的設計辦公室要配備高傳真的音響系統。但是聽音樂會和立體音響是公開的聆聽體驗，需要與周遭的人一同分享。隨身聽不是個很好的高傳真音響就它的大小與當時的技術來說，它仍無法做到。但是它宣示了我們今天早已習以為常的某件事物的到來：無論何時何地都能隨心所欲地進行個性化、個人化的聆聽。只有很少數的人能夠預見這種創新將會如何改寫遊戲規則。賈伯斯是其中之一。

即使回到家之後，賈伯斯也沒有把他的隨身聽打開來聽。[4]他將它一一拆解。不管是多麼微小的零件，都逃不過他的目光，他仔細端詳所有的小配件如何組裝在這一個光滑的塑膠與金屬外殼之中。賈伯斯不需要戴上隨身聽的耳機就知道，它不僅僅是各個配件的組合體。在它各式各樣微小的控制桿、齒輪、彈簧、迷你馬達之中，寫下了所謂「酷」的全新定義。這家來自日本的公司，以及它和藹可親的銀髮董事長，已經破解了讓高科技變得時尚的密碼。

「他不想成為ＩＢＭ。他不想成為微軟。他想成為Sony。」[5]剛從百事可樂被賈伯斯挖角到Apple擔任執行長的約翰．史考利（John Sculley）回憶道。當時，很少有美國商人像賈伯斯那樣看待Sony。有很長一段時間，完全沒有。但是線索一直都在，如果你知道要從哪裡尋找的話。

一九五八年一月二十四日，《紐約時報》的頭條寫著「四千台微型收音機在皇后區被盜」。[6]這顯然是職業竊賊所為，竊盜成員在黃昏時刻從鄰近的鐵路機廠來到果園街（Orchard Stree）上的Delmonico國際倉庫，爬上一輛貨車，然後跳到一個車庫的屋頂，接著順勢爬上二樓的窗戶。敲開窗戶後，他們進入倉庫，開始從成堆的箱子中精心挑選他們的獵物，那是上一個假期必備的用品：一個小巧、彩色的Sony TR-63電晶體收音機。他們將四百個紙箱放上木製的托貨板，然後撬開位於他們和載貨電梯之間的四間房間的門鎖，乘著電梯直達地面的裝貨平台，一輛卡車已經等在那裡。混藏在眾目睽睽之下，面對著一目了然的貨運場和當地商家，這些竊賊將紙箱裝上車，然後駛向黑夜深處。價值十六萬美元的電晶體收音機跟著他們一起消失無蹤，這是美國歷史上同類型案件中最大的一起。警察偵訊了超過五十名的目擊者，沒有人看到，或承認看到任何東西。犯罪者從未被捕，也從未被指認出來。

你自然會以為被害者會感到憤怒，但是事實上，他們卻暗自竊喜。[7]接下來幾天，一系列的報紙文章和電台報導都一再強調，只有一家公司的收音機被偷，而那家公司是Sony。《紐約時報》的新聞讀起來幾乎像是公關稿：「Delmonico國際公司指出，它是日本製造的Sony Radio唯一的進口商和經銷商。這台售價四十美元的收音機厚度為一又四分之一英寸，寬二又四分之三英寸，高四又二分之一英寸。警方表示，除了數千美元的電子設備之外，還有二十幾箱『其他牌子』的收音機被留在原地。」這樣的宣傳是用錢也買不到的！隨著竊賊大膽闖入，並且專挑高科技、只有口袋大小的收音機下手的故事傳遍大街小巷，至少，有好幾天，Sony 在紐約已經變得家喻戶曉。幾個星期之後，商人們戲弄在紐約的 Sony 代表，跟他討教如何被成功搶劫的祕訣。他只能回答說，Sony 並沒有料到事情會這樣發展，而且他們正傷透腦筋想辦法要擴充產能來補上這四千台收音機。他們這款「可置於口袋」的電晶體收音機，是世界上最小的收音機，銷售（在這個例子裡是被偷走）的速度快得讓 Sony 都趕不上了。

在這之前三年，盛田四處拜訪紐約的零售商，那時他才三十四歲。百貨公司的買主幾乎是當面嘲笑他。「每一個美國人都想要大台收音機！我們有很大的房子、很多的空間，誰需要這些小東西？」[8] 對此，盛田會一再和顏悅色地回答：「是的，你們的房子夠大，大到足以讓家裡的每個人都能擁有自己的房間，在那裡，他們可以打開這台小收音機，聆聽他們喜歡的任何東西。」盜取倉庫當然是一種犯罪行為，不過，這似乎也是一種辯解。美國和日本才從一場毀滅性的戰爭掙脫出來不過十年，如今，美國人渴望擁有一台日本製的收音機，肖想到要用偷的。

事情何以至此，故事開始於第二次世界大戰期間。在那段期間，盛田遇到了井深大，此人後來創辦了 Sony。[9] 當時兩人都被分配到一個特殊的海軍工程小組。盛田是一家富有的清酒釀造和味噌製造商的後裔，成長在名古屋養尊處優的環境之中，他被徵召到海軍研究部門之前學的是物理。井深比盛田年長十三歲，經營一家生產精密測量儀器的公司。他是一位出色的電機工程師，擔任這個研究小組的負責人。他們的任務之一，就是設計追熱飛彈。這是一種非常尖端的科技，第一批這類型的可用武器，要等到戰後好幾十年才首次登場。考量到當時日本人力和物資的短缺，這真是一項愚蠢的任務，更何況當時這個國家正節節敗退，軍隊深陷絕望之中。

他們刻意選擇在遠離所有大城市、不會引人注目的地點工作，就位於靠近東京灣口、三浦半島崎嶇的丘陵上。即便如此，也很難集中精神工作。當B－29轟炸機在首都或附近的橫濱投下炸彈返回，飛越他們的上空時，防空警報會不停地打斷他們的工作。盛田和井深不只一次看到美國轟炸機被防空砲兵連痛擊，在炙熱的火焰之中畫出最後一道弧線後墜入大海。

戰爭結束後，兩人分道揚鑣。盛田回到了家鄉，井深則搬到東京，成立了一家新公司東京通信工業株式會社（簡稱東通工）。招聘員工並不容易，這個城市一片混亂，食物短缺。就像小菅利用廢棄的錫來製造他的吉普車一樣，井深跟他最初雇用的七名員工在垃圾堆和黑市中尋找零件，先是用來製造出一個電鍋，然後是一台麵包機，但這兩者皆無法成功地商品化。終於，井深發明了公司第一個熱門產品：一種能將普通的FM收音機轉換成短波接收器的裝置，讓聽眾能夠收聽到國際的廣播。由於缺乏可用的工業零件，這些裝置都是用黑市撿來的真空管組成，裝在用廢木料做成的盒子裡。即便如此，它們還是深受渴望得知國外新聞的日本民眾歡迎，井深也因此獲得了全國性報紙《朝日新聞》的關注報導。看到這篇文章，盛田跳上火車，重新加入他昔日導師的門下。此後不久，盛田說服他的父親投資十九萬日圓到這家公司。在戰後不景氣的那些年，對於一般日本老百姓來說，這是一個不可思議的數字，遠遠超過一位薪資優渥的白領員工一整年的薪水。

即使打下了這一劑強心針，東通工早年的狀況也僅能勉強餬口，當時這家公司專注於製造短波轉換器和維持黑膠唱機運轉的替換零件。這些產品無論是在家中，或是在播放新時代音樂（由美國軍人帶來的搖滾樂和爵士樂）的餐廳和酒吧都找到了熱情的聽眾。

東通工在東京的御殿山附近設立了辦公室。很久很久以前，這個地區的山林曾經是日本貴族的休養勝地，北齋在一八三二年的一幅版畫中捕捉到這一場景。它呈現了一場春季賞櫻的聚會，俯瞰著當時用紙和木頭建造出來的低矮城市的瓦片屋頂，在蔚藍的天空下，可以看見遠處的富士山。一九四七年，這個地區和這個城市其他的地方一樣，被戰爭摧殘得傷痕累累。東通工佔用了一個年久失修的倉庫，情況糟糕到如果下雨的話，員工必須在他們的辦公桌上撐傘。另一方面，如果遇到晴朗的天氣，他們就得一路穿過鄰居曬衣繩上剛剛洗過、在他們頭上飄動的尿布：這是戰後嬰兒潮的第一個跡象。為了要給他們唯一一台送貨車輛提供動力，井深和盛田（唯一擁有駕駛執照的員工），跟美國大兵以物易物，換取從軍隊吉普車非法汲取的汽油。

東通工的第一個原創產品是錄音機。它的靈感來自於井深在參觀當時由佔領軍掌控的日本公共電視台ＮＨＫ時，所瞥見的一款美國原型。井深說服美國人，允許他的工程師仔細查看這個外國裝置，然後他要他的人動手製造自己的產品。由於戰後持續的物資短缺，井深無法取得塑膠的錄音帶，因此他和一名叫做木原信敏的奇才工程師，將長條狀的日本和紙釘在實驗室的地板上，然後用手工塗上膠水和磁粉的泥漿，這泥漿實際上是木原在公司廚房裡用鑄鐵鍋煮出來的。一九五〇年推出的 G-type Tapecorder，雖然原始，但設計巧妙，它只是眾多錄音機中的第一款，奠定了這家公司電子消費產品帝國的基石。不過，讓東通工名聲大噪的第一樣產品，則是那台小巧的收音機，它在一九五七年十二月，以新的品牌名稱 Sony 上市。

盛田和井深發明了 Sony 這個字，他們玩了一點文字遊戲，sonus 在拉丁文裡是 sound（聲音）的意思，而發音響亮的「sonny」，聽起來就像「sonny boy」（小夥子），是從美國軍人那裡學來的一個用語。[10] Sony 簡潔有力，在許多種語言中都很容易發音。它聽起來一點都不像日語，這也許是加分，甚至就是它的焦點所在。

今天，我們會將電晶體與積體電路和電腦密切聯想在一起，但是它第一個廣泛的商業應用則是將收音機小型化。在一九七四年，貝爾實驗室創造出第一個電晶體之前，複雜的電子設備都依賴體積龐大且易碎的真空管。這使得收音機變得很笨重，像個家具一樣，只能安坐於某個位置，想聽的人必須聚集在它們周圍。電晶體則更為單純、便宜、小巧、效果更佳，如果有人可以找出大量製造它們的方式，必然會使電子產業發生革命性的轉變。由於技術門檻非常高，以至於有人擔心，這種發明只能流於實驗室裡的妄想空談。

一九五二年，井深在訪問美國時，得知了電晶體的存在，他立刻領略到這項新發明的潛力。隔年，他派遣盛田前往當時擁有貝爾實驗室的西方電器（Western Electric），協商取得生產電晶體的許可證。即使在那些發明電晶體的科學家協助之下，Sony 的工程師仍然難以製造出一個能夠穩定大量生產的電晶體。經過多年的反覆實驗、嘗試錯誤，他們實際上重新發明了這項裝置；[11] 他們的實驗室如此領先，以至於其中的一名團隊成員江崎玲於奈（Leo Esaki），因為在這研究過程中的發現，在後來獲得了諾貝爾獎。

Sony 並不是第一個在市場上推出電晶體收音機的公司。[12] 最早的一台是由一家位於印第安納波利斯，叫做 Regency 的小公司所生產的，這家公司在一九五四年的聖誕節，於美國推出它的三乘五英吋 TR-1。不良率偏高，意味著工廠製造出來的電晶體堪供使用的其實很少，這迫使 Regency 將這款收音機的零售價格定在四十九·九九美元，相當於現在幣值的四百多美元。雪上加霜的是，它聽起來比標準的真空管收音機還要糟糕。儘管如此，Regency 在第一年就賣出了十萬台收音機：對於一個新奇玩意兒來說，這個數字夠漂亮了；但是對於一個擁有九千三百萬台收音機市場的國家來說，這不過是九年一毛。相對的，Sony 在一九五七年稍晚推出的「可

一九五七年，從日本空運到美國的 TR-63。

置於口袋」的 TR-63，則將電晶體收音機變成了一種普遍的社會現象。

它只比一包香菸大一點，但說它是「可置於口袋」則有點誇張。在日本，盛田為他的業務員訂製了特別的襯衫，巧妙地配上特大的襯衫口袋。[13]不過，它明顯地比 Regency 的那款產品小得多，況且還便宜了十美元。它還擁有繽紛的色彩：黑、紅、黃、綠，任君挑選。這款微型收音機一上市立刻大受歡迎，成為戰後第一款必備的電子產品。從海灘男孩（Beach Boys）到范・莫里森（Van Morrison）狂熱的歌聲中，電晶體收音機成了他們那個世代的 iPod：是歡樂和獨立的象徵，由日本製造。在 TR-63，以及它的後續機型 TR-610 上市兩年之內，Sony 和其他日本的競爭對手每年向美國出口六百萬台電晶體收音機。在一九六九年，這一個現象達到高峰的時候，美國人每年購買超過兩千七百萬台電晶體收音機。[14]美國人家中未曾擁有一台的實屬罕見，許多家庭甚至擁有不只一台。在短短的十年間，一項技術上的成就，已經轉變成一種稀鬆平常的商品。

至於電晶體本身，則持續成為人類史上最廣為製造的產品。光是一台現代的電腦晶片就可以包含了數十億個。半導體產業分析師吉姆．漢迪（Jim Handy）估計，自一九四七年問世以來，總共已經有十三個 sextillion 的電晶體被製造出來。[15] 一個 sextillion 是一後面加上二十個零，這意味著地球上的電晶體比銀河系裡的星星還多。

盛田絕不是一九五〇年代中期唯一在美國做生意的日本人，但是大部分的人都是透過歷史悠久的日本貿易公司來進行，這些貿易公司專門幫助製造商將產品出口到國外。[16] 它們在航運、報關，物流管理、經銷，以及做為外國公司在海外服務代表這些方面的專業知識，對於在國外沒有任何業務經驗的公司來說，簡直是天降甘霖。與這些強大且關係綿密的中間商合作，也一定能夠賺到錢。但是出生富裕的盛田，夢想的不僅僅是金錢上的回報，他想要自己擁有一個強大且關係綿密的公司。他違反傳統，暫時離開家人搬到紐約。他的目標是在完全不借助貿易商的情況之下，掌握美國商業的眉角。像他這樣層級的日本高階主管，以這種方式離鄉背井，是前所未聞的。

可以預見的，萬事起頭難。盛田幾乎不會說英語，而且由於一九五〇年代國際匯款的困難，他幾乎沒有現金可用。他住在廉價的旅館裡，吃著自動販賣機裡的自助餐，這些稀奇的販賣機自助餐，是前速食時代的產物。但盛田學得很快，隨著他結交了一些朋友和生意夥伴，他吸收他們的建議和知識：最好在高檔餐廳裡用餐，才能了解他們的服務；頂級旅館裡最便宜的房間，也比廉價旅館裡最頂級的房間要來得好。[17] 你是一家享有聲望的公司門面。形象很重要。

不過他並不怕弄髒自己的手。一九六〇年，當三萬台電晶體收音機抵達紐約的一座倉庫時，盛田脫下西裝，換上工作服，幫助卸下卡車上的貨物。[18] 在漫長的一天結束後，一名工人不慎觸發了防盜警報器。盛田和他那群髒兮兮的手下，立刻被保全公司派來的警衛包圍，他們無疑得擔心要在牢裡待上一晚。幸好，另一名員工帶著保險箱的密碼來了，保險箱裡有可以證明他們自己所宣稱的身分文件。至少，他們知道警報器是有用的。

儘管如此，盛田依然愛上美國。[19] 他喜歡紐約的開放、進步和閃爍霓虹散發出來的活力。他工作時間很長，但也盡情享受休閒時光。他會去聽音樂會和逛博物館；他會去觀賞百老匯表演，例如《窈窕淑女》；他會在最好的餐廳用餐；最重要的是，他走路。他走遍了整座城市，而最喜歡的地方是第五大道。在第五大道，他可以沉浸在美國當時最精緻和最純熟的頂級供應商的氛圍中，例如：Tiffany & Co.、Cartier、Saks Fifth Avenue、Bergdorf Goodman 這些公司。不久，一個計畫就形成了：Sony 在這裡也要有一個展示間。當他環顧四周找尋合適的地點，他注意到許多國家的國旗都在大街上飄揚，但卻看不到一面日本國旗。在珍珠港事變之後，它們全都被撤了下來。

電晶體收音機和錄音機仍然是 Sony 生產線上的主力，但是盛田渴望一個真正的旗艦產品，以向世人宣布這個展示間的存在。他很幸運的是，井深那群敬業樂群的工程師，一直在為公司最新的發明努力工作。在 TR-63 電晶體收音機首次亮相後不久，井深就讓團隊將同樣的技術應用到電視上，成功地將一般家具大小的電視，縮小到便於攜帶的十三磅。TV8-301 無疑鞏固了 Sony 在創造時尚、小型化電子消費產品的聲譽。TV8-301 有著圓形、太空時代般的外殼，它看起來同時兼具未來感與恆久感，但它的價格貴得嚇人，而且容易故障，因此被暱稱為「虛弱的小嬰兒」。井深已經在為一款更耐用、價格更為適中的後續產品 TV5-303 進行最後修飾的工作，這是展開新事業的完美產品。

第五大道上的開幕日一片混亂，小小的空間裡擠滿了四百多名來賓和當地的達官顯貴，[20] 大量的人群滿溢到街道上。在建築的正面，Sony 標誌的上方，是日本的太陽旗，飄動在星條旗旁。這是二十多年來，日本國旗第一次在這座城市裡飄揚。當成千上萬的紐約人擠進這個地方，瞥見這台前所未見的最小型電視機時，如果還有人擔心戰爭所帶來的仇恨，在接下來的幾天裡也會煙消雲散。

展示間僅僅是一個開始。在幕後，盛田確保生產線上第一台製造出來的 TV5-303 將歸法蘭克・辛納屈所有，開創了拉攏美國名人的先例，這種作法在接下來持續了好幾十年。[21] 工程師井深將小型化視為一種令人著迷的技術難題；行銷者盛田則敏銳地看到了它可以將電子產品提升為一種時尚，甚或是一種新生活方式的潛力。

他與大衛・洛克菲勒（David Rockefeller）、《Vogue》雜誌的總編輯黛安娜・佛里蘭（Diana Vreeland）、服裝設計師比爾・布拉斯（Bill Blass）、摩城唱片的歌曲作者吉米・列文（Jimmy Levine），以及作曲家李奧納德・伯恩斯坦（Leonard Bernstein）等諸多具有號召力的人物建立情誼，加強了 Sony 高科技產品與美國文化菁英之間的連結。[22] 盛田把愈來愈多的寶貴時間花在美國的平面和電視廣告上。他拍攝了百老匯和時代廣場耀眼的招牌，用以尋找如何在日本銷售 Sony 品牌的訣竅。[23] 然後，在看過恆美廣告公司（Doyle Dane Bernbach）為福斯金龜車（Volkswagen Bug）所做的經典廣告「Think Small」之後，他雇用該公司為 Sony 在美國製作一個形象廣告。[24] 他們推出了一項前衛的平面廣告系列，呈現出路人甲、路人乙與「微型電視」出現在意想不到的地方，從理髮的椅子到釣魚的獨木舟，到天體營。尖端的消費配備、時髦的客戶和巧妙的廣告三合一，建立了向尋常老百姓推廣高科技產品的新典範。Sony 比任何其他公司都更深入地向全世界灌輸了一個這樣的理念：當談到電子產品，愈小表示愈好。這對我們後來聽音樂的方式產生了令人驚訝的深遠影響，改變了流行文化，並催生出新的反主流文化。

可攜式電晶體收音機改變了音樂文化，它把年輕的聽眾從必須得到父母許可的束縛中解放出來，讓他們可以在自己的房間裡自由自在地聆聽搖滾樂。「它打開了我的世界，」工程師史帝夫・沃茲尼克（Steve Wozniak）說，「我可以帶著它睡覺，聽上一整晚的音樂。」沃茲尼克後來在蘋果電腦與賈伯斯的關係，就相當於井深對盛田所扮演的角色。他們聽著新奇的音樂類型，其歌名令大人們大惑不解，例如一九五四年的「Rock Around the Clock」，這是第一首在歌名裡出現「rock」（搖滾）的歌曲。透過他們在接下來幾年的音樂選擇，年輕的美國人為叛逆的意識形態譜出了配樂，其中最明顯的是抗議搖滾的類型，它支撐了一九六〇年代的學運人士。但是，儘管可攜式收音機孕育出一種新的獨立感，聽眾們在收聽音樂上的選擇，仍然得完全依靠守門人，也就是廣播電台和播放音樂的人。而這種情況持續了許多年。

官方的故事是，隨身聽源自於井深和盛田在一九七九年初的一次談話。[25]「有一天，井深帶著一台我們的可攜式立體錄音機和一副標準尺寸的耳機來到我的辦公室，這個想法便初步成形了，」盛田在他的回憶錄裡寫道：「我問他在做什麼，他於是解釋說：『我喜歡聽音樂，但不想打擾到別人。我不能整天都坐在我的立體音響旁邊。這是我的解決方案：我隨身攜帶著我的音樂。但是它太重了。』」井深選擇的裝置是Sony當時最小的錄音機，TC-D5現場錄音機。

它是為唱片業專業人士所設計的，大小有如一個早餐麥片盒子，即使沒有裝電池，也大約有五磅重，必須使用笨重的尼龍帶揹著。

盛田回想起最近一次的美國之行，在那裡他看到，或更確切地說，他聽到在紐約流行的一種新現象：boom box（大型手提式收錄音機），這是經由電池供電的可攜式錄音機的別稱，由他自己的公司，以及競爭對手所生產。它甚至比 TC-D5 還要大，有些輕易地就超過它的兩倍大小，它們價格實惠，而且聲音非常、非常響亮。在一九七〇年代後期，它們在城市裡的年輕人當中，吸引到一群意想不到的愛好者。人們把它們扛在肩上走在街上，或是放在角落裡，引爆霹靂舞大戰，它們提供了一種新的城市背景音樂，目的在挑起大家的注意。「在那時，黑人的聲音還沒有被社會聽到，」嘻哈文化歷史學家阿迪沙・班喬科（Adisa Banjoko）寫道，「當他的手裡提著 boom box 的時候，你會被迫聽見他的聲音。」[26] 批評者則將它們貶抑成「ghetto blasters」（貧民窟爆破器），但是盛田根據他所看到的事實推斷：人們想要隨身帶著他們的音樂走。因此，他指示他的員工準備一台迷你立體錄音機的原型。

事實則跟這個故事有些微的差別。[27] 根據公司內部的一些消息來源透漏，原型早已經存在了，是由一位不知名的 Sony 年輕工程師所打造，它被視為一個有趣的實驗。井深只是單純要求將這個異想天開的個人專案重新啟動，錄音機部門迅速將一款名為 Pressman 的現有產品打造成一個更光鮮亮麗的樣品。為了讓記者能夠將訪問和記者會的內容錄在卡式磁帶上，Pressman 透過內部的一個小型揚聲器，將單聲道聲音回播出來（阿波羅號的太空人曾經攜帶了一款 Sony 較早期的類似機型，用來記錄登月任務）。[28] 為了要將它修改成可以透過一副耳機播放雙聲道立體聲音的配備，幾乎需要刪除所有跟播放音樂無關的功能。內部揚聲器和錄音功能都被淘汰了。

這在內部成員中引起了極大的錯愕。[29] 儘管井深和盛田充滿熱情，但是這個概念顛覆數十年來的傳統智慧。這是一台無法錄音的錄音機，一個沒有揚聲器的可攜式聆聽設備，甚至更令人吃驚的是，是一種實際上需要使用者戴上耳機的消費者裝置。你知道在一九七九年有誰會戴著耳機嗎？電報操作員會戴著耳機、潛艇聲納操作員會戴著耳機、飛機駕駛會戴著耳機。沒有其他人會戴著耳機，除了少數幾個瘋狂的科技迷，而這些癡迷的科技狂也並非真正的潮流引導者（至少，還不是）。不幸的是，對殘障人士的社會偏見，讓事情變得更加複雜。任何你放進耳朵裡聽的東西，包括耳機在內，在日本都會跟聽力受損或耳聾聯想在一起[30]（也許在國外也是如此；[31] 一九六〇年，《生活》雜誌刊登了一則 Zenith 的電晶體收音機廣告，宣傳它的「私人聆聽附加配備」，而不是用「earpiece」〔聽筒〕或「earphone」〔耳機〕這兩個字）。結果，Sony 沒有一個人願意驗收這個裝置，事實上，不論是井深或盛田，都沒有推動讓它通過，這也證明了他們對這件事情的矛盾心情。

而且，再強調一次，你必須記住當時耳機最先進的技術水準。它們是由塑膠和橡膠製成的複雜裝置，比較像耳罩而非音響配備。如果你幸運的話，每個包裹住耳朵的耳罩會像冰上曲棍球那麼大；如果不幸的話，它們會接近壘球一半的大小。或者你也可以這樣想：一副耳機平均重四百公克（一副無線的 AirPods 耳機，每邊只有四公克重）。如果你只是在任務控制中心消磨時光，這倒無可厚非，但是對於創造一個真正便於攜帶的立體音響這個目的來說，它們是失敗的。

然而，耳機是這家企業的關鍵。它們對企業的重要性更勝於對隨身聽的重要性。卡帶錄音機的尺寸持續縮小，TC-D5 現場錄音機和 Pressman 證明了這一點，但是在大多數情況下，耳機仍然顯得異常龐大。在一九七〇年代中期，耳機是一個小眾的市場，以至於很少看到統計數字。如今，耳機代表著每年一百億美元產值的產業，遠遠超過了音樂播放器本身。[32]二〇一四年，iPod 的銷售量低於了某個水準，使得 Apple 停止公布它的銷售數字；[33]但是就在那同一年，它以三十二億美元收購了耳機公司 Beats by Dre，這是當時 Apple 有史以來最大的一筆單一企業購併（諷刺的是，Beats by Dre 之所以聲名大噪，是因為它成功地說服消費者，讓他們想要一九七〇年代風格的球莖狀頭戴式耳機，也就是 DJ 喜歡戴的那種，而不是最尖端的耳塞式耳機）。[34]

所以隨身聽的成功，取決於將便於攜帶的錄音帶播放機和同樣便於攜帶的聆聽方式搭配在一起。而事實上，Sony的另一個部門已經在研發一款輕巧的耳機。[35]與標準機型不同，它們是「露天的」，套上彩色的海綿墊掛在耳朵上，而不是用塑膠和橡膠包裹住。跟標準機型相比，它們更為單純，製造成本也便宜許多。而且最棒的是它們的重量：只有五十公克，是一副標準耳機的八分之一。

這些小巧的耳機搭配上卡式錄音機是這個產品的轉捩點，夢想剎那成真。「我第一次聽到它時感到震撼，」Sony設計師黑木靖夫回憶，[36]「這麼小的東西究竟是如何播放出這麼大的聲音？如今每個人都知道耳機聽起來像什麼，但在那個時候，你甚至無法想像，然後突然之間，貝多芬的第五號交響曲就在你的耳朵之間響起。」

第一批生產的機型，正式的名稱為TPS-L2，按照現代攜帶式聆聽配備的標準來說，這是一隻龐然大物。它大約是一本平裝書的大小，甚至比

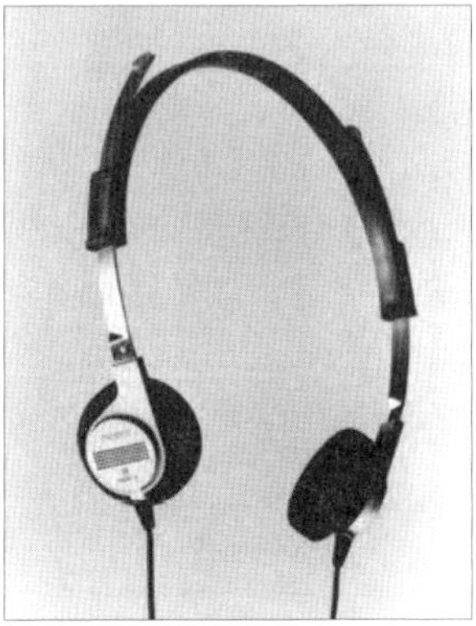

第一代隨身聽所附帶的耳機輕如羽毛，在當時顯得非常輕巧。

舊款的 TR-63 電晶體收音機還大得多；它絕對無法裝進口袋裡。取而代之的是，使用者必須用隨附的人造皮套配件，將它夾在皮帶或腰帶上。更令人驚訝的是，它擁有兩個耳機端口，既可以單獨聆聽，也可以供兩人使用。這最後一個規格，是應盛田親自要求所做的，他察覺到我們今天認為理所當然的事情：不可能一邊戴著這個裝置，一邊跟人聊天。為了消除使用耳機聽音樂的孤立感，他命令首席工程師添加了第二個耳機插孔和一個明亮的橘色按鍵，稱為「熱線」，這可以讓音樂靜音，並且能夠讓這兩名使用者透過隱藏在外殼內的麥克風彼此交談，[37] 這個麥克風，是從原本提供給記者使用的錄音機所保留下來的少數配件之一（為了保留一點浪漫的可能性，黑木在首次生產時，開玩笑地將這兩個耳機插孔命名為 GUYS & DOLLS〔男孩與女孩〕，這個玩笑很快地就被取代為更直接的 a 和 b 了）。

但是令人擔憂的問題仍然存在：它能賣得好嗎？儘管盛田自己很喜歡 TPS-L2，但是他對於預算和細節也非常苦惱。他召集了各部門的主管，要他們對銷量給出一個承諾，但沒有人有頭緒，因為以前從來沒有公司推出過這樣的產品。盛田不太情願地命令黑木召集一個團體。這非比尋常，因為盛田非常不相信客戶調查那一套，Sony 在開發新產品時從不諮詢消費者意見，並且以此為榮。

「大眾不知道可能性在哪，」他在回憶錄寫道，「但是我們知道。」[38]

然而，這一回，盛田把自己的命運交給了大眾。五台原型機裝上近來最熱門的歌曲錄音帶，向年齡從中學生到大學生不等的團體展示。[39]在接下來的十天裡，有一百多名測試者在總部輪流進行測試。黑木注意到兩件事情，一是年輕男女本能地對這個配備做出反應，即使沒有得到任何指示也知道如何使用；再者，至少有五分之一的人，很快就陶醉在音樂裡，不時地搖頭晃腦，腳打拍子。這雖然沒什麼大不了，但是無論如何看起來還滿有希望的。黑木根據當時日本的學生人數保守地估計，在新鮮感消失之前，他們可以賣出六萬台隨身聽。但結果是工廠不可能及時生產這麼多，盛田拍案決定，第一批只生產三萬台。這證明了大家對這個產品的期望很低，相比之下，一九五七年舊款的 TR-63 電晶體收音機，首批就生產了十萬台。最受歡迎的產品，例如 Trinitron TV 系列，年產量就達到數百萬台。

黑木建議把這個配備命名為 Hot Line（熱線），因為它有讓使用者互相交談的功能。行銷團隊負責人河野透立刻提出反駁。「這是一個功能，不是產品名稱，」他力爭，[40]「我們就叫它『Walkie』吧。」這個團隊甚至設計了一個標誌，上面有一個 a 冒出像芽苗的小腳在走路。後來他們得知東芝已經取得這個名詞的版權。河野實在不甘願放棄它，所以他將「Pressman」和「Walkie」結合在一起，創造出了「Walkman」這個詞。「這是第一款可隨身攜帶的立體音響，所以我知道這個產品很難理解，」他在東京市區喝咖啡時告訴我，「我想要一個可以讓客戶知道它是誰的名字。」盛田對這個想法反應很冷淡，但是也沒有其他更好的選擇。Walkman 就這麼命名了。[41]

在東京的代代木公園為媒體所舉辦的一場盛大發表會，幾乎沒有獲得任何頭條新聞的報導。一個以白人金髮女郎為中心，領著一個纏繞著耳機線的日本怪老頭的詭異廣告，並沒有激起日本民眾的熱情，或至少沒有激起他們對電子產品的熱情。這其中沒有宏偉的計畫，只有試圖利用有限的資源，盡可能的讓人眼花撩亂。「我們沒有預算去做更多的事情。」河野嘆了一口氣。對於一款能夠如此深刻改變我們聆聽方式的產品，隨身聽在一九七九年首次亮相時，反應幾乎是一片靜默。

隨身聽的到來，恰巧碰上了日本和西方震盪情勢的開始。伊朗革命引發的石油危機使得世紀各地的燃油價格飆漲，引發了混亂。驚慌失措的美國人湧向加油站，導致嚴格的燃油配給和消費者大排長龍的現象，這景象儼然就像是在蘇聯一樣。陰謀論四起，認為這場危機是由媒體、石油公司和政客所製造的。當兩千名憤怒的卡車司機佔領賓夕法尼亞州萊維敦（Levittown）的市中心時，挫折感一觸即發成暴力，他們用燃燒的輪胎和車輛堵住了主要的街道，以抗議不斷上漲的燃油成本。

在太平洋的彼岸，日本正蓬勃發展。它已經成為全球汽車的首要供應商，它所製造的電子產品、生產的各式用品，廣受消費者喜愛，儘管它們引起了美國汽車工人、商人和決策者的怨懟。這些出口立下了汗馬功勞，讓日本在一九七八年成為世界第二大經濟體，對於一個僅僅在三十年前，主要城市都被炸成一片灰燼的國家來說，這是一個令人難以置信的成就。在過去十年，警察無法平息學生抗議的地方，繁榮將之平息了：民眾享受著令人羨慕的組合，包括了快速的經濟成長、低通貨膨脹率（僅為三．八％，相較於美國當時為一三．三％）、低失業率和高度的工作保障。[42] 戰後重建的大都市，熠熠生輝，這樣的城市大小，被證明剛好是匯聚新潮流和新時尚的最佳培養皿。它們的居民大多生活富裕、教育程度高，並且擁有可支配的收入和對休閒的渴望（即使永遠都在勞累奔波的民眾幾乎無緣享受它）。在擁擠不堪的城市生活中，日本人極度渴望快速獲得享樂和逃離壓力，因此特別懂得欣賞像隨身聽這種幻想傳遞裝置的吸引力。就像卡拉OK機可以讓成年人逃避到專業藝人的幻想角色當中一樣，隨身聽也可以保證，不論走到哪裡都可以享受你親自打造的音樂風景。它首次亮相的時刻，日本的創作者正好剛要完成另一種完美的逃避方式：電玩遊戲。這絕非巧合。

美國人發明了這種新的休閒娛樂。一九七二年九月，第一款熱賣的大型電玩《Pong》，在加州森尼維爾（Sunnyvale）的一家破酒吧首次亮相。[43] 它是由矽谷新創公司Atari的工程師阿爾．

愛爾康（Al Alcorn）所創作的，Atari（叫吃）這個名字源自日語，意思是指在圍棋中讓對手陷入困境。

即使依照當時的技術標準來說，《Pong》還是非常的原始。遊戲方法包括一副長方形的「球拍」和一顆方形的「球」，在黑暗的電視螢幕深處彈跳；唯一提供的規則是請投幣，或像是避免漏接球以獲得高分。只要一個二十五美分的硬幣，兩名玩家就可以在螢幕上打一場乒乓球賽，這是第一項公眾的虛擬運動，不過，專業遊戲競賽塞滿體育館的時代，還要等到未來數十年才會到來。

儘管《Pong》很簡單，卻會讓人上癮。在接下來的兩年中，Atari將出數千台《Pong》遊戲機台送往全美各地，它很快就成為有史以來最賺錢的投幣式遊戲之一。對一個彈珠台來說，每週進帳五十美元就被認為是不錯的收入，而最賺錢的《Pong》遊戲機，通常可以進帳兩百美元。唯一的問題是，它需要兩個人一起玩。Atari的共同創辦人諾蘭．布許聶耳（Nolan Bushnell）萌生了一個想法，發展出可以單人遊戲的後續產品，稱之為《Breakout》。本質上，這是一種將《Pong》翻轉的版本，在這個遊戲中，玩家用球拍和球擊倒螢幕頂部的一堵牆。

到這個時候，遊戲廠商已經從早期的固線式設計，轉向使用可程式化的整合電腦晶片。這些晶片還在發展初期，非常昂貴而且容易燒壞，因此需要有穩定的替代品。為了降低成本，布許聶耳要求他的員工設計出一種比一般產品使用更少晶片的版本。他設定以五十個晶片為基準，設計師只要想辦法從他們的設計中省掉一個晶片，就會獲得豐厚的獎金。

在矽谷流傳著一個這樣的故事：[44]一位名字叫做史帝夫．賈伯斯的年輕員工，不久前剛從印度朝聖歸來，他自願參加了這個任務。根據一些人的說法，當時他仍然穿著橘紅色長袍，剃著光頭。他沒有自己動手做任何事情，而是把它轉包給史帝夫．沃茲尼克，就是那個小時候整夜沉迷在電晶體收音機的人。當時沃茲尼克已經二十三歲，成為一名優秀的工程師。他白天在惠普工作，晚上則跟賈伯斯混在一起，不論是在車庫，或是在Atari的辦公室（「我知道賈伯斯和沃茲是忠實的好朋友，而且沃茲白天在惠普工作，」二〇一五年，布許聶耳在Reddit網站上的一個播客節目上說，「如果我把賈伯斯排在晚班，我可以付一份薪水得到兩個史帝夫。」）。[45]

儘管沒有確切的截止日期，賈伯斯計畫從Atari再休一次假，並且只給沃茲尼克四天的時間來完成這個任務。連續工作七十二個小時之後，沃茲尼克將《Breakout》的設計精簡到二十五個晶片，為賈伯斯贏得五千美元的獎金。然後，賈伯斯轉身付給並不知道獎金額度的沃茲尼克七百五十美元，以犒賞他的努力。直到布許聶耳不經意地詢問他打算如何處理這筆意外之財，沃茲尼克才知道他被騙了。此外，沃茲尼克巧妙的解決方法非常複雜，以至於他們根本無法在大量生產中複製。結果最終版本使用了一百個晶片。

布許聶耳知道日本的遊戲機台歷史悠久，彈珠台和其他需要技巧的電玩遊戲在日本很受歡迎。就像柏青哥（Pachinko）一樣，在一九三〇年代發明於日本，並且在一九四〇年代後期成為一種便宜的娛樂而流行起來。[46]柏青哥是一種賭博方式，透過固定於牆壁上的直立式彈珠台來進行。玩家將一連串微小的鋼珠發射到遊戲區，然後沿著迷宮般的大頭釘如瀑布般落下來。目標是盡可能讓鋼珠落到特殊的容器中，從而獲得更多的鋼珠。然後可以將這些鋼珠直接交換獎品，但更多時候是悄悄地換成現金，這是一種半合法的交易，當局長期以來都默默通融。它的遊戲規則故意降低了賭博的風險，豪賭客在一整天的遊戲中，可能會幸運地淨賺相當於好幾百美元的收入。但是店家的利潤也相當可觀：根據一項估計，如今有這麼多日本成年人在玩柏青哥，該行業的營收大約佔日本全國GDP的四%，超過所有拉斯維加斯和澳門賭場的總合。[47]

當然，《Breakout》並不是一種賭博方式。它單純只是一個電玩遊戲。但是布許聶耳認為，高科技的日本也許會跟美國人一樣，發現大型電玩的吸引力。他和東京一家叫做Namco的娛樂公司建立了關係，Namco是由一位造船工程師轉行的企業家中村雅哉，在一九五五年所創辦（這家公司的名稱代表著Nakamura Manufacturing Company〔中村製造公司〕）。Namco專門為遊樂園、百貨公司頂樓、城市遊樂場等場所設計兒童遊樂設施，顧客在購物的時候，會把孩子暫時放在這些地方。

中村很快就意識到 Atari 產品的價值。[48] 他在一九七六年收到第一批《Breakout》遊戲機，並將它本土化叫做 Burokku Kuzushi ——「砸磚塊」。隨著這些神祕的電視遊戲（當地人對它們的稱呼）一天就可以賺進數千日圓的消息傳遍整個遊樂業，這些機器在酒吧和咖啡店裡大量湧現，日本將這種現象稱之為「砸磚塊風潮」。

唯一的問題是，Atari 僅向日本出口了幾十個《Breakout》機台，其餘的都是偽造品，是由跟黑道有關的當地作坊非法生產的。也許這並不令人驚訝。以吃進四分之一美元（或更確切地說，以吃進百元日幣）現金為基礎的商業模式，跟柏青哥很像，本身就是一個跟黑道有深厚關係的行業。客人的錢幣愈來愈多用在電玩遊戲，而非下層民眾的彈珠賭博機器，這很難躲開大家的注意。中村用自己未經授權的遊戲拷貝充斥整個市場來解決這個問題，這激怒了布許聶耳，但成功地保住了 Namco 的市場佔有率。日本遊戲市場在接下來的幾十年，一直深受著仿冒問題的困擾。

並非所有湧入市場的《Breakout》拷貝版本都來自黑道，它們也並非全都是複製品。更具野心的程式設計師提供了一些變化，甚至對基本的概念做了改進。其中最激進的是一些全新的東西，例如：西角友宏的《太空侵略者》（譯註：即《小蜜蜂》）。它在一九七八年的夏季上市，代表了電玩遊戲踏出了第一步，從單純的用球打磚塊轉變成某種電影之類的東西。在西角的遊戲中，球拍被一艘小太空船所取代，而那些磚塊則以外太空生物的樣子從螢幕上方落下來。在那些香菸味瀰漫的密室裡，扭轉著旋鈕消磨時間之際，你不再是一位沒沒無聞的上班族，你成了一名太空飛行員！或可能是一位坦克指揮官？在螢幕底部穿梭的單色菱形留下了一些解釋的空間。不論你是什麼，你不再是你自己，而是一位英雄，保衛著一座城市免於一波波外來者的侵略，這些外來侵略者步步進逼，就像你最初來到這裡想要逃避的最後期限一樣。

它有感應控制、它有迷人的圖形。鋸齒狀的小外星人，可以說是電玩遊戲世界裡，第一個可辨識的角色。它提供了沉浸在另一個世界裡的新奇感，所有這些結合在一起構成了《太空侵略者》……好吧，構成了砸磚塊。球拍和球都沒了。「侵略者房間」的出現，成為了後來大型電玩機台的原型。事實證明，這些機器深受歡迎，而且獲利豐厚，以至於任何可以放置這種形狀和大小機器的地方，都可以看到這種新奇的機台大量出現（跟美國大型電玩相關的直立式機台是後來的發明）。咖啡店扔掉了它們的美耐板桌子，換成了《太空侵略者》機台；有些甚至開始分送它們的招牌飲料，因為客人在遊戲時段的花費，遠遠超過他們在飲料上的花費。這些機器吸取了這麼多錢，以至於日本開始出現百元硬幣短缺的情況。[49]

隨著這股熱潮的持續，跟《太空侵略者》相關的社會問題開始成為頭條新聞。「批評人士說，吵鬧的太空侵略者讓地球人夜不成眠，破壞視力、助長青少年犯罪，而且破壞日本人的道德素質。」[50]一篇新聞報導如此分析。在全國各地，孩子們為了滿足玩《太空侵略者》的癮頭，因為偷錢和入店行竊被抓。在情況最糟糕的一週裡，五十名東京的中學生因為撬開機器或使用假硬幣偷玩遊戲而被拘留。都市的警察向家長發出警報，提醒他們要求孩子遠離這個電玩；親師團體開始在放學後巡邏街道，在孩子溜進「侵略者房間」之前攔截他們。

在一九七八年的某段期間，社會上似乎感覺到《太空侵略者》已經過度飽和了，從某種意義上來說，它的確如此。因為，在日本以外的地區，這些機器同樣大受歡迎，這是一個全新的變化。《太空侵略者》出口到世界各地，引發一個又一個國家、一個又一個城市的瘋狂。根據一項估計，到了一九八二年，全世界的玩家已經往這台機器裡投入相當於十億個二十五美分的硬幣。Kosuge 的吉普車從來沒有越過被佔領的日本邊界；日本出口的動漫在西方仍然很少見；卡拉ＯＫ機主要還是國內的現象；Hello Kitty 在那個時候才剛剛走入外國兒童的心靈。《太空侵略者》則完全是

簡單但可立即辨識，侵略者成為電玩時代第一個超級巨星的角色。

另一回事，它是第一個擄獲全世界的日本幻想。儘管有唱反調的人對這些可愛遊戲表示疑慮，《太空侵略者》仍然為《小精靈》的熱潮和《大金剛》的轟動開出了一條康莊大道。在日本，遊戲仍僅限於大型電玩店或咖啡廳；在國外，它們則開始大量出現在超市、便利商店，甚至一些意想不到的地方，例如牙醫診所和殯儀館。除了禮拜場所，幾乎沒有什麼地方可以抵擋得住《太空侵略者》和《小精靈》的誘惑。[51]

《Pong》在菸味瀰漫的加州小酒吧裡首次亮相僅僅不過十年之後，日本的遊戲設計師就能夠逼得美國人跟他們一較高下，展開嚴峻的競爭。

「我們剛從巴黎回來，而且每個人都戴著它們。」[52] 安迪．沃荷（Andy Warhol）在一九八一年熱情地說道。他所回答的問題是關於他奇怪的頭飾：一副 Sony 的小耳機，可以連接到放在他臀部上的 TPS-L2 隨身聽。沃荷跟賈伯斯一樣，是另一個始終站在趨勢最前端的美國人，他本能地意識到，這個裝置不僅僅代表著另一個新奇的小玩意。在接下來的幾年裡，這位普普藝術家被捕捉到他戴著這款與眾不同的耳機出現在大街上，或甚至是戴著它們與威廉．布洛斯（William S. Burroughs）等名流共進晚餐。

隨身聽來了。是盛田破解了密碼。基本的問題很簡單，個人的、可隨身攜帶的聆聽裝置，這個概念太新穎了，無法真正解釋清楚，你必須親身體驗才能理解。

卡拉OK的發明人井上大佑，藉由花錢請酒吧侍女在潛在客戶面前用卡拉OK機唱歌，將它介紹給了世人。現在，Sony做了類似的事情，雇用時髦的年輕情侶，漫步在東京最時尚的銀座一帶，炫耀地聽著他們的隨身聽，並為路人戴上他們的耳機，讓他們體驗被「觸動」的感覺。[53]

這花了幾個月的時間，但奏效了。首批生產的隨身聽在七月開始銷售。到九月就已經賣光了。缺貨只是暫時的，盛田很快地就把每個月的產量加為兩倍，後來增加為三倍，然而缺貨對公司也是有好處的。它將這個小小的立體音響從一種商品變成一種令人垂涎的地位象徵。電影明星在時尚雜誌和電視上炫耀他們的隨身聽。彼得．巴拉坎（Peter Barakan）是當時住在日本的資深音樂人，他這樣說，「原本的某一天，東京沒有人有隨身聽。接下來，每個人都有了一個。它的轉變真的就是這麼快速。」[54]

在日本，隨身聽首先受到日本學生和其他年輕消費者的歡迎；但在西方，情況則有所不同。雖然TPS-L2直到一九八〇年二月才抵達美國和歐洲，但是那些坐在噴射客機上的富豪們早已經很清楚Sony的傑作了。盛田依照傳統的方式，將它們像糖果一樣分送給來訪的政商名流。當柏林和紐約愛樂在日本演出時，整團都收到了這份禮物。體育明星維塔斯．葛魯萊提斯

（Vitas Gerulaitis）和比約恩・博格（Björn Borg）在網球巡迴賽上也獲得這份贈禮。[55]當電影名流和搖滾歌手到訪日本的時候，也比照辦理。保羅・賽門（Paul Simon）招搖地戴著他的隨身聽參加一九八一年的葛萊美獎。隨身聽很快地成為好萊塢標準的禮物選項。迪斯可女皇唐娜・桑瑪（Donna Summer）把它們當做聖誕禮物一樣，一打一打地送出去（並非所有人對這一事態的轉變感到高興：曼哈頓高檔百貨公司 Barneys 的經理在一次媒體訪問中宣稱，這種裝置是「一九八〇年代的疾病」）。[56]

沃荷本能地抓住了隨身聽另一個意想不到的面向，被人看到你戴著它，比你戴著它聽什麼更為重要。你真正聆聽的，很可能根本不是什麼時髦的音樂（沃荷本人幾乎只聽歌劇！）。最早的使用者被《華爾街日報》熱情地稱之為「回應這個『音樂』盒子的中上階級」，[57]他們是富裕的白人、步入中年、只聆聽「最柔和的抒情音樂和古典音樂」。但這很快就會改變。

一九八一年，溫哥華一位當時還名不見經傳的作家威廉・吉布森（William Gibson）戴著他的隨身聽來到市中心。那是他第一次聆聽 Joy Division（歡樂分隊）的歌。「對我來說，它給了溫哥華一種奇特的絕對尊榮感，這感覺從未有過，」多年後他寫道，「我有一個月沒把這東西拿下來。」[58]在他一次外出途中，他發現了一張 Apple 桌上型電腦的廣告海報。如果這台電腦處理的訊息可以透過貼近肌膚的隨身聽讀取，那會怎麼樣？他很好奇。

吉布森領悟到，隨身聽沉浸式的體驗可以如何深刻地改變人類的意識。不過，Sony 的新幻想仍然伴隨著主流的恐懼。盛田為最早期的隨身聽提供了兩個耳機端口和「熱線」功能，試圖先發制人地解決他所正確預測到、對 Sony 新發明的最大批評：它的孤立特質。第一個日本廣告強調了一對友人正在使用該配備。「將任何一條街道都變成天堂。」廣告歌曲唱著，鏡頭特寫到一對女孩，她們看起來像是剛從辛蒂．波露（Cyndi Lauper）的《Girls Just Want to Have Fun》的影片試鏡中走出來。但是在日本和世界各地，很快地就擺明了，大部分的使用者對於分享他們所選擇的音樂並不感興趣。他們渴望逃離。「很高興聽到的是帕華洛帝（Pavarotti）的聲音，而不是汽車喇叭聲。」[59] 一九八一年，沃荷向《華盛頓郵報》如此解釋。

一位名字叫做細川周平的音樂學者，將這種自願性的孤立稱作「隨身聽效應」（Walkman Effect）。[60] 他的研究探索了人們如何連接上自己精心策畫的音樂風景，從而擺脫傳統上把城市居民綁在一起的共同背景音樂，包括：汽車、工地、警笛聲、不經意偷聽到的對話。儘管聽覺上的逃避有著自戀的因素，但細川指出，將配樂和日常生活融為一體也是一種調劑。與其說隨身聽是要把世界拒於門外，不如說是要把熟悉的街道變成虛擬的電影場景。如果說，卡拉 OK 可以讓你在唱一首歌的時間裡成為舞台明星，那麼隨身聽則可以讓你在一段錄音帶長度的時間裡，成為日常環境裡的明星，直到你需要將錄音帶翻面為止。

對某些美國人來說，隨身聽最令人擔心的部分是Sony的標誌。像沃荷之類的品味領導者，或是像賈伯斯之類的技術狂是罕見的例外，他們無懼日本產品的入侵。當美國人試圖徹底了解一個理應被擊潰的日本如何能夠重新崛起挑戰他們的國家時，所有戰後的優越感轉變成了憤怒。經濟學者在報紙專欄文章裡，將日本的商業行為比作是珍珠港突襲；諸如《日本第一》和《日本：權力結構之謎》的學術著作也登上了暢銷書排行榜。隨著日本汽車和電子消費產品大量湧入美國市場，「打壓日本」（Japan-bashing）的言論開始走火入魔，造成了悲劇性的後果：底特律兩名失業的汽車工人將一名中國男子誤認為日本人，將他毆打致死的同時還一邊大叫：「都是你們這些（日本鬼子），才讓我們失業！」

至於盛田，他在美日關係處於艱困的這段時期，則盡力保持低調。他早已搬回日本，從日常職務中卸任之後擔任董事長。Sony雄心勃勃地收購哥倫比亞唱片公司（史普林斯汀《Born in the U.S.A.》的發源地），隨後又收購了哥倫比亞電影公司，這引發了美國民眾的擔憂。其他日本公司對全美國象徵物的收購，例如三菱收購洛克菲勒中心（Rockefeller Center），任天堂收購西雅圖水手棒球隊，更將緊張的局勢燃燒成炙熱的怒火。美國公司更是盡可能地火上加油，一九九〇年通用汽車的一則廣告熱情地邀請：「想像幾年之後，十二月的時節，全家人都要去裕仁中心（Hirohito Center）看那顆大聖誕樹！」[61]

流行的娛樂活動也無法倖免。雷利．史考特（Ridley Scott）一九八二年的電影《銀翼殺手》，呈現了一個在輝煌的日本霓虹燈中所勾勒出來的殘破美國景觀，在這畫面中，賣弄風騷的藝妓大口暢飲著可口可樂。威廉．吉布森繼續寫他的《神經喚術士》，這是一部一九八四年的反烏托邦小說，故事背景設定在可預見的未來中，一個由日本大型公司所掌控的世界。它贏得了星雲獎，並且讓讀者開始對新興的賽博龐克（cyberpunk）類型感到興趣。好萊塢的壞人角色變成了殘忍的上班族，例如富士通先生，在《回到未來二》這部電影中，這位討厭的日本老闆，透過傳真機，無情地解僱了米高．福克斯（Michael J. Fox）所主演的主角馬蒂（Marty McFly）。

一九九三年的電影《旭日東昇》，代表了這種偽裝成娛樂的蠱惑性言論的高潮。改編自以《侏儸紀公園》和《鑽石宮》成名的麥克．克萊頓（Michael Crichton）的小說，它描繪了洛杉磯被惡名昭彰的日本公司和可怕的日本黑道瓜分的情景，而美國人則淪為替人服務的角色，像是翻譯、不老實的警察和妓女。所以X世代成長的過程中，被一群大人們所包圍著，這群大人堅信我們的未來掌控在一個高科技帝國的手中，而在這個帝國裡，人類的需求遠不及那些沒有露面的日本企業大集團。對此，我們只是聳聳肩，在拿起任天堂的控制器，或是在等候錄影機裡的另一部動漫時，按下隨身聽的播放鍵。

隨身聽本身躲過了許多針對日本產品（例如汽車、電視和電腦）的憤怒，部分的原因是因為隨身聽代表了一種重大的突破，在西方幾乎沒有什麼東西可以和它競爭。[62]但是更大的原因是，即使隨身聽是一個非常成功的產品，但它的功能純粹是為了滿足使用者個人對音樂喜好的工具。它提供熟悉感與舒適性。即使是這個配備的最忠實粉絲，也未必會去消費日本製造的實際內容。隨身聽的行銷奇才黑木，對這種「硬體」和「軟體」技術之間的差異有所感嘆。[63]他認為日本擅長於用冰冷、堅硬的機器，讓全球的觀眾將錢掏出口袋，但是無法用軟實力的文化產品，例如歌曲或故事，真正抓住全球的想像力。

這種情況即將轉變。事實上，一切都將轉變。

一九八九年，日本電視台ＴＢＳ為了它的四十周年慶，提出了一個構想，要支付蘇聯一千四百萬美元的費用，派遣一名記者到和平號太空站。[64]這個想法得到大力的推廣和贊助，目的是希望藉由從軌道上傳回為期一週的一系列晚間特別節目，來提升日本第二大聯播網的形象。這證明了日本有多麼富裕，以至於一家電視台（甚至還不是最頂尖的電視台），都能夠籌到資金，向一個冷戰時期的超級強權購買到一個太空計畫。

蘇聯的飛行醫生從電視台員工數百位申請者中篩選出最後兩位候選人：菊地涼子，二十六歲的女攝影師，嗜好包括登山、騎自行車和滑雪；以及四十八歲的資深編輯秋山豐寬，嗜好包括長期加班和每天抽四包菸。這是一九八〇年代的日本，當時上班族統治著世界，所以TBS挑選秋山擔任這份工作有什麼好驚訝的呢？

這是人類史上第一次商業太空飛行。一九九〇年十二月二日，日本的第一位太空人從周圍被美能達（Minolta）的廣告招牌包圍的發射台升空，在聯盟號（Soyuz）太空船的推進器上，不協調地裝飾著日本電子產品製造商、信用卡公司和衛生用品廠商的標誌。一旦他們進入軌道與太空站對接，俄國的太空人就必須將他們的太空服換成TBS的T恤。上班族踏上太空的一小步，是企業打造品牌的一大步。

六天後，秋山回到地球。他的抵達也恰逢日經指數的急速下墜。到那年年底之前，已經處於自由落體狀態的日本股市，累積總共損失了兩兆美元。日本在全球經濟的影響力達到巔峰的「泡沫時代」已經結束，「失落的十年」開始了。

一九九〇年代

東京證券交易所震盪暴跌……*再見了日本公司。*[1] **超級綜效。超級娛樂。超級任天堂遊戲機！**……在網路上，沒有人知道你是一隻狗……加油，加油，恐龍戰隊！……**掌握下一代重要商業電腦與通訊技術的是美國，不是日本**[2]……我是美少女戰士，正義的使者！……現在有很多美國人對日本流行文化感興趣。[3] 我不知道為什麼。對於像我這樣對真正的女孩不感興趣的人來說，《Virtual Idol》（虛擬偶像）是一種最合適的雜誌。[4]……她二十六歲，很漂亮，開著一輛寶馬，拎著一個價值兩千八百美元的香奈兒手提包。[5] 過著未婚的幸福生活，跟父母同住，並且在銀行擔任出納的工作，她就是人們所謂的「單身寄身蟲」……**羅傑．艾伯特（Roger Ebert）說，日本動畫可以釋放人的思維。**[6]…也許日本社交退縮的孩子，預示著一種新的生活方式。[7]……**皮卡皮卡？**

第六章

女學生帝國

Kitty 走向全球

當局勢分崩離析，你會更了解一個國家。當潮水退去，你會看到它留下的所有東西。[1]

——提摩西・蓋特納（Timothy Geithner），美國財政部長，一九九〇年於日本

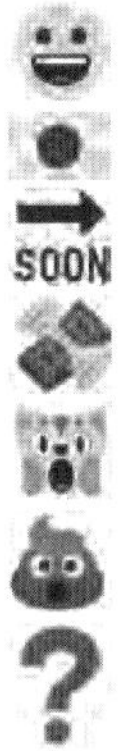

——表情符號翻譯

千禧年轉折之際，日本經濟一片蕭條，失業率飆升至一五％以上，導致數百萬名身強力壯的國民沒有了工作。幻想破滅的青少年，痛苦地意識到殘酷的未來正等待著他們，並且公然反抗他們的父母和師長。為了防止一九六〇年代的社會動盪再度發生，日本政府推出了一項大膽

的計畫，稱之為「新世紀教育改革法」。從此之後，每年都會隨機挑選出一個高中畢業班，並將之送到一個荒島上。軍事包圍以防止逃跑，遙控的爆炸項圈確保乖乖聽話。第一個班級被分配了各種武器和一套簡單的規則：殺人或者被殺。唯一的倖存者將允許返回，這既是大眾的娛樂，也是對其他叛逆青少年的一個殘酷教訓。士兵帶著第一個「獲勝者」在爭先恐後的大眾媒體前遊行。坐在軍用吉普車後座上的，是一名十五歲的女學生，穿著破爛的校服，手裡抓著一個填充娃娃。她抬起濺滿鮮血的臉，面對鏡頭微笑。

這是二〇〇〇年轟動一時的電影《大逃殺》的開場畫面，由深作欣二導演，改編自一九九九年一部頗具爭議的同名小說（劇情聽起來很熟悉嗎？《飢餓遊戲》的作者發誓從未聽過這部日本電影或小說）。[2]《大逃殺》並不是第一部席捲日本的反烏托邦恐怖片。從一九五四年的《哥吉拉》到一九八八年世界末日的科幻動漫《阿基拉》，在廢墟中受苦受難的日本民眾，一直都是日本娛樂的主要內容。即使是適合闔家觀賞的社會良心堡壘宮崎駿，也在一九八四年突破性的史詩電影《風之谷》中探討了沒落文明的議題。但是《大逃殺》有一個與眾不同的地方：女學生。電影中一些最引人注目的場景集中在女主角身上，例如演技誇張、手持利刃的栗山千明，為了抵擋一位咄咄逼人的同學進攻，在他胯下反覆捅了好幾刀。在戰鬥中倖存下來的是握緊拳頭的女生，而不是你原先預期的肌肉猛男，這種想法吸引了國內外的觀眾。

栗山繼續在《追殺比爾：一》中扮演了一個同樣令人顫慄的角色，一位超級甜美的女殺手，[3]這部片的導演昆汀．塔倫提諾（Quentin Tarantino）讚揚《大逃殺》是他在這個新千禧年最喜歡的電影。

這個黑暗的幻想引起了如此深刻的共鳴，證明了時局有多麼艱難。雖然二〇〇〇年的日本，實際上並沒有像《大逃殺》中虛構的日本那麼糟糕，但是這個國家還是陷入嚴重的困境之中。自從一九九〇年十二月，那場歷史性的股市崩盤以來，已經過了十年。在那之後的十年中，日本戰後不可思議的經濟奇蹟戛然而止，接著陷入了令人震驚的停滯。

金融從輝煌的景象邁向大災難的急速轉變，開始於一九八五年九月，當時日本與其他五個國家在紐約簽署《廣場協議》（Plaza Accord）。它是由急於弭平與日本和歐洲貿易逆差的美國政府所策畫的，其構想是要讓美元對其他貨幣貶值，以使得美國出口的產品在國外更具競爭力。但是，每個動作都會有一個大小相等、方向相反的反作用力，美元貶值也會造成其他貨幣，包括日圓，在美國國內更進一步升值。日本企業，仗著日本當時是世界第二大經濟體，紛紛開始大舉收購。

紐約的洛克菲勒中心、圓石灘高爾夫球場、環球影城、哥倫比亞電影公司。一個接一個，美國的標誌物都落入新的日本企業霸主手中。新出爐的日本億萬富翁，為了爭奪戰利品而陷入了競標的決鬥。紙業大亨齊藤了英擊敗另一位日本競爭對手，以創紀錄的八千二百五十萬美元天價買下了梵谷的《嘉舍醫生的畫像》，[4]然後他宣布打算在他過世時，將這幅畫與自己一起火化，這番話引起了國際上的憤怒（他很快地宣稱這是個玩笑，這幅畫至今依然安在）。家庭主婦從上班族丈夫的獎金中抽出大把的現金，啜飲著五百美元一杯，灑滿金粉的咖啡。[5]而房地產市場則變得極度瘋狂，在它的高峰期，狂熱的投機買賣將日本所有土地的價值推升至十八兆美元，是美國所有房地產總值的四倍。[6]位於東京市中心的皇居一帶，光是一片只有紐約中央公園三分之一大小的綠地，價值就超過了加州所有的土地。當時沒有人稱它為泡沫，每個人都期待好日子會一直持續下去。

即使到今天，也沒有人確切知道為什麼一切會崩潰，沒有單一的成因，而是複雜的因素交織而成的結果。可以確定的是，日經指數在一九八九年十二月達到高峰，然後開始迅速下滑；到了一九九〇年秋天，房地產價格也隨之下跌。那些大量貸款的機構和個人，突然發現他們的房地產全部成了溺水屋（underwater），價值遠低於當初急於簽下的抵押貸款。公司開始破產、企業和個人投資陷入停滯。到了一九九二年，日經指數已經跌至高峰期的六〇%，很明顯的，昔日的輝煌年代已一去不復返。經濟學家嚴肅地宣稱，過去的現象一直是個海市蜃樓，或是，用金融術語來說，是一個泡沫。而毫無疑問的，泡沫已經破滅了、財富已經流失了，而人生也被毀了。不論是財務上或情感上的各個層面，沮喪都擊潰了夢想。自殺率飆升至已開發國家中已知的最高水平。

三麗鷗的辻信太郎是受到嚴重影響的人之一。多年以來，他的公司穩步發展，彷彿是動盪時期的一塊磐石，然後說垮就垮。到了一九九〇年九月，三麗鷗已經虧損了一百八十億日圓，依照當時的匯率計算，大約是七千五百萬美元。「瘋玩股票的混蛋執行長，讓三麗鷗深陷赤字」，[7]一本雜誌的頭條大肆報導，這是令人震驚的下場。事實上，辻信一直在從事的是一種很流行的金融投機行為，日本人稱之為zaiteku（財術），這是在經營階層之間的時髦用語，意思是「金融工程」。和許多日本執行長一樣，辻信將公司的現金準備投入到股票、房地產信託基金和其他高風險、高報酬的企業投資方案。在泡沫時期，這種冒險的投資策略獲得了豐厚的回報，有一段時間，辻信在交易上的獲利，超過了三麗鷗產品和授權的總收入。受此鼓舞，他推出了一個大膽的計畫，要在東京郊外，建造一個名字叫做Puroland的三麗鷗主題樂園。但是隨著股票市場崩盤，辻信的財務狀況也隨之崩盤。幾乎在一夜之間，辻信幾十年來苦心經營的公司，價值損失了九〇％。「沒吃安眠藥我就無法入眠。」[8]他在回憶錄中坦言。他甚至一度考慮過自殺。

這的確是黑暗的時刻。在現實生活的經濟反烏托邦中，日本的年輕人愈來愈逃避到內在的幻想中，這助長了新文化和次文化的興起：電玩遊戲逐漸成為主流的休閒活動；公眾場所出現了狂野的時尚打扮和精緻的角色扮演；大型聚會的激增，對於那些喜歡動漫和漫畫的人說，與其說是一種娛樂，不如說是一種生活方式。然而沒有人比日本的女學生存活地更好了。年輕女性利用她們手頭上可自由運用的一切，將自己從《美少女戰士》的風格，轉變成品味製造者，她們為日本開闢出一條道路，走過「失落的十年」。上班族建立了Japan, Inc（日本公司），當它在他們周圍崩塌時，年輕女性拾起了碎片。她們毫無節制地消費著那些傳統上隨著長大就該拋棄的東西，從少女漫畫到三麗鷗的產品，藉由這種方式，重塑了對成年生活的想像。她們比謹慎的成年人更早擁抱新興科技，幾乎一手顛覆了所有的產業。卡拉OK是第一個如此被顛覆的行業，緊隨其後的是整個音樂產業。然後，當女學生轉身投入新發展的數位通訊方式時，她們將一系列尖端的技術改造成更適合這個奇特新時代的工具。簡訊；網路表情符號「語言」的完善；甚至也可以說，她們奠定了社群媒體的基礎。在我們不斷連結的數位生活中，全球公民現在習以為常的許多事情，都是由東京街頭的女學生首開風氣的。

她們在舞台上的出現，預示著巨大的社會型態轉變。消費者正從廠商產品的被動接受者，進化成一種靠自己能力形成的新型創意集合體。男人和他們的工廠將日本打造成經濟之虎；如今，在一九九〇年代，女孩以她們自己的形象，將日本重塑成文化超級大國。而她們是在另一面貓科動物的海盜旗之下辦到的，這隻貓是：Hello Kitty。

自從一九八〇年，三麗鷗的山口裕子在她二十五歲時，不情願地接下 Hello Kitty 的任務之後，在接下來的十五年裡，她都一直在重新構想這個角色和她自己。這位雄心勃勃的年輕平面設計師，在加入公司時，曾經希望為女性打造出在日本主流公司裡不曾擁有的機會。她找到它們了，但是，等一下，花了十五年？一個（倒吸一口氣！）四十歲的老女人還在三麗鷗做什麼啊，女人一結婚不是就會被這家公司請出門了嗎？時代變了，就是這樣。

山口在三麗鷗的設計領域裡找到很多機會，但是對該公司挽留女性人才的傲慢態度感到憤慨。從表面上看，一切都很完美。三麗鷗的女性員工不像當時的其他日本大公司那樣，被迫要幫男性員工倒茶（或至少在工作一兩年之後才不用這樣做）。一旦她們建立名聲，就擁有很大的自由可以提出設計或管理產品線，或掌管任何她們所擅長的一切。但是這種相對的自由，並沒有轉化成在公司內部往上晉升的動力。多年來，山口眼睜睜地看著一個個才華洋溢的女性因為沮喪而辭職，最後，她受夠了。在負責 Kitty 幾年之後，她走進總經理的辦公室，並且告訴他，如果公司不開始提拔夠格的女性員工擔任管理職，她就會當場離職。[9] 這個策略奏效了。此後不久，公司所有比她資深的女性員工都突然被晉升了。而到了一九九〇年代中期，山口不再只是個 Kitty 的設計師，她同時是一位平面設計人才的管理者，也是一位無聲小貓女孩的凡間代言人。

山口把頭髮染成驚人的亮麗粉紅色，並且經常穿著圖案活潑的娃娃裝，不辭辛勞地在全國各地巡迴。三麗鷗的 Gift Gate 是她必到之處，[10] 當時日本有一千多家 Gift Gate，即使在三麗鷗總部陷入財務危機的情況下，也依然照常營運。[11] 在那裡，她會坐在一張小桌子旁，與年輕的 Kitty 消費者互動。這個活動一開始只是個單純的公關宣傳方式，經過多年，他們發展出更多的東西：這是一個讓山口可以即時觀察 Kitty 粉絲走向的方法，幫助她面對不斷變化的品味，保持角色的新鮮感。從許多方面來說，她自己本身就是個名人，至少在那些喜歡三麗鷗產品的民眾之間可以這麼說。

多虧了這些活動，山口已經注意到 Kitty 傳統粉絲人口分布的幽微高齡化。[12] 就像當時三麗鷗所有的吉祥物一樣，Hello Kitty 的創造是為了吸引幼稚園和小學女生。這些人是在一九七〇年代末期，以及一九八〇年代中期的經濟繁榮時期支持她的人。傳統上，小女孩和媽媽們是山口見面會的主要參與者，但是隨著一九九〇年代到來，初中生和高中生開始出現在小女孩和媽媽們之間。她們在 Kitty 的陪伴下長大，要麼拒絕在長大後從這種童年時期的歡樂畢業，要不就是以大女孩的身分回到她的身邊。因此，當一九九五年的一個下午，山口看到一群高中女生

Hello Kitty 的「經理人」，山口裕子在三麗鷗的 Gift Gate

站在她的桌子前面時，她並沒有感到特別驚訝，她在回憶錄《Kitty 的眼淚》（*Tears of Kitty*）裡如此描述。

這些青少女有些地方不太一樣。她們穿著水手服，這是日本各地高中制服常見的風格：白色襯衫配上寬大的藍色領子、紅色的圍巾、藍色的百褶裙、及膝長襪和樂福鞋。但這些不是標準樣式，它們被巧妙地修改過。她們的 ruzu sokkusu（泡泡襪）又厚又蓬鬆，像個暖腿套，垂掛在腳踝周圍，然後又匯聚在她們的鞋子上，就像從蠟燭上滴下來的蠟一樣。裙子已經短到幾乎讓女孩子的臀部曲線畢露。山口認出了這身打扮，這就是傳聞甚廣的 kogyaru，即「kogals」。這是青少年稱呼「高中辣妹」的黑話，她們是來自澀谷街頭追逐時尚的小太妹，東京和其他地方想要耍酷的孩子都會嚮往到澀谷閒晃。這些小辣妹本質上是浮華泡沫年代派對女孩 gyaru（辣妹）的

2.0版。派對已經結束了，但是新一代的小辣妹渴望同樣擁有Burberry的圍巾和LV的手提包，她們曾經見過她們的姐姐們在繁榮的一九八〇年代炫耀過這些東西。問題是，沒有多少錢可以花了。

澀谷位於東京時尚區原宿的附近。這是一個比較髒亂、租金較為低廉的青少年聚集地，擠滿了酒吧、速食連鎖店和便宜的拉麵店，還有五十元日幣（而非通常的百元日幣）的大型電玩店、卡拉OK包廂，以及專門賣低價化粧品和仿冒配飾的百貨商店。簡而言之，一名女學生在市中心逛街炫耀所需要的一切，這裡應有盡有。澀谷的主要街道霓虹閃爍，市區的心臟地帶是畫滿塗鴉的高樓峽谷，這一切全都籠罩在香菸、淺淺的下水道，以及通宵營業的便利商店外頭成堆空瓶子中腐敗啤酒所散發出來的刺鼻氣味之中。

山口稍早曾經見過這三個人，她們在活動開始之前就閒聊了起來。當這位設計師走過時，她無意間聽到一個讓她脊椎發涼的用詞：enko（援交）。這是enjo kosai（援助交際）的簡稱。

那一年，所有的人都在談論這個詞。[13]流行新聞週刊《週刊文春》裡有一系列關於它的文章。調查記者黑沼克史揭露了一種約會服務的地下組織，這類組織向男人收取費用，讓他們可以瀏覽潛在伴侶所留下的語音訊息。這是一個震驚社會的醜聞，儘管他們對外宣稱是要幫成年人提供配對服務，但有一部分青少年意識到，這些「電話俱樂部」提供了接觸有錢男人的管道。

貪圖地位象徵的年輕女孩會留下訊息，以小時計算提供伴侶服務，用以換取名牌包包，或昂貴的牛仔褲，通常還會具體指明顏色和尺寸。

有時候陪伴的形式真的只是一起到外頭吃頓飯，有時候則會更進一步。這不叫做賣淫，社會各界都極力避免用上這個標籤；取而代之的，它被委婉地稱為援助交際。黑沼的文章原本是一篇正經的調查報導，但是一旦故事傳開，八卦小報便開始大肆渲染那些渴望擁有愛瑪仕（Hermès）的女學生向那些好色、飢渴的上班族，擺出花枝招展的模樣。那些同樣猥褻的標題，為其他女孩提供模仿的樣板，助長了這些行為，而這些行為又被貪圖挑逗內容的記者再度拾起，於是變成了一個惡性循環。

山口坐在她的桌子旁，雙手抱著一隻大型的 Hello Kitty 玩偶，試圖想對她們說些什麼。女孩們畫著濃妝，穿著迷你裙，靜靜地站在她的面前，等待簽名。山口想對她們大喊，告訴她們她聽到了，告訴她們趕快懸崖勒馬。然而，她卻脫口而出問了一個自己做夢都沒想到的問題，更不用說腿上還放著一隻 Hello Kitty。

「為什麼你們要把自己賣給男人？」[14]

這個問題在那裡懸了一會兒。山口懷疑她們以為這是 Kitty 自己的提問。這些女孩迴避了眼神的接觸。最後，終於有一個女孩打破了沉默。「因為我想要一個名牌錢包。它們是用很酷的材料做的。它們很卡哇伊。」

山口思考了片刻。然後她提出了一個提案：她會專門為她們做一個 Kitty 錢包。它會是粉紅色的，而且成品看起來就像是個昂貴的名牌包。它會有 Kitty 的特色，而且價格合理，因此沒有人需要做些奇怪的事情才能買到。女孩們的臉都亮了起來。

這款錢包在一九九六年首次亮相，和它一起推出的還有一系列的配飾：手提包、手機座、零錢包。它們是由淡粉紅色的縫製人造皮革所製成。它們看起來一點也不像幾十年前的第一個 Petit Purse，Petit Purse 價格便宜，而且是專為小孩子設計的。這款新錢包則看起來就像是時尚大品牌的產品，但有一個很大的例外：在你預期可能會看到某些名牌標誌的地方，是 Kitty 溫和的臉。

山口的成年版 Kitty 配飾，在一九九六年非常暢銷，甚至扭轉了公司的命運，不可置信地，將原本預估三億四千萬日圓的虧損，轉變成二十八億日圓的獲利。[15] 這個時尚系列挖掘出某些東西，這是沒有任何人、甚至是 Kitty 本身的經理人，曾經想像的到的東西：日本青少年，甚至成年女性之中，對小學角色的潛在需求。一九八〇年代的辣妹渴望魅力和高雅；一九九〇年代的小辣妹也同樣渴望它，然而是藉由童年裡一個記憶深刻的偶像，以溫和的形式重新鑄造出來。而這也可以做為一種心照不宣的視覺密碼，把志同道合的朋友聚在一起。多年後，記者山根一直將這種新奇的高檔商品稱之為「交際系化妝品」（communication cosmetics）。[16]

回頭想想，這實在很有道理：就像是一個可以擁有蛋糕，而且也能把它吃掉的幻想一樣，在享受童年歡樂之際，還能夠看起來像個夠時髦的大人，到城裡溜達一整晚（或至少在澀谷市中心街上晃一個下午）。所有的媒體報導都未曾提到三麗鷗從財務危機中復活的奇蹟，也未曾提到另一個事實，若非山口偶然遇見了一群正在找人包養的女學生，這一切將永遠不會發生。

當然，並非所有的女學生都渴望擁有包養的關係；儘管媒體大肆渲染，「援助交際」仍然牢牢地處於文明社會的邊緣。對於一般的日本青少年來說，就像西方的同儕一樣，搖滾明星才是他們休閒與幻想生活中的核心角色。

一九九六年，日本的流行音樂天王和天后正在交往，男方是銷量數百萬張的唱片製作人小室哲哉；女方則是他當時的門生和明星，歌手華原朋美。[17]當她遇到小室的時候，她已經很受歡迎，她和他一起錄製了第一張個人專輯《Love Brace》。一九九六年，專輯才發行一週，就賣出了一百萬張。當時，他們兩人正在城裡約會慶祝，日本最受歡迎的音樂節目《Utaban》熱切地用鏡頭記錄下他們約會的過程。這兩人會挑選到某家高檔餐廳開瓶香檳嗎？會到東京某家著名的迪斯可舞廳，沐浴在燈光與崇拜之中嗎？或許會躲到這個城市裡的某間高檔飯店，度過一個浪漫的假期？

以上皆非。二十二歲的華原堅持要她的男朋友帶她去三麗鷗彩虹樂園（Sanrio Puroland）。三麗鷗在一九九〇年秋天宣布在股市遭遇慘痛損失之際，這個主題樂園也幾近完成了，接著在同年的十二月開幕。整合了曾經為環球影城和迪士尼效力的設計師想法，辻信將彩虹樂園的願景定位為「一個充滿愛和夢想的國度」，一個為小學女生打造的粉紅仙境，配備著簡單的遊樂設施、舞台表演、身穿三麗鷗吉祥物服裝的演員，當然還有許多禮品店。起初，這是一次代價高昂的失敗。在規模上，它已經遠遠小於一九八三年開幕的東京迪士尼樂園，這個預期中的競爭對手；而從本質上來看，它比較適合小女生的品味，更進一步限制了客源。這個主題公園在剛成立的頭三年裡，一直處於血本無歸的狀況，批評者嘲笑它是一個「昂貴的盒子」，全都是包裝卻沒有實質的內容。[18] 對於一個像日本這樣重視包裝的國家來說，這真是狠毒的一拳。辻信開始調整節目和賣點，以投合更廣泛的品味，或者說是投合他自己的喜好。「如果舞者不夠性感，爸爸們就不會來看秀，」他對美國的記者就事論事地解釋，[19]「我們不能做色情表演或裸露酥胸，但是我們可以秀出丁字褲。」終於，彩虹樂園開始小幅獲利。但事實上，不是因為丁字褲或爸爸們，而是因為青少年和年輕女性。女生們喜歡華原。

隨著鏡頭的轉動，這位想必非常富有的年輕歌手，與一位穿著毛絨絨、真人大小 Hello

Kitty 戲服的演員，手挽著手一起漫步。然後她開始在禮品店裡大肆掃貨，在一個又一個的粉紅籃子裡，裝滿了三麗鷗的所有產品，文具、家庭用品、巨大的絨毛娃娃。所有的這些東西全都被裝進一個個巨大的塑膠提袋，被一夥穿著黑色西裝，看起來像個卡哇伊小販的搬運者，迅速提走。儘管華原看起來似乎是一個健康、成熟的女性，但是她的一言一語、一舉一動，都像是個被刺激過度的學齡前兒童：她手舞足蹈，純粹出於興奮而發出尖叫，像隻兔子跳來跳去。在舞台上，華原的身影非常震撼人心：專注、進取，以嘹亮的聲音傳達情歌，但是又能保有相當成熟的音色。然而，在這公開的場合裡，她成了卡哇伊的化身：是貨架上的產品有血有肉的真人版本。不論她這是在裝模作樣，或是單純地被觸動了內在的童心，這兩者之間的落差著實令人驚訝。一個演藝實力處於巔峰的成熟女性，表現出來的行為卻像是個大嬰兒，這與天后的形象實在很不搭調，至少與當時全球引領潮流的性感西方歌手，諸如瑪丹娜（Madonna）、席琳・狄翁（Celine Dion）、唐妮・布蕾斯頓（Toni Braxton）的形象很不符合。

華原在彩虹樂園的表現，讓人奇特地想起了一九九〇年代早期的一群美魔女：暴女（riot grrrls），一群出現在頹廢搖滾年代非常放蕩不羈的女子樂團。這些 lo-fi（低傳真）音樂的先鋒，環繞著一個名為 Bikini Kill 的龐克樂團運行，宣告了一群新興女性人才的誕生，她們為自己而唱，而不是為男人而唱。在一個被老邁的舞台搖滾歌手、頭髮灰白的重金屬樂手和虛無頹廢的表演掌控的年代，這些暴女為美國的搖滾界注入了一股新鮮的空氣。

從表面上來看，暴女與卡哇伊的日本偶像截然不同。暴女是原始粗獷、憤世嫉俗、主動挑釁、一點都不可愛的。像華原這樣的偶像，曾經（現在依然）被刻意地經營，是被塑造出來的，而且是賞心悅目的。然而暴女以童年的意象本身來說並不陌生。Bikini Kill 的凱薩琳・哈娜（Kathleen Hanna）經常戴著髮夾，綁著馬尾表演；Babes in Toyland 在她們的影片中布置了真人般的娃娃；Courtney Love 穿著破爛的娃娃裝，一邊嘶吼著關於虐待和性別歧視的刺耳歌曲。性別歧視者無視於暴女團體所傳達的女性賦權訊息，反而津津樂道地批評她們挑逗的演出，嘲笑她們的打扮有如「雛妓」（kinderwhore），貶抑暴女永遠都是憤憤不平的男性憎恨者。然而她們真正所傳達的意義是，顛覆了傳統上充滿男性賀爾蒙的搖滾產業體制。小辣妹們，穿著自己版本的「kinderwhore」裝扮，公然拒絕放棄她們童年的樂趣，並且從上班族身上搾取出一點零用錢。從整個社會的角度來看，她們頗能呈現出日本整體的樣貌。尤其是華原，她在舞台上是個性感歌手，在黃金時段的電視上，又能像個超齡的學齡前兒童公開地表達對 Hello Kitty 的喜愛，擺盪在這兩者之間，她對新一代的青少年粉絲來說，幾乎憑一己之力就讓小孩子的玩意變得超酷。

從上一代學生抗議人士的角度來看，小辣妹並不是反主流文化的叛逆者，也不是對文明社會比中指的龐克。她們只是透過消費自己喜愛的產品，以一種消極的方式削弱男性主導的消費文化根基。事實證明，這具有驚人的破壞力，甚至比暴女的努力更有效果。最早被女學生的鑑賞力所顛覆的產業是卡拉ＯＫ，長期以來，這一直是上班族的地盤，他們在煙霧瀰漫的女侍俱樂部裡，以小時計費，低聲吟唱。在一九九〇年代初期，女孩們幾乎一夜之間將唱卡拉ＯＫ的人口從老年人和男性，翻轉為年輕人和女性。結果，卡拉ＯＫ和整個日本的音樂產業都圍繞著她們的品味發展。

這種巨變不是可以計畫或預測的，這是一項新科技所帶來的意外結果：數位化，隨選卡拉ＯＫ串流。存檔對卡拉ＯＫ來說一直是個問題：格式變化很快，將一個人收藏的八軌錄音帶更新為卡式磁帶或ＣＤ所費不貲。大約是在一九八〇年代末到一九九〇年代初，雷射影碟成為卡拉ＯＫ最終的傳送系統，它們看起來就像是超大的ＤＶＤ：閃閃發光的銀色盤子，像黑膠唱片那麼大。儘管這個媒介是類比而非數位的，但雷射影碟的工作原理跟ＤＶＤ很類似。它們可以儲存音樂和影片，使用者只需按一個按鍵，就可以從一首曲目跳到另一首。最大的雷射影碟「轉盤」，是個冰箱大小的裝置，可以容納多達一百四十四張像盤子大小的碟片，彷彿回到點唱機時代的音樂設備。然而，即便如此，也無法跟上不斷擴大的流行音樂曲目，因為要花上好幾個月的時間才能完成一張ＣＤ或雷射影碟的授權、製作、印刷和發行。在卡拉ＯＫ

出現的早期，沒有辦法唱最近流行的熱門歌曲。

要解決這個問題並不像發明火箭那麼難，但也很接近了。它是由電漿物理學家安友雄一所發明的。一九九二年，他發明的 tsushin karaoke（通訊卡拉OK）（或用更現代的說法「串流卡拉OK」），開創世界上第一個真正流行的數位音樂傳送服務。它原本是為了卡拉OK酒吧和它們的中年顧客準備的，然而卻在青少年之間大受歡迎，這個趨勢徹底改變了日本的流行音樂界。諷刺的是，這項發明是由一個對卡拉OK完全不感興趣的人所創造。

「我從來不唱歌。」[20] 安友博士在名古屋市區的辦公室裡這樣說。早已從這個行業退休的他，一直在一家科技育成中心裡指導新創企業。「你唯一會看到我手裡拿著麥克風的時候，就是當我被捉弄的時候。抱歉。」他是一位低調的受訪者，帶著諷刺、自嘲的幽默感，當他在白板上為我畫出他的卡拉OK隨選系統時，變得異常興奮。「除了原本的薪水之外，我從來沒有從這東西撈到任何好處，」他一邊畫一邊笑著說，「我的老婆好像總是說，『你是怎麼了？』」

電漿物理學跟卡拉OK似乎不太像是會搭在一起的東西，但到了一九八〇年代，卡拉OK已經是一門大生意。就像色情行業刺激了美國一連串通訊技術的發展一樣（例如拍立得相機、錄影機、有線電視、付費電話服務，還有網際網路的廣泛使用部分也要歸功於淫穢內容的流行），日本的卡拉ＯＫ產業也刺激了這裡的影音技術發展。[21] 這對於媒體儲存和內容傳送系統來說尤其是如此，有了容量愈來愈大的格式，便能夠盡快為客戶提供更多的歌曲。卡拉ＯＫ的影響在音樂界之外也能感覺得到。任天堂最早期的機型 Family Computer 或稱做紅白機（Famicom），也就是任天堂娛樂系統的前身，曾經把麥克風整合到它的控制器之一，期待軟體公司會發行卡拉ＯＫ卡帶；而且如果沒有卡拉ＯＫ，我們可能也永遠無緣看到 Sony 的 PlayStation。Sony 的高層原本不願投入一九九〇年代家庭電玩遊戲「主機大戰」所需的巨額資金，之所以會放行，是因為他們相信，將遊戲機買來當

安友雄一，卡拉 OK 串流的先鋒。

做歌唱機的人，會跟買來玩遊戲的人一樣多，甚至更多。[22]

安友一直對電腦深感興趣，他在物理研究的過程中，大量使用了電腦。在完成博士學位之後，他加入名古屋的一家印表機製造商（之前是一家縫紉機公司），這家公司名字叫做Brother。他的第一個專案是設計一台軟體自動販賣機。遍布日本全國網絡的TAKERU自動販賣機，可以讓使用者將程式下載到他們的軟碟上，為軟體公司節省了製造、儲存和配送的成本。事實上，它們就像是你必須親自到訪的網站一樣，但是這太過先進了，Brother公司很難從中獲利。所以安友想出了一個點子，讓這些機器可以一魚二吃。白天，它們可以一如往常地販賣軟體；但是下班之後，一旦電腦商打烊，這些機器就會悄悄地變成卡拉OK的伺服器，利用數據機和電話線延伸到日本各地，把最新的歌曲傳送到尚未開發的數位卡拉OK機上。理論上，任何酒吧、咖啡店或卡拉OK廳，只要購買了一台這樣的機器，就再也不用購買實體的卡帶了。

在此強調的是「理論上」。今天，我們理所當然地認為各式各樣的內容都可以用數位傳輸，但這件事情的發生，遠早於網際網路將這一切變成日常生活的一部分之前。對於當時的科技來說，這是相當了不起的。由於電話線的容量有限，安友無法傳輸實際的數位錄音；取而代之的，這些歌曲需要以一種稱為MIDI的格式呈現，看起來就像數位樂譜一樣。MIDI文件本身並不是一首歌，而是一份指令，讓電腦可以當場將它合成。不幸地是，MIDI的聲音遠不如真正的錄音好聽，因而有許多人認為他的系統很瘋狂（「這是什麼刺耳的狗屎？」一位卡拉OK的高層對向他展示這套系統的安友咆哮）。這套系統也無法提供音樂和歌詞以外的任何東西，沒有伴隨的影片，而這在配有雷射影碟的俱樂部，已經是很常見的東西。這一切都是為了方便。一旦一首歌被數位化，它就可以立刻被傳輸到任何一台電腦化的卡拉OK機上。

另外一個小問題是：成千上萬首的歌曲需要手工翻譯成MIDI格式。安友沒有被嚇退，他雇用了一百名數據輸入專家，其中有四十名是當地音樂學院的學生。團隊成員俯身在鍵盤前、戴著耳機，一邊聽著歌曲，一邊把音樂一小節、一小節地輸入電腦。這是一件緩慢而枯燥的事情，沒有app或工具可以協助他們。聆聽一首歌曲的片段，然後將它轉錄為MIDI，聆聽輸出的結果，然後再修正代碼，這一個聽聽停停的過程，即使是一首簡單的歌曲，也可能得花上一週的時間處理，更複雜的音樂則可能需要一個月。整體來看，全天候輸入數據的這項工作，花了一年半的時間，它總共讓Brother公司付出了六億日圓的成本，接近當時的五百萬美元。它也讓安友在高頻範圍的聽力受到損傷，因為他在整個過程中，花了無數個小時在聆聽那些刺耳的歌曲。

他的第一款串流卡拉OK機於一九九二年問世。喜愛演歌的中年族群，在他們的女公關俱樂部裡，用那閃閃發亮的雷射唱盤，哼唱著老歌，一點都不在乎這個新東西，所以 Brother 公司很難說服商家購買他們新推出的串流卡拉ＯＫ機。真正讓情勢轉變的，是在一年之後、一九九三年推出的第二款。原因很簡單。安友捨棄了傳統的卡拉ＯＫ中年粉絲所喜愛的演歌，轉而聽從年輕助理的建議，從日本流行音樂排行榜上蒐集最新的熱門歌曲來建立資料庫。

突然之間，卡拉ＯＫ包廂外面大排長龍，幫他的機器打了個大廣告。孩子們不在乎這些音樂聽起來有多刺耳，這是他們的音樂。終於，他們可以唱自己想唱的歌了。兩年之內，超過六成的卡拉ＯＫ場所，從光碟轉向由 Brother 和它的競爭對手製造的串流媒體系統。不過，比市佔率更重要的事情正在發生。

當消費者在唱歌的時候，串流卡拉ＯＫ機也會追蹤他們所選擇的每一首歌。這樣做的表面原因，是為了統計播放次數以計算版稅，但是它同時也將每位參與者對歌曲的選擇轉化成一種投票。從此之後，一首卡拉ＯＫ的歌曲，不再只是過眼雲煙。很快地，唱片公司意識到，他們可以利用版稅數據來玩「魔球」（moneyball）那套，透過篩選，看看哪種歌曲最適合哪類歌手、哪種歌曲會最受歡迎。依靠報告的詳細程度，甚至可以根據人口統計數據來預測唱歌的人是誰。例如，你知道某台位於情趣旅館的機器，一首老式的演歌唱完之後，接著唱的是一首青少年偶像的歌曲，你就可以相當確定某些「援助交際」正在進行。

所以，安友意外地發明了他現在稱之為「音樂大數據」的技術。[23]在隨選卡拉ＯＫ發明之前，只有少數幾首日本單曲能夠賣出一百萬張。在它首次亮相之後，像這樣暢銷的單曲在一九九三年就有十首；兩年之後，這個數字上升到二十首。一年銷售兩千萬張單曲！相較之下，在英國，整個一九九〇年代只有二十六首單曲賣到一百萬張。這對於任何一個國家的音樂產業來說都是前所未有的，更別說是一個處於可怕經濟衰退當中的國家了。而這一切都要歸功於卡拉ＯＫ，或者更準確地說，要歸功於那些熱切地將卡拉ＯＫ融入社交生活的年輕人。

女學生是最早採用串流卡拉ＯＫ的熱愛者之一。這是一種便宜的社交活動，也是一種跟她們的偶像女神——例如Kitty迷華原——連結的方式。事實上，在很多方面，華原職業生涯的成功要歸功於卡拉ＯＫ。她的男朋友兼製作人小室，是最早意識到連網的卡拉ＯＫ機不只是單純音樂播放器的人之一，它們代表了直通年輕粉絲內心的管道。除了來自安友數千台卡拉ＯＫ機的數據之外，他和他的唱片公司Avex，還額外做了街頭調查和高中女生的焦點小組訪談。他們用這些數據來安排一切行動，從該剪輯什麼樣的單曲、該寫什麼樣的歌詞，到表演者在舞台上該穿哪一套服裝都遵照指示。[24]很明顯地，年輕人想要的，是看起來和聽起來都跟他們很相似的偶像。在西方，是以狂野的和弦為武器的龐克搖滾歌手打破了專業人士和業餘者，以及創作者和消費者之間那道無形的牆；在日本，則是女學生和串流卡拉ＯＫ。在工作室裡甚至還沒有寫下任何一個音符之前，歌曲的可唱性就已經開始影響整個創作的過程。早在一九七〇年代，那些彈唱藝人就意識到卡拉ＯＫ會搶走他們的飯碗。他們是對的，但是沒有人想到，它竟然也影響了受過專業訓練的歌手的職業生涯。

隨著日本流行歌手的走紅條件轉而憑藉男女學生模仿他們的能力，而不再是歌手本身的才華，像華原這樣純潔可愛的歌手，以及諸如名稱叫做SMAP、Tokio、嵐這類散發陽光活力的男團，在流行排行榜上取代了傳統的搖滾樂手和歌手。這樣的調整，讓小室這類精通卡拉ＯＫ的王牌製作人大發利市。「你不必永遠都當第一名」這句歌詞，締造了SMAP在二〇〇三年大受歡迎的專輯《世界上唯一的花》。這原本是一首療癒歌曲，歌中充滿了愛與接納，不過他們也可能一直在唱著關於日本的處境，經歷了如此漫長的經濟衰退，有些人開始懷疑它是否有可能好轉。

一九九五年是最艱困的一年。一月的時候，一場地震將神戶大部分地區夷為平地。政府的反應徹底失靈，等了七十二小時才派出自衛隊的救援人員前來協助，以至於當地的一個黑道組織介入來發放食物和物資給受困的居民。[25]僅僅幾個月之後，在三月，一個叫做奧姆真理教的世界末日邪教組織，在擁擠的東京地鐵車站釋放人造的神經毒氣。這次恐怖攻擊造成十三人死亡、五十人重傷、一千多人生病。整體來說，這些事件引起了一些令人不安的問題，究竟到底是誰（如果還有任何人的話），真正能負起責任。

日本國內和出口消費經濟的支柱，例如高科技製造商日立、東芝、三菱和NEC，正在將巨大的市場佔有率拱手讓給亞洲的競爭對手。一九九八年，當美國總統柯林頓訪問亞洲時，發生了幾年前無法想像的事情：他跳過了東京。隨著美國的政商領袖熱切地將目光轉向崛起的中國和南韓，那些曾經譴責美國打壓日本的同一批日本政客，開始為所謂的「日本無用論」（Japan passing）而煩惱。

長期的經濟困頓，對年輕的國民產生了深遠的影響，而大眾媒體也敏銳地記錄了所察覺到的社會崩壞。諸如繭居族（拒絕上學、甚至拒絕離家的人）、學級崩壞（教室裡的混亂）之類的名詞，也成了流行用語。大學畢業生，不論男女，都在人事凍結期間拚命地找工作，狀況如此嚴峻，以至於後人將此段期間稱為就職冰河期。[26] 數以百萬計的人從未從事過任何職業。這些孩子們，情況似乎不太好。

感覺一切都變得一團糟，一個曾經偉大的國家正在分崩離析。由於無法達到成人該有的里程碑，日本有愈來愈多年輕人從主流文化轉向次文化。愈來愈多年輕男女將自己沉浸在精采的幻想世界裡，為自己塑造新的認同，成為漫畫、電玩和動漫達人。最驚人且最具全球影響力的變化，發生在東京的時尚中心澀谷和原宿。女學生和年輕女性塑造出新的認同並創造出新的溝通方式，她們的工具包括可以傳簡訊的袖珍型呼叫器、行動電話，以及使用全世界最早提供的行動網路之一。脾氣暴躁的大人批評說，這些行為是在逃避責任，使一個曾經讓人感到驕傲的社會退化到嬰兒時期，是一次大規模的輟學；但是那些身處其中的人清楚地知道，全新的時代就要來了。

走在尖端的年輕消費者，以前所未有的方式聯繫，他們不斷渴望連結，形成新的社交網路，將日本的城市街道轉變成文化創新的培養皿。在泡沫破滅下傷痕累累的經濟中，怪咖跟女學生成了最後的消費者。《大逃殺》也許是虛構的，但虛構的成分可能不多。

一九九六年的聖誕夜，大約是Kosuge的吉普車在京都銷售之後的五十一年，一款新奇的產品出現在東京。它幾乎跟Kosuge的廢錫吉普車一樣，抓住了時代的精神，成千上萬的日本人在玩具店外排隊，希望有機會擁有一個這樣珍貴的新玩具。不過，這一次，玩具不是用廢棄物製成的。在許多方面，它代表了最先進的電子工程：一個由矽谷的電腦晶片所驅動郵票大小的迷你液晶顯示器，內部的這些高科技包裹在一個彩色塑膠外殼裡，這個設計是特別用來吸引女學生的。它被稱為Tamagotchi（電子雞）。

Tamagotchi是由日語tamago（雞蛋）和uocchi（手錶）所組成的一個詞。這個手掌大小的電子雞，類似於攜帶型電玩，但是重點不在於敲打磚塊或是和入侵者作戰。在迷你的黑白螢幕上「住著」一個小斑點，就像一隻真正的小生物一樣，需要持續地關注。如果餵養得當、適度灌溉，並且在牠們（真的也像小動物一樣）「噗噗」之後確實清掃，一隻電子雞會經過一系列的階段「長大」，牠最終的外表、態度和特質都取決於你在牠嬰兒期和青春期的養育方式。它的好玩之處在於它沒有關機按鈕。打從你拆開包裝的那一刻起，你就要對這個微小的數位生命負責，有義務回應牠呼叫關心與滋養的嗶嗶聲。在任何時候，不論任何原因，如果你讓牠獨自閒置太久，牠都會枯萎而死，在牠死去的時候，你會看到一個鬼魂徘徊在一個由幾個像素所組成的小墳墓上的淒涼景象，代表牠的生命已經走到終點。

排便和死亡聽起來不像是美好時光的配方，更不要說是暢銷產品了。但是企業家橫井昭裕並不這麼想。[27]一九九五年初，他萌生了製作這個玩具的想法。他是玩具龍頭Bandai（萬代）的前員工，經營著一家名為Wiz的設計公司。就像幾十年前小菅的錫製玩具工作室一樣，橫井的公司本身並沒有真正在銷售玩具；Wiz把他們的點子賣給更大的製造商，其中主要是賣給他的前雇主。橫井最新的作品來自於他對動物的熱愛，他在家裡養著貓、狗和一隻鸚鵡，而在Wiz辦公室的中央，則是一個三百加侖的鹹水缸，裡面盡是異國情調的熱帶魚。他最討厭的事情是，每當他必須出差的時候，就得把牠們拋在身後。電子雞，就如他和他的部屬在接下來的幾個月所發展出來的構想，是一種你可以隨時隨地攜帶的寵物，以一種經過特殊設計的小裝置呈現出來，你可以從牠還是一顆蛋照顧到牠孵化長大。

他的合作對象是真板亞紀。[28]一九九五年的夏天，當橫井的企劃書出現在她的辦公桌時，她年方三十歲，是萬代的市場行銷專家。企劃書上面畫了一幅卡通，是一名手腕上戴著電子雞的男子跳起來採取行動。另一幅插畫是電子雞被擺在一個看台上，側面有一個原始人的小身影。這絕對是小男孩的幻想。真板很喜歡這個構想，但是這個提案所訴求的觀眾不對，她認為應該由小女生來做這個幻想。經過多次開會，橫井和真板的團隊開始改進這個玩具的設計。

為了降低成本，電子雞的螢幕必須很小：一個只有十六乘三二畫素的矩形。頭大身體小的原則，是讓 Kitty 和瑪利歐擁有生命力的設計元素。但只是卡哇伊，現在已經過時了，橫井想尋找一些更新奇的特色。在翻閱女性時尚雜誌尋找靈感時，他發現了一些有趣的東西。[29]它們頁面裡的許多插畫都是很刻意地保持原始質樸，它們看起來不像平面設計，反而更像是學齡前兒童的爸媽會很自豪地貼在冰箱上展示的東西。他以前見過這種東西，通常是出現在四格漫畫之中，但它似乎已經成為少女雜誌預設的平面設計風格。熱愛者稱這種風格的畫家為 heta-uma（拙巧）——意味擅長於把東西畫得很笨拙。Hello Kitty 很可愛，但她也是一個技巧嫻熟的平面設計。瑪利歐也是如此，隨著電玩技術在後續版本的精進，瑪利歐也從塊狀的原型變成更加細膩、輪廓分明的卡通人物。拙巧角色的部分魅力，就在於他們看起來就像是消費者自己塗鴉出來的東西。

但事實上，拙巧需要很多的技巧才能成功。橫井舉辦了一場內部的人才競賽，類似三麗鷗在一九八〇年用來決定 Kitty 產品經理的比賽。得獎的插畫來自於一位名不見經傳，才剛被雇用的設計師白椿洋子。她當時二十五歲，只比這個產品所設定的女學生族群大一點點。[30]從藝術學校畢業到進入 Wiz 工作的這四年間，她大約換了三十份工作勉強糊口，從零售業務到東京紅燈區歌舞伎町的女同性戀酒吧服務生，她幾乎什麼都涉獵過。她對電子雞的想像甚至比 Kitty 或瑪利歐更加樸素。它看起來就像是如果十八世紀著名的生物分類學家卡爾·林奈（Carl Linnaeus）為三麗鷗工作的話，可能會畫出來的東西。白椿僅使用最模糊的特徵，就能夠讓人清楚辨識出這個小斑點的演化樹：用原點或破折號畫出眼睛，有些長著小小的耳朵，有些地方似乎隱約暗示著鳥嘴，或代表著嘴唇？那是隻海星嗎？還是某種單耳兔？牠們非常怪異，但同時又可以一眼就認出來。

現在牠們有了自己的特徵，接下來就是改善電子雞的外表了。為此，真板和她的同事帶著塑膠外殼的模型在街頭做市調，邀請路過的小辣妹評倫她們最喜歡的形狀和顏色。[31]他們的第一個目的地是東京的時尚區原宿。原宿距離小辣妹聚集的澀谷僅一站的距離，那裡的高檔精品店散發出一種令人嚮往的精緻感，使得這裡有點像是小辣妹的童話仙境。這附近主要的景點是表參道，兩旁是高聳的觀賞用櫸樹，這裡在過去和現在都是香奈兒、愛瑪仕和其他許多她們夢寐以求的外國奢華品牌的旗艦店所在地。但原宿真正的核心與靈魂潛藏在視線之外，在高檔時尚的後頭。

相較於表參道的華麗閃亮，原宿的後街是一個小巷子和死胡同交錯的曲折迷宮。其中最著名的竹下通，是一條城市的散步街道，小店鋪在這裡兜售便宜的服飾、甜食，以及來自世界各地流行歌手的海報給渴求的年輕人。當一個人愈加深入迷宮，外國奢華品的影響力消失了，取而代之的是，你可以沉浸在無數當地小服飾店的奇特氛圍之中，這些店家供應著各種奇裝異服給最小眾的市場。在被大家稱之為裏原宿的區域內，即使是教室裡最循規蹈矩的學生，藉由不斷地改變認同，也被賦予了重新想像自我的權力。她們的裝扮從穿著厚底高跟鞋的海灘芭比辣妹，到穿著黑色、鑲著褶邊的哥德羅莉塔（Gothic Lolitas）裝扮都有，哥德羅莉塔看起來就像寄宿《阿達一族》之後來到仙境的愛麗絲。男孩們也是如此，從一九五〇年代牛仔裝和皮夾克裝扮的飛車黨，到裝飾著華麗亮片和《七龍珠》風格髮型的雌雄同體視覺系華麗搖滾歌手，各式各樣的時尚打扮都有。他們如此投入，以至於迫不及待週末的到來，屆時來自日本各地的時尚怪咖都會蜂擁而至，在那些禁止車輛通行的街道上跳舞。原宿不只是一個街區而已，更是一種心理狀態。

換句話說，這是一個測試像電子雞這種奇怪玩意的理想群眾。在日本盛夏之際的八月，萬代的員工在原宿和澀谷的街道上進行市調，盡可能地找到最多的年輕女性，從中學生到上班族，向她們展示電子雞可能的外觀模型，並請她們提供回饋意見。這些電子雞的外型有些是圓形的、有些是長方形的，有些則是橢圓形的。在隨後幾輪的調查和修改之後，蛋形成為最受歡迎的形狀。當女孩們最後開始詢問，她們是否可以保留這些色彩繽紛的樣品時，真板知道他們走對了方向。電子雞幾乎準備離巢了。但是這些市調只確定了受訪者認為這個產品的外觀看起來是否可愛，沒有人知道顧客是否真的會付錢去清理數位寵物的大便。對於這個迄今從未想過的問題，他們只能先推出產品，再等著瞧了。

真板在甚至還沒有到街上做市調之前，就得到了第一個建議，要求把電子雞從錶帶上拿下來，掛到鑰匙鍊上。這有雙重理由。首先，小辣妹喜歡在她們的手提包掛上鑰匙鍊和其他小飾品；但更重要的考量是，一個女生也許會，或也許不會戴手錶，但是她絕對不會沒帶「口袋鈴聲」（日語指袖珍型呼叫器）就出門。把電子雞變成手持的裝置而非手錶，可以讓它和這個不可或缺的配件更緊密結合。

有些人可能不記得了，袖珍型呼叫器是手機問世前的產品。這個小小的裝置大約有火柴盒一半的大小，厚度則可能是它的兩倍，在其一側有一個小小的黑白液晶螢幕。手機出現之前，呼叫器最初的用途是讓醫生和商人與辦公室保持聯繫，它們唯一的功能是顯示來電者的電話號碼。每個呼叫器都有自己的電話號碼，你可以把號碼提供給任何你想保持聯絡的人。如果他們在你外出時想聯絡你，可以打電話給你的呼叫器，呼叫器則會顯示他們輸入的回撥號碼，並發出嗶嗶聲來提醒你（這就是為什麼它的暱稱叫做「BB Call」）。一九九三年，它的月租費下降到大約三千日圓（約三十美元），青少年頓時可以負擔得起了。它們像野火般在這個新的人口族群蔓延，流行的程度到了甚至有一部黃金時段的日劇就叫做《呼叫器戀情》，而且成了當年的熱門節目之一。

一九九〇年代初期，呼叫器在美國年輕人之中也很流行。區別在於使用的人口特徵。在美國，它們跟學生沒什麼關聯，跟它們扯上關係的是毒販、皮條客和饒舌歌手。但即使是這些人，也跟任何受人尊敬的醫生或律師以同樣的方式在使用呼叫器：用來接電話。可是在日本，卻有一群默默無名的創意思考者，將它們重新定位，當做最原始簡訊的臨時傳送裝置。我們永遠無從得知是誰突發奇想，發明了這個特殊的生活密技，但很有可能是一名女學生，因為她們才是這個新詞彙真正有影響力的使用者。

由於日語的特殊性，數字的發音有許多同音字，這有助於她們的實驗。所以如果你正在呼叫的人知道你在玩什麼把戲的話，你可以輸入一串數字，它們可以被當做文字來閱讀。你可以輸入 3341（sa-mi-shi-i，我很寂寞），來取代回撥號碼；針對你的這個訊息，收到的人可能會回覆 1052167（do-ko-ni-i-ru-no，你在哪裡）；你則回答 428（shi-bu-ya，澀谷）。這些簡訊是胡亂拼湊而間接的，這個技術最早的使用方法，是用數字代碼代替回撥號碼，所以需要事先討論好，以便收信者知道是誰在發簡訊。儘管如此，這種廣受歡迎的作法仍然代表了一種早期的手機簡訊形式，而日本的女學生是全世界最早將這種如今已經很普遍的習慣融入日常生活中的人。

事實上，她們如此瘋狂發簡訊，以至於女學生的用戶數很快就超過了上班族。這在一九九〇年代中期引發了一場特殊的日本電信技術競賽，大家競相推出專為女孩所設計的新產品。一季接著一季，製造商推出一系列全新功能的新產品，提供給愈來愈精通科技、愈來愈有鑑賞力的一群人。一開始是能夠顯示字母和日語字體的能力，然後是漢字；接著是現代表情符號的始祖，心型和笑臉的基本圖形。所有的這些功能全部都整合到呼叫器裡，專門用來吸引日本的女學生。到了這個現象的高峰期，在一九九六年，有一千萬台BB Call在日本的街頭流轉，其中大多數是女性在使用，而這群女性大多數都不到二十歲。[32]雖然呼叫器一開始不是針對她們而設計，但是藉由這個生活祕技裝置，女學生把自己從消費者變成了創新者。用外行人的話來說，她們是日本通訊技術的超級用戶和潮流引領者，而且整個日本的科技產業都心知肚明。

就某種意義上來講，電子雞可以說是一種去掉了通訊技術的BB Call，裡面填滿了一堆超級卡哇伊的吉祥物，而不是電話號碼。

這是一九九七年初。電子雞不只暢銷，

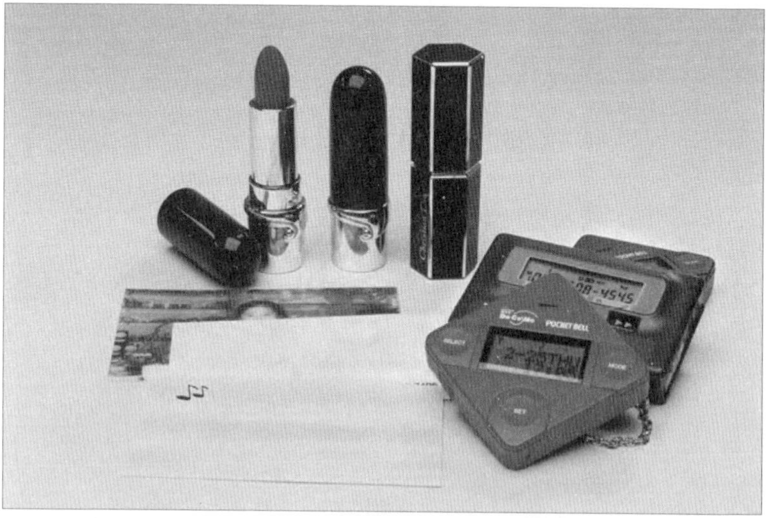

袖珍型呼叫器、口紅和名片，被譽為一九九〇年代年輕女性必備「三神器」。

它還成了一個全面的大流行。萬代幾乎無法滿足市場需求，老是缺貨，每一家玩具店都大排長龍，但店裡只有少量的存貨。位於時尚區的玩具店Kiddyland，排隊人潮有時會一路從表參道延伸到五條街之外的原宿車站。

宮澤艾瑪是個八歲的孩子，就像大多數同年齡的小女孩，她非常想要擁有一隻自己的電子雞。[33]但是她買不到，因為到處都賣光了。但艾瑪有個絕招。她的祖父是日本前首相宮澤喜一。

艾瑪的生日快到了。她告訴祖父，她真正想要的是一隻電子雞。現在喜一退休了，時間多得是。她想要他帶她去玩具店嗎？是的。於是在一個冬天的下午，一輛

「大頭貼」拍照亭原先的用途是讓上班族列印自己的照片貼在名片上，也成了一九九〇年代的女學生重新利用的另一項技術。她們與朋友交換自拍照，收集她們社交圈名符其實的「臉書」。

豪華轎車載著艾瑪、祖父和一名特勤人員，停在原宿 Kiddyland 外頭的路邊。

喜一，這個曾經是日本最有權勢的人，審視著他以前治理疆土的這個角落。到目前為止，排隊的人龍已經長達數百人，在入口處附近聚集了許多人，糾結成一團。情況看起來不妙。但是喜一是個見過大風大浪的人，老布希總統有一次在晚宴上還嘔吐在他的大腿上呢。相較之下，這點混亂算不了什麼。

喜一牽著艾瑪的手，昂首闊步地走向 Kiddyland 的大門。多年後，艾瑪回憶，她聽到他們家族的姓氏在人群中此起彼落地響起，然後大家就像「《十誡》中的紅海一樣自動地分開」。這是她第一次意識到，祖父和其他人有什麼不同。

現在，這三人小組抵達了排隊隊伍的最前頭。喜一表現出前任國家元首才會具備的莊重舉止，向捍衛日本流行文化最新珍寶的店員開口。

「請給我一隻電子雞。」

這位 Kiddyland 的員工看了前首相一會兒，然後再看看他後頭興致勃勃大排長龍的民眾。

「先生，我恐怕得請您去排隊。」沒有例外，即使是前首相也一樣。這就是電子雞需求最狂熱的高峰期。

這顆數位小雞蛋在日本社會大流行之後，便跨越國界，征服了北美和歐洲。在首次亮相兩年之內，全球有四千萬隻電子雞在螢幕上生活、吃喝拉撒，並且為牠們的共同創造者贏得了一九九七年的搞笑諾貝爾經濟學獎（以表彰他們將數百萬個工時轉移到虛擬寵物的飼養上）。事實上，這一系列的產品依然很暢銷。截至二〇一七年，它的二十周年慶，當時賣出去的數量已經是這個數字的兩倍。電子雞長壽的原因就在於進化。在卡哇伊文化的大圈子裡，一些最新版本的產品，事實上會將三麗鷗的角色融入到情節裡，讓玩家可以創造出傳統電子雞和 Hello Kitty 超級可愛的組合，儘管可以預料得到，為了避免發生不宜的情況，功能有些受限，這或許會讓人有點失望。傳統的電子雞可能會大便或死翹翹，但是 Kitty 是否有正常的消化道或來世，關於這個問題目前依然是個謎。

與食品和漫畫等諸多文化出口品不同，日本流行音樂未能在西方找到立足之地。你很可能從來沒聽過華原，或甚至更成功、小辣妹最喜愛的安室奈美惠、濱崎步或宇多田光。憤世嫉俗的人可能會說，這是因為她們是在獎勵平庸的制度下的產物，但事實上，日本並不缺乏音樂人才。偶像之所以能夠引領風潮，是因為主流的日本流行音樂是一個資料庫的產物，這個資料庫強調快樂和逃避，而非精湛的技藝和工匠精神（二〇一三年，女子偶像團體 AKB48 的前團員指原莉乃在長年播出的綜藝節目《Waratte Iitomo》中，對一群小學生說：「你不需要練習唱歌和跳舞，現在大多數的偶像迷都是老男人，他們認為不會跳舞的女孩更可愛。」）。

然而，實際上，藉由各種方式，女學生的品味已經逐步滲透到世界各地日常生活的各個層面了。電子雞雖然可能有點蠢，但是它概括了許多我們如今認為理所當然的事情，隨著我們隨時隨地都能保持連結，日益數位化的生活方式出現了。這些女學生是第一個將科技裝置的價值拆解成單一標準的人：它如何將我和其他人連結起來？這是女學生的品味首次出現在全球的舞台上，日本的卡哇伊文化第一次以非Kitty的相關產品向外輸出。它也預告了全球趨勢在傳播方式上的深刻改變。

日本市場的這種特殊性，甚至使得最精明的外國公司都陷入困境。Apple在二〇〇七年推出iPhone時，立刻在全球大受歡迎，只有一個明顯的例外：日本。[34] 它敗就敗在一個地方，因為Apple沒有將emoji（表情符號）包含進來。

雖然「emoji」這個字在美國通常很自然地發音為「email」或「emotion」，聽起來很像英語，但這個詞實際上是由兩個日語單字所組成的：e（發音為「eh」）意思是繪，moji意思是文字。更好的翻譯也許是「象形文字」。但是就像其他日本獨特的發明，例如，samurai（武士）、sushi（壽司）、haiku（俳句）kaiju（怪獸），這些外來語一直被保留了下來，emoji也一樣。

這些小小的象形符號首先出現在一九九〇年代後期的日本手機上，這是簡訊和卡哇伊插畫文化自然的融合。隨著年輕女性興致勃勃地用小小的愛心、微笑和哭臉來為她們的簡訊添油加醋，她們也將表情符號從視覺化的標點符號提升為線上溝通的新語法。到了二十一世紀初，表情符號已經不再只是日本女性手機使用者可選擇的功能，它們已成為簡訊溝通的關鍵要素。然而當時的手機簡訊和數據服務功能，並未設計成可以跟競爭對手的平台相容。競爭對手並沒有合作或標準化的誘因，因此每家公司對表情符號的編碼都略有不同；所以某個人手機上的笑臉，可能是另一個人手機上的皺眉。因此在挑選手機時，男朋友或丈夫通常會傾向跟隨身邊女士的選擇。在日本，如果某款手機不受女性消費者的青睞，它不可能成功，就是這樣。Apple稍晚才意識到表情符號的重要性，這促使它和 Google 展開了一項複雜且進行多年的合作，將這些小圖案標準化，以供國際使用。二〇一一年，表情符號在 iPhone 的虛擬鍵盤上首次亮相，將其他人類發簡訊的方式全都轉變成日本女學生的風格。

在進入千禧年之際，好萊塢、紐約、倫敦和巴黎等文化中心，仍然是世界潮流的工廠。但是諸如用表情符號傳簡訊，以及電子雞這類的產品，代表了全球流行文化流動中的新漩渦。日本年輕人覺得有趣的事情，也愈來愈成為全世界年輕人感興趣的事情。儘管電子雞的風潮退去了，但是它為一隻更受歡迎的數位口袋型怪獸開出了一條康莊大道。那個為女學生設計的蛋形小玩意只不過是初試啼聲，它的後繼者將會決定性地讓全球的想像力日本化。關於這個故事是如何發生的，這需要稍微繞點遠路，進入到這個城市比較沒那麼時髦的地方，那裡住著一群一點都不時髦的人。

第七章

新動漫世紀

御宅族・/aʊˈtɑːkuː/

對特定類型或主題感興趣的人，他們對這些事物有超乎常人的知識，但是對社會的一般常識卻很缺乏。

——《廣辭苑》（日語字典），第六版，二〇〇八

絕大部分的日本動畫都是由無法忍受觀看其他人類的人所創作的。[1]

——宮崎駿，二〇一四

一九九七年七月十八日，《朝日新聞》刊登了一則奇怪的廣告。[2]它被夾在其他電影預告之間：已故的手塚治虫臉朝著左邊的《森林大帝》微笑，而一部叫做《電子雞：真實故事》

（*Tamagotchi: The True Story*）的動漫則放在右邊。但是這則廣告完全不像那些活蹦亂跳的宣傳，跟這些五顏六色的誘惑形成鮮明對比的是，它是一整面的文字牆。是一系列雜亂無章的敘述，總共三十三則。舉例如下：

絕望的海洋……殘忍的陌生人……對虛無的渴望……分離焦慮……危險的思想……孤絕……懷疑價值……空虛的日子……渴望毀滅……夢想的終結。

然後最後一句是：那你為什麼在這裡？

這份清單是什麼？症狀？遺書？來自一本自助出版書籍的作者刻意挑釁的廣告？全都不是。這些句子被放在一部叫做《新世紀福音戰士劇場版》的標誌上頭。這是一則動畫的廣告。對一部暑假檔電影來說，這看起來真是個掃興的宣傳。然而，它奏效了。年輕的影迷蜂擁到戲院，為了購買預售票，他們在電影上映前好幾週就開始大排長龍。《新世紀福音戰士劇場版》成為當年日本票房第四高的電影（排名第一的是另一部動漫：宮崎駿的《魔法公主》，明顯勝過《ID4星際終結者》和《捍衛戰警》等好萊塢大片）。[3] 稍後，《新世紀福音戰士劇場版》贏得一九九八年日本電影院業主協會「最具話題性的電影」獎項。[4] 不知何故，那一季這部令人感到難過的電影，竟然引起了轟動。

被社會摒棄的人，可能會認同《新世紀福音戰士劇場版》裡年輕的碇真嗣那樣孤獨而軟弱的主角，這並不令人驚訝。全日本的年輕人都在他身上，或這部電影裡其他同樣也在情感上受到創傷的角色中看到了自己。當《新世紀福音戰士》的黑色幻想吸引了全國的關注時，報紙頭條驚慌失措地評論「這股流行反映出一個生病的世代」。[5]如果他們更誠實一點的話，他們應該寫的是關於這個國家生病的文章。一九八七年的日本，在各方面都處於上升的趨勢；一九九七年的日本，則成為受到長期經濟衰退影響的研究案例，不論是在社交上，或是個人層面上都是如此。一九九五年的恐怖攻擊和天災發生之後，情況幾乎沒什麼改變；年輕人在看不到盡頭的經濟衰退中、在愈來愈黯淡的前景下，為未來的盤算苦苦掙扎。

《新世紀福音戰士劇場版》，是從一九九五年電視版《新世紀福音戰士》影集所衍生出來的。故事背景設定在二〇一五年，一場發生在南極的大災難導致地球人口減少一半之後的十五年，這部電影的主角是一位憂鬱的中學生，名字叫做碇真嗣。他有一個可怕的童年，他從來不知道自己的母親是誰，父親在他還是個小嬰兒的時候就失蹤了。故事開始的時候，真嗣被他長期缺席的父親碇源堂召集到充滿未來感的要塞都市第三新東京市。原來，父親一直不在身邊，是因為他掌管著一個叫做NERV的祕密情報機關。這裡已經建造了一系列巨型的生物力學機械生物，叫做福音戰士（Evangelion），這些生物只能由青少年從內部控制，因為他們的神經系統才能與這些巨型生物的神經系統完美地同步。碇源堂召集真嗣，並不是因為想見他，而是因為他少了一名駕駛員。有一種稱做使徒的可怕怪物正在攻擊地球，而只有福音戰士機器人可以阻止它們。對了，現在正有一個使徒朝我們而來。

由於身心多年來所受到的忽視，真嗣備感創傷，他鼓起勇氣拒絕了父親。然而恰好就在這個時候，一張病床被推了進來，上面躺著一位美麗的年輕女子，全身誇張滑稽地裹著白色的繃帶：她是一位前駕駛員。如果她必須回去，她就會死，而這將會是真嗣的錯。他還能怎麼辦？可以預見的是，使徒會將他打得稀巴爛，而他的父親則會無動於衷地袖手旁觀。在整個系列中，真嗣一次又一次地投入戰鬥，他發現自己的男子氣概不斷地受到能力更強的女性們挑戰，偶爾也會受到經過生物工程增強的企鵝挑戰。生活在精神徹底崩潰的邊緣，他唯一的逃脫，就是帶著他的Sony SDAT，這個隨身聽的高科技後續產品，蜷縮在他的床上。那些巨人、險惡的使徒，以愈來愈詭異，而且更加個人化的樣貌出現：其中一個一點都不巨大，而是偽裝成一位好同學闖入真嗣的生活，贏得了他的信任。真嗣被大人們遺棄在一個他無法掌控的危機所摧殘的世界裡，對於即將要發生的一切都毫無準備，但是未來完全掌握在這個脆弱的年輕人手中。我們所能做的，只是痛苦地看著他一路跌跌撞撞。

《新世紀福音戰士》是一家名為Gainax的動畫工作室當時最新推出的作品，這家公司就像真嗣一樣，不斷處在崩潰的邊緣。[6] 它的成員是透過大學的動漫迷圈子認識的，他們在那裡藉由製作一系列手工動畫短片來磨練自己的技巧，這些動畫會在日本科幻大會的開幕典禮上放映。特別值得一提的是一九八三年讓他們一舉成名的Daicon IV開幕動畫。這部沒有標題的五分鐘影片，主角是一位花花公子兔女郎風格的性感女孩，她穿著網襪翱翔在天空，上面集結著過去數十年來日本和西方流行文化的角色。除了哥吉拉、超人力霸王、黑武士和尤達這類的大人物，中間還有數百個受歡迎的卡通、電視、電影角色一瞬即逝。這是從動漫迷心理資料庫挑選出來的幻想拼貼，轉換成一個任何人都可以享受的視覺奇觀（即使你必須是個眼尖的阿宅才能真正找到所有的彩蛋，而這正是重點所在）。

它看起來專業到令人嘖嘖稱奇，然而這部作品卻是由十二名癡迷的粉絲，在一家舊紡織廠的髒亂房間裡通宵達旦創作出來的。[7] 所有的這些內容，都是明目張膽地未經授權，包括電光交響樂團（Electric Light Orchestra）的暢銷曲「Twilight」的配樂。這排除了這部影片正式發行的任何可能性，但也賦予這部作品一種令人興奮的非法血統。多年來，當粉絲們悄悄地在電影膠捲和錄影帶上彼此傳閱這部影片的副本時，它就像是某種視覺迷幻藥，使得動漫的形象更加光鮮亮麗，不再只是一部會移動的漫畫而已。這是一種龐克式的、無視法律的地下藝術形式。

一九八五年，這組人以 Gainax 為名稱組成專業團隊。

《新世紀福音戰士》在很多方面都很類似這部早期受到影迷喜愛的影片：它是一種拼貼混搭，引用並且回味了舊有的動畫和科幻片，巧妙地重新設計，並且融入了新的元素。近年來，沒有哪部動畫能夠像它那樣吸引年輕人，它也許跟歷來任何類型的節目都不同，是直接用視覺語言跟年輕人說話，而這種視覺語言自一九六三年《原子小金剛》首次亮相以來，在過去三十多年裡，已經變得驚人地複雜。《新世紀福音戰士》的工作人員永遠都落後進度，以至於最後播出的兩集，簡直就跟鉛筆素描差不多。[8] 當這些內容未能解開前幾集故弄玄虛所設下的謎團時，成年的粉絲們氣炸了。

我們很容易將《新世紀福音戰士》的現象看成是社會廣泛存在的青少年逃避現實的案例，認為他們在艱難時期退縮到幻想中，但是即使是這個節目最狂熱的粉絲，也沒有真的退出社會，他們本質上是在以自己的形象重塑時代精神。

《新世紀福音戰士》的創作者兼導演是當年三十七歲的庵野秀明，他頂著一頭亂髮、蓄著鬍鬚、永遠戴著墨鏡、一臉憂鬱神情。[9] 他非常了解自己的觀眾，因為他也是其中之一：一個御宅族。這個名詞源起於一九八三年，用來描述那些非常沉迷於流行文化（科幻片、動漫、漫畫或偶像歌手，或全部）的人，以至於這些東西成為他們整個生活的軸心。庵野對於動漫的看法會引起死忠動漫迷的共鳴，這毫不稀奇。但是現在他的作品吸引了廣大的觀眾，受歡迎的程度足以和宮崎駿這類主流大師媲美（事實上，宮崎駿在稍早幾年還曾經給過庵野從事這個行業的第一份工作）。

庵野的電視影集以及之後的電影獲得了驚人的成功，宣告了一個長期被嘲笑為小孩玩意的媒介隆重登場，這也代表了御宅族本身的一次偉大亮相。長期以來，他們被整個社會貶抑成過度生長的小孩，甚至一度被視為罪犯。對於一般的觀察者來說，他們撥雲見日的一刻，似乎是橫空出世，但是，當然完全不是這麼一回事。它是諸多政治、社會、次文化因素交織而成的高潮，其中一個因素，當然就是日本經濟實力的崩潰。另一個原因是年輕人在這個陌生新世界裡有被遺棄的感覺，他們被剝奪了社會安全網，例如曾經支撐著他們父母那一代的終身雇用制。但也許最重要的是，它實現了一個自一九八〇年代初就被遺忘已久的夢想。在這個夢想中，社會認同動漫不只是小孩的玩意，而是世界各地的年輕人一種新的表達方式。換句話說，這個夢早已被除了御宅族外的所有人遺忘了。

一九八二年二月，當第一道陽光在一個寒冷的冬季早晨掠過東京新宿商業區時，數百名男女在黎明破曉中擠在車站的東側，他們在冰冷的水泥地上蜷縮在毯子裡直發抖。[10]乍看，這個景象就像是戰爭剛結束時那段嚴峻的日子，但這裡是黃金地段，三麗鷗的第一家 Gift Gate 離這裡只有幾條街。他們並非難民，他們是正在等待一個特別活動開始的動漫迷。許多人都穿著戲服，對於這麼寒冷的天氣來說，這些衣服都太單薄了。但是他們不在乎寒冷。他們之所以來這裡，是因為他們對一九七九年的電視影集《機動戰士鋼彈》感到瘋狂，而這一天是它推出特別宣傳活動的日子。

《機動戰士鋼彈》是一部背景設定在遙遠未來的科幻動畫。地球過度擁擠迫使人類遷移到巨大的太空殖民地，鋼彈（Gundam）只是眾多被稱為「機動戰士」的大型機器人武器之一，在人類與「宇宙移民」之間一場壯烈的衝突中，由士兵駕駛來進行戰鬥。不同於兒童卡通裡正義戰勝邪惡的標準劇情發展，這個故事提供了好人和壞人雙方的角度。《機動戰士鋼彈》所環繞的，不是一個傳統、志向遠大、充滿男子氣概的主角，而是一位陰鬱、內向的十五歲電腦神童，名字叫做阿姆羅．雷，他根本不想與任何人戰鬥。阿姆羅在大人的強迫下，駕駛鋼彈投入戰鬥，根本沒有人在乎他對此事的想法。他發現自己出人意料的戰鬥技巧，並不能為他帶來滿足感，只有更多的創傷。然而，在黑暗中仍有一線希望。隨著戰爭達到可怕的高潮，阿姆羅變成一種新物種，一種具有精神感應能力的「新人類」（newtypes），成為星際中的一種生命，擺脫了地球重力的束縛。

就像一九七〇年代大多數的電視動畫節目一樣，這個節目的設計宗旨很明確：向兒童出售機器人玩具。[11] 在這方面，它失敗了。贊助這個系列的玩具製造商期望它的創造者兼這部動畫的導演富野由悠季，能夠製作出一部適合小學生觀看的節目，但是他所交出來的卻是一部刻畫戰爭的作品，裡面充滿著黑暗、陰鬱，並且沸騰著青春期焦慮的情緒，帶著挑釁的意味反抗體制、反抗獨裁、反抗一切，在這場戰爭中，每個人都輸了，即使是對那些所謂的勝利者也是如此。簡而言之，這是一部客廳電視螢幕裡的劇畫，而這完全理所當然，因為富野曾經幫手塚治虫的蟲製作公司畫過、並導演過很多集的《小拳王》。

大家會很容易將富野的這部作品視為是日本對《星際大戰》的回應，該片在一九七八年的夏天在日本上映。喬治·盧卡斯（George Lucas）的這部電影，就跟在美國一樣，也震撼了日本的觀眾，引發當地人對史詩型太空戲劇的熱愛。它對《機動戰士鋼彈》的影響是顯而易見的：太空劇背景的設定；巨型機器人揮舞的「光劍」；阿姆羅的死對頭夏亞·阿茲納布爾配戴的黑武士頭盔和面具；以及對彼此的愛慕。黑澤明的電影是盧卡斯首先將日本主題融入他電影的原因。事實上，《星際大戰》劇本的原始草稿，與黑澤明一九五八年的武士冒險電影《戰國英豪》有著驚人的相似之處。

但是《星際大戰》從本質上來說，是一部回歸到諸如《飛天大戰》（*Flash Gordon*）系列的一九三〇年代老科幻片，是被美國新浪潮電影美學所排除的，它的衝突以勝利結束。《機動戰士鋼彈》則是一個只有從戰敗的一方才能講述出來的戰爭故事，它的政治理念走向，受到以下這個事實所引導：它的許多工作人員以前都是學生激進分子。這並非罕見。在一九七〇年代初期的抗爭運動瓦解之後，由於無法找到「正常」的工作，大量幻想破滅的學生轉而投入了漫畫和動畫行業。[12]

《機動戰士鋼彈》是一部有遠見、精心編寫而且設計時髦的作品，但是它也是一個很糟糕的兒童節目。暗示著二次大戰？複雜的政治？不想與任何人戰鬥的怪咖英雄？小朋友打開電視期待著拳打腳踢的機器人大戰，結果愈看愈困惑，於是關上電視成群結隊地離開。更糟糕的是，他們沒有去買贊助公司的玩具產品，這在當時是衡量一個節目是否成功的唯一真正標準。最後，這家玩具公司做出了不可思議的事情，他們中途撤掉贊助。《機動戰士鋼彈》原本計畫播出一整年五十二集，現在要在第三十九集完結，這迫使導演只好將這個系列草草結束，最後一集在一九八〇年一月二十六日播出。許多受歡迎的節目都在成功播出後，悄然結束，而《機動戰士鋼彈》一點也不成功。事情原本應該就此結束了，但是結果並非如此。原來，觀看這個節目的人一直都在，但不是那些會去買玩具的人。在《機動戰士鋼彈》笨拙的青少年主角身上，這一個世代的年輕男女看到了自己，而且他們對自己喜歡的節目被停播感到氣憤。

這帶我們回到了一九八一年那個週日的早晨。當天第一批火車駛進新宿車站時，車站的廣場湧入更多的年輕人。他們被吸引到這裡的目的只有一個：為了參加一個名為「動漫新世紀宣言」的活動。儘管這個偉大的標題，聽起來好像是馬汀．路德（Martin Luther）的扮裝者會釘在電視台大門上的東西，但是這個宣傳活動，目的在傳達一部改編自《機動戰士鋼彈》的新電影訊息。因為自從它被停播以來的幾個月，粉絲們在全日本的動漫雜誌上發起了一項有志一同的活動，要求它的復活。「《機動戰士鋼彈》真正的主題是人類的復興！」一位十九歲的熱情粉絲宣稱，「我們需要新的思維方式、新的感知形式，這點從現代的日本政治就可以明顯地看出來。」[13]

這個活動奏效了。一家電影公司注意到了這種不尋常的興趣，並提供資金拍攝一部改編的長篇電影。它承諾將電視影集提早夭折導致的鬆散結局重新調整，並預定在一九八一年三月（「動漫新世紀宣言」活動一個月後）推出。

活動主辦單位原先樂觀地預期可以吸引到上千名粉絲。當上午數到八千人還看不到盡頭，人數已經多到數不清的時候，他們開始變得愈來愈緊張。警察也是。上次當局看到這麼多孩子聚集在新宿的時候，全副武裝的鎮暴警察必須勇敢地冒著磚塊和汽油彈的一波波攻擊，才得以將他們驅離。但是，自一九六八年新宿暴動以來已經過了很多年，而且離學生抗議運動爆發以來，也過了十年了。這群人的確符合這個族群的年齡層，但是並沒有顯示出任何騷動的跡象。它只是一大群（如果這也算危險的話）青春洋溢的年輕人，人山人海地從舞台擴散到車站周圍的大街小巷和地鐵的走道。人群中大多數是男性，女性的臉孔則點綴其中，年齡範圍從初中到看起來像是即將要畢業的大學生不等。除了幾個扮裝者，他們的穿著就如一般人在寒冷的天氣裡會穿的牛仔褲、外套、帽子那樣。如果不是因為像沙丁魚一樣成千上萬個人擠在一起，他們就像日本國內的任何一處城市景觀一樣。

到了十二點半，情況必須做點因應。那些坐在前排的人（在寒冷中待了一整個晚上固守他們位置的人），現在有被後來的人壓垮在舞台上的危險。用來圍住人群的繩索早已經被踩在腳下；無奈之下，主辦單位的人員手挽著手，串成人鏈，以防止前面的人會像骨牌一樣倒下。隨著年輕的粉絲源源不斷地從新宿車站的眾多出口湧出，「不要再擠了！」和「給我們一點空間」的叫喊聲，開始在人群中迴盪。遲早會有人受傷的。一名男子大步走上舞台，抓起麥克風，發號施令。

「各位，請放輕鬆！」[14]

那些當天在場的人都會談到人群中所散發出來的那一陣令人敬畏的沉默，當時人群無疑已經超過一萬五千人。舞台上的男人是《機動戰士鋼彈》的創作者富野由悠季。除了站在一個兩層樓高的巨型機器人原型前面之外，他看起來不太像是一個會讓一大群青少年願意乖乖聽話的人。三十九歲，身材瘦長、髮線明顯後退、穿著雙排扣西裝，他看起來幾乎像個上班族。然而，閃閃發光的金色鈕釦、火紅的領帶、墨色的飛行員太陽眼鏡，則暗示著另外一回事。富野伸出手指著人群，一副義正詞嚴的模樣。「這不只是一個活動。這是一場祭（matsuri）！」他宣稱，[15]他以日本用來稱呼傳統節日的這個字來形容活動。祭是與神道教有關的年度慶祝活動，內容大多為和街坊鄰里聚集在一起喝酒、跳舞，共享盛宴和謝神；隨著參與者進入忘我的狀態，有些會變得非常喧鬧。這一天沒有人喝酒，富野只是象徵性地形容。「我很感謝你們今天來到這裡所展現出來的熱情。但是如果有人受傷，你們知道會發生什麼事情嗎？他們會說：『那是你的動漫迷。只是一群白癡，聚在一起就會放肆撒野。』如果我們希望成功，我們就不能給他們任何藉口在背後指指點點。」

富野所說的「他們」是指成年人，大體上是指整個社會。不過，這並非故意在討好青少年。他有他的看法：一場文化大戰早已在日本的成年人和年輕人之間展開。在一九六〇年代，精神分析學家土居健郎給學生抗議者取了一個著名的綽號「amae」（可影射為被寵壞的小孩）：指的是一群哭鬧吵著要人關心的大孩子。[16]到了一九八一年，學生運動已經是陳年往事，但是此時大眾媒體正樂於與慶應大學教授小此木啟吾相互唱和。在他一系列的文章以及稍後的暢銷書裡，小此木啟吾嚴厲批評最新一代的日本年輕男女萬事不關心、麻木不仁，沉迷於電玩、漫畫等單純的享樂，不願對任何事情做出承諾，只想永遠留在青春期。「社會有愈來愈多人，對任何黨派或組織都缺乏歸屬感；相反地，他們傾向於脫離從屬關係，逃離受控制的社會與青年文化，」他寫道，「我稱他們為『延遲償付的人』。」[17]

「動漫新世紀宣言」的參與者都是即將轉大人的青少年，這些人都還在看卡通，他們很可能就是那些被大家廣為抨擊的年輕人典型代表。無論是上街頭抗議，或是靜靜地待在屋子裡看卡通，似乎，孩子們都沒有勝算。難怪他們喜歡富野，因為他刻畫出狡猾的大人如何操弄年輕人，來達到自己扭曲的目的。

但是，這群人絕非被寵壞或麻木不仁，而且他們的心肯定有所歸屬：那就是富野的願景。事實上，富野正是他們必須親自見上一面的人，他是幻想的建築師，促使了這麼多人聚集在一起。他們來到這裡是為了致敬。成千上萬的粉絲停止移動，接著後退了一大步。工作人員鬆了一口氣，他們的人體鎖鏈終於可以放鬆下來了。那天所發生的事情，大人們則認為不值一提。

這個活動按照原定計畫在一點鐘開始。在接下來的兩個小時裡，一群設計師、動畫師和工作人員向群眾發表演說。動畫師向來都在暗房裡長時間孤獨地工作，為他們的鏡頭勾勒草圖與上色，很少在公開的場合接受肯定。許多粉絲是第一次見到創作出自己最喜愛節目的藝術家的廬山真面目。當他們自我介紹時，人群中發出一陣歡呼，給了那些長期在暗房中辛苦工作的創意人員一個英雄式的歡迎。聚集在新宿的年輕男女，與上一代的抗議者一樣熱情與投入。大人們無法了解他們發洩精力的對象，這絲毫沒有讓他們感到苦惱；事實上，也許這就是關鍵所在。

一群穿著手工縫製劇中角色服裝的粉絲被邀請上台，這是大眾第一次看到日本人即將稱之為「cosplay」（角色扮演）的公開展示（日本第一位知名的角色扮演者，是一位叫做小谷真理的女子，[18]她在一九七八年的日本科幻小說大會遊行上，打扮成艾格・萊斯・布洛斯〔Edgar Rice Burroughs〕《一個火星戰士》〔*A Fighting Man of Mars*〕書中的主角，但是「cosplay」這個字要一直等到一九八三年才進入到日本人的語彙之中）。在一場即興表演中，精心扮裝的參與者重現了他們最喜愛的《機動戰士鋼彈》場景，而這個節目真正的配音演員們則唸出他們的台詞。最後，一對穿著角色伴演服的年輕男女，拿起麥克風，朗讀出這個活動的署名宣言。在當時估計將近兩萬人的群眾面前，他們齊聲朗讀，巨大的鋼彈模型就站在他們的身後。不久，這個活動的結語在新宿的上空響起：「我們聚集在這裡，宣布一個新時代的開始。這是我們的時代，一個新的動漫世紀。」

這個活動的珍貴畫面和照片很稀有，當時的大眾媒體大多都忽略了它。如今大家還記得它的原因，與其說是因為它的電影宣傳，倒不如說是因為這是一次偉大的公開宣言，是為日本的青少年動漫迷所舉辦的胡士托（Woodstock）音樂節。在接下來的幾個星期裡，他們將繼續以其他的方式表達自己的意見，其中一種最大聲的方式就是透過他們的錢包。《機動戰士鋼彈》甚至在開演前就賣出了十萬張票，隨著大日子的逼近，類似於「動漫新世紀宣言」的場景，在日本各個城市不斷地重複上演。在首映前幾天，粉絲們就開始在戶外搭起帳篷露營，聚集在手提電視和大型錄音機周圍，把城市的街道變成即興的節慶。新宿的一家戲院，六百多名粉絲排成的隊伍蜿蜒繞過多條街道。一名年輕人告訴《朝日新聞》的記者：「我想要看這部電影，而且我也喜歡這種排隊的場面！」[19]這部電影的票房高達十八億日圓，打破了動畫電影的紀錄。[20]

在這意想不到的巨大成功之後，該電影工作室繼續推出兩部續集。三部曲中的第三部電影票房幾乎是第一部的兩倍，而富野所寫的一系列電影改編小說也登上了暢銷書排行榜。隨後重播的原始電視節目吸引了大批的新粉絲，這也使得這個節目的新贊助商，一家叫做萬代的玩具公司，賣出了驚人的三千萬套該節目各式各樣的機器人塑膠模型。[21]那些在《機動戰士鋼彈》首次播出時不屑一顧的小朋友，突然之間，對它變得百看不厭。玩具供不應求的情況非常嚴重，以至於玩具店爆發了騷動，造成幾名倒楣的小孩被送往醫院。[22]《機動戰士鋼彈》不只是一部卡通，它是一種集體的歇斯底里。

一九六三年，日本第一部電視動畫影集《原子小金剛》的首次播出，徹底改變了孩子們的娛樂方式，他們收看卡通，並且購買跟劇中角色相關的名牌商品一起玩耍。但是，在一九七〇年代晚期和一九八〇年代初期，大量青少年男女動漫迷的出現，整體來說，對日本和全世界所產生的影響則更為巨大。在一九六〇年代，憤怒的學生用他們所喜愛的劇畫來做為示威運動的象徵；在一九八〇年代，劇畫、漫畫和動漫本身則成為了另一種形式的示威運動。起初，這些青少年動漫迷的狂熱會被大眾視為是一種消遣娛樂；然後，隨著他們在過去十年中數量的增長，大家開始將其視為是一種令人不安的偏差行為。到了一九八〇年代末，他們甚至被當做是社會的禍害。儘管如此，他們仍深刻改變了主流社會的品味。因為細膩的年輕粉絲，透過他們的鑑賞力，幫助日本的卡通和漫畫轉變成一種更為豐富的藝術形式，讓它們在國外找到了熱情的觀眾，這還要歸功於新科技的出現：首先是錄影帶，然後是有線電視，接著是網際網路。

富野並無意發起一項全球性的青年運動，但是他擁有完美的動漫資歷。他出生於一九四一年，珍珠港事變前的一個月，在職業生涯的頭幾年，他在手塚的蟲製作公司撰寫《原子小金剛》

的劇本。一九六八年，他成為自由工作者。起初，他專門幫卡通影集做視覺序列的分鏡（包括好幾集的《小拳王》），之後他成為一名專業幹練的導演。這項工作將他帶到不同的工作室，讓他接觸到許多嶄露頭角的人才。

其中一位是年輕的宮崎駿，富野與他展開了一場激烈的專業競爭。[23] 一九七八年，富野受聘為宮崎駿執導的新系列影集《未來少年柯南》畫分鏡圖，但是富野才剛把它們交出去，宮崎駿很快地又從頭畫了一遍。這不是因為兩人有什麼私人恩怨，而是因為宮崎駿是個出了名的控制狂，但這讓人很受傷。富野誓言要進行一場創造性的報復，而這將會以《機動戰士鋼彈》的形式降臨。在那時，富野已經導演過多集的動畫，甚至親自統籌一些系列影集，《機動戰士鋼彈》是第一部由他從頭到尾負責的作品。而甚至連富野自己也沒有料想到，《機動戰士鋼彈》意外的第二次生命竟然會成為日本青少年的北極星。

「動漫新世紀宣言」發表之後的幾年裡，粉絲和觀察者都在苦思該如何稱呼這個奇怪的新世代日本成年人（或準成年人），他們全心全意投入追逐流行文化中的某個重點，近乎完全癡迷。大多數粉絲稱自己為「瘋子」；[24] 另一些人，很顯然地，更喜歡自我嘲諷的詞彙，像是byoki（病氣）或nekura-zoku（根暗一族）之類，這些詞彙頹廢地透露出社會對動漫迷的負面觀感。暢銷奇幻小說作家今岡純代（最出名的筆名是栗本薰，在此處則以中島梓的別名寫作），輕蔑地稱呼他們為「寄居蟹」，[25]她觀察到「無論他們走到哪裡，他們都隨身攜帶著大量的書籍、雜誌、同人誌，以及一些雜七雜八的東西，塞進一個大紙袋裡」。就像是個短暫的人體資料庫，專門用來建立他們的身分認同，因為沒有動漫和其裝飾品的生活，對他們來說是無法想像的。這是他們的人生。

《機動戰士鋼彈》超級粉絲的個人收藏，刊載在動漫和主流新聞雜誌的頁面上，成為了傳奇故事。女生喜歡收集大量男性角色的形象，尤其是由該系列首席藝術家、一九六〇年代的激進分子，安彥良和所設計的俊美年輕男子。男生瘋狂專注在女性角色以及機器人和太空船的機械設計，囤積了數量驚人的模型組件和其他商品。有些人在他們所居住的空間裡，到處都塞滿了工具書和他們最喜歡的角色肖像。這種行為在戰後時期，或者整個日本歷史上，甚至世界上任何地方，都未曾有過先例。美國不乏死忠的《星艦迷航記》和《星際大戰》的影迷，但是他們比較像是志同道合的一群人。動漫超級達人運用他們所累積的資訊和商品，在主流之外創造出全新的身分。一些最狂熱的粉絲宣稱，他們有「2D情結」——插畫比人類伴侶對他們有更大的浪漫吸引力。直到一九八三年，一位名字叫做中森明夫的年輕記者終於發明了一個名詞，可以用來定義這個瘋狂沉迷於流行文化的混雜新世代，[26]這個名詞是：御宅族（otaku）。

當時二十三歲的中森被指派去負責Comic Market的報導。自從一九七五年成立以來，它已經成為一年兩次的盛會，每次活動都有多達上萬名的參與者。就跟早期一樣，那裡大部分的主要內容都是yaoi：一種描寫男性角色之間同性互相勾引的流行情色漫畫仿作，是由女性所繪製，並且是為女性所畫的。但是大約在一九七九年左右，有趣的事情發生了。男孩子開始反攻。一種新類型的插畫同人小說：「蘿莉控」（「蘿莉塔情結」的縮寫）小說開始席捲市場，描述貌似未成年的超萌女性卡通角色處於性愛的情境中。這一切都是從一個玩笑開始的。「我不明白為什麼yaoi在Comic Market這麼大受歡迎，感覺有百分之八十的內容都是被yaoi所主導。」吾妻日出夫在二〇一一年的一次採訪中解釋說，他被廣泛地認為是第一本蘿莉控漫畫的製作人。他的同人誌《White Cybelle》，充滿了模仿手塚風格的美眉，這些美眉經常處在色情不雅的情境中。它還包含了幾篇為這一類作品辯護的文章，文章語氣慷慨激昂，極盡嘲諷挖苦之能事。其中一篇滔滔不絕地談論十一世紀經典小說《源氏物語》，對未成年女性角色如癡如狂的傾向；另一篇則描述了路易斯．卡羅（Lewis Carroll）和佛拉基米爾．納博科夫（Vladimir Nabokov）的小說，同時搭配著《愛麗絲夢遊仙境》，當然還有《蘿莉塔》女主角的插畫。這些賣弄知識的東西，實際上是在呈現淫穢的內容，根本就是掛羊頭賣狗肉，而這本奇怪的小冊子（用手工訂起來的複印品，套著一個沒有什麼特色的黑色外衣），在接下來的幾年裡，引爆了大量的蘿莉控內容。「我們這麼做，一半是出於好玩，一半是為了把大家的腦袋搞糊塗，」

吾妻回憶道，「我們在畫畫的時候，一直都知道自己正在做的事情是『不對的』，但是後來跟著這樣畫的年輕人，是因為他們真的喜歡它。」

色情插畫在日本並不是什麼新鮮事。早在維多利亞時代，北齋和他的同夥就以露骨的性愛繪圖震驚世人（在世紀之交的巴黎，邀請女士去觀賞你收藏的日本「版畫」，是那個時代「想約你上床」的搭訕台詞）。卡通裸體也不是什麼見不得人的東西。一九八二年上映的第三部《機動戰士鋼彈》電影，就包括了一名叫做雪拉．瑪斯（Sayla Mass）的女性飛行員，在完成一項長期任務之後走出浴室的場景（在一個像日本這樣在乎清潔，到處都是公共浴室和免治馬桶的國度裡，一艘未來的太空戰艦可能配備了這樣的設施是無庸置疑的）。

在短短十五秒的鏡頭中，雪拉被警報嚇了一跳，從水中冒出，用毛巾裹住自己，然後走進相鄰的隔間，在這一瞬間，露出了她的卡通乳房。這不是動漫世界的第一個裸露時刻，但卻是迄今為止裸露最多的一刻，而這一刻，對男性動漫迷的幻想生活產生了深遠的影響。有些人甚至偷偷將相機帶到戲院，就為了捕捉那一刻做紀念。「富野沒有意識到在螢幕上展示這個角色的裸體將會造成的影響，」心理學家齋藤環解釋這個動畫史上的傳奇時刻，「他只想讓他的角色更真實，更人性化。但是他無意間激發出對某個虛構人物的慾望。」[27]

利用大家對虛構人物的慾望是Comic Market招攬群眾的慣用手法。當中森抵達現場，他驚訝地發現，大廳裡擠滿了超過一萬名的與會者，他們都在購買插畫同人誌。他在一九八三年刊出、如今已是惡名昭彰的一篇文章中寫道：「就像那些從來沒有足夠的運動、下課躲在教室裡（每個班級都會有一個）的孩子一樣，這些男孩要麼皮包骨，好像處在營養不良的邊緣，要麼像嚎叫的小豬，有著一張肥嘟嘟的臉，幾乎有撐爆他們眼鏡的危險；所有的女孩都留著短髮，大多數都體重過重，她們粗短的蘿蔔腿塞進長長的白色襪子裡。」（身體羞辱過頭了吧？）尤其讓他感到吃驚的是，他們彼此之間奇怪的稱呼方式。

跟英語不同，日語有很多種表達「你」的方式，這取決於指稱對象的年齡和性別。與青少年標準會使用的隨意打招呼方式不同，Comic Market 的參與者更喜歡常從莊重的老婦人口中所聽到的一種較為考究、正式、疏遠的敬語：otaku（御宅）。對於說英語的人來說，要理解這個聲音從十幾歲的青少年男女口中說出來有多麼怪異會有點困難，這有點類似不帶諷刺意味地使用「thee」（汝）或「thou」（爾）。otaku 可做為圈內人的一種暗號，但是它的用意並非把人聚在一起。otaku 在語言上，相當於大家所熟知的「拒人於千里之外」的那種感覺，是那些對漫畫比對彼此更感興趣的人所使用的語言。

「從現在起，我們就這麼稱呼他們。」中森的文章做了這樣的總結，這種奇怪的稱呼方式也從此被當做一種標籤固定了下來。雖然他本意只是純粹想挖苦一群他認為是怪胎的孩子，但是御宅族這個新用法滿足了某種需求，迅速地在粉絲社群和少數關心他們存在的觀察者之中傳了開來（「這就好像是，終於，我們有了一個詞彙可以形容他們了。」[28]我的一位記者朋友回憶說）。不過，這個詞彙仍處於不見天日的狀態，一般的日本人並不知曉，比起那些仰賴流行文化垃圾食物維生的超級粉絲，一般日本人對於日本做為經濟大國崛起的表象更感興趣。一直到一九八〇年代末期，一個可怕的事件才將御宅族從次文化的陰影中拖出來，進入大眾媒體刺眼聚光燈的嚴厲審查之下。

一九八九年，一名叫做宮崎勤的年輕男子因為在東京郊區綁架、強姦和殺害四名小學女生而被捕。[29]日本媒體迫切需要找到一種方法來解釋宮崎勤令人髮指、恐怖莫名的罪行，他們抓住了他凌亂臥室裡充斥上千部的恐怖電影、動漫和漫畫錄影帶這一點，把他描繪成是一名「御宅族殺手」。鑒於各種插畫娛樂在日本年輕人之間廣為流行，這種連結有些牽強附會。但是這個稱號一直沿用了下來。現在日本的每一個人都知道「御宅族」這個字了，而且它變成了罵人的話。

也因為這樣，這些超級粉絲又躲回地下多年，新的動漫世紀必須再等一等。不過，不管御宅族的批評者們怎麼想，它終究還是來了。

到底是什麼讓一九八〇年代的幻想製造者對二〇一九年如此著迷？導演雷利・史考特一九八二年的科幻史詩電影《銀翼殺手》，背景設定在二〇一九年。而有誰會忘記那部一九八七年，阿諾・史瓦辛格（Arnold Schwarzenegger）主演的《魔鬼阿諾》，這部電影環繞著真人實境秀明星發動政治革命的荒謬故事。一九八八年，一部背景設定在二〇一九年的日本動畫電影也是如此，它深刻影響了全世界的幻想視野。這部電影是御宅族的最愛，它叫做《阿基拉》。雖然御宅族本身在日本社會很低調，但這部精緻的熱門科幻電影，將會扮演關鍵的角色，將他們的品味介紹給海外的觀眾。

它改編自漫畫家大友克洋長期連載的同名漫畫。一九七〇年代後期，他在漫畫界的崛起，打破了漫畫的歷史，就如同手塚治虫的《新寶島》重新定義了當時的漫畫一樣。外界有所謂的「大友克洋之前」和「大友克洋之後」的說法，[30]他的作品既非漫畫、也非劇畫，而是一種新型態的超現實插畫，展現出一種近乎不可思議的精細繪圖技藝，不論是在日本或其他地方，以前從來沒有出現過這樣的作品。他出生於一九五四年，醉心於手塚和一九六〇年代改革者的劇畫，一九七三年離開自己鄉下的老家，來到東京展開職業生涯。之後，這名十九歲，身材矮胖、頭髮蓬鬆，還戴著一副厚厚鏡片眼鏡的鄉下男孩，全神貫注地沉浸在這個城市各式各樣的景觀之中。他早期的作品幾乎都與城市的黑暗面有關：犯罪、警察、吸毒者、潛在的革命者、廉價酒吧侍女、沒有前途的車庫樂團。

十年後的一九八三年，他贏得了日本科幻小說大賞（Science Fiction Grand Prix），這是第一次這個負有盛名的文學獎項，如此肯定一名漫畫創作者（大友的獲獎，似乎讓極度缺乏安全感的手塚染上一層憂鬱。據報導，大約這個時候他見到大友時，脫口而出：「如果我真的想要的話，我也可以像你那樣畫畫。」）。[31]《阿基拉》是第一部獲得美國漫畫書店圈選發行的日本漫畫，一九八八年由漫威公司翻譯和著色，並且廣獲好評。

電影版的《阿基拉》由大友親自導演，在許多方面都可以說是「動漫新世紀宣言」的產物。它屬於《機動戰士鋼彈》的驚人成功之後，針對年輕人所製作的新一波超高預算的劇場版動漫影片，它的資金一部分由萬代所贊助，這家公司曾經從模型組件中賺取了可觀的利潤。但是《阿基拉》代表一種全新的商業模式，這種模式受到了日本另一項創新的推動：錄影帶錄影機，也就是大家熟知的ＶＣＲ。《機動戰士鋼彈》第一次上映的時候，這項技術仍處於萌芽階段，但是到了一九八〇年代中期，它已經在世界各地的家庭中建立了穩固的地位。錄影帶讓一種全新的內容傳送系統成為可能。現在製片商可以完全擺脫電視台這個中介者，並且可以將動漫直接賣給日益增加的眾多青少年粉絲，不論是在電影上映後推出，或是直接當做影音產片來賣都可以。ＶＣＲ的出現，意味著動漫不再只是個媒介：它本身就可以當成是一種產品來包裝和銷售。

《阿基拉》於一九八八年在日本首映，並於一九八九年的聖誕節在美國的藝術電影院上映。這部電影耗資超過十億日圓（九百萬美元），是日本有史以來製作成本最高的動漫片。但在那個時代的美國，可以在有限的藝術電影院上映，已經是任何非迪士尼的動畫電影夢寐以求的了。美國主流將任何動畫都當做是小孩子的玩意，在預算和藝術層面上都不太看重（值得一提的是，有些影評人在他們的評論中，將它和手塚一九六〇年代舊版本的《Astro Boy》卡通做了一番比較，凸顯出從那之後的二十年間，美國的進展是多麼微小）。[32]

《阿基拉》絕對可以證明那些對卡通存疑的人是錯的，它對美國青少年和年輕人的影響，就跟四十年前手塚的《新寶島》曾經對日本的漫畫讀者所造成的影響相同：打開了他們的眼界，讓他們看到動畫作品做為一種說故事媒介的潛力。《阿基拉》彷如橫空出世，它來自於一個異鄉國度，這一個事實，甚至更加強化了它的影響力。長期以來，日本一直被譽為是世界第一的製造大國，每個人都知道鼎鼎大名的Sony、豐田和三菱，但是當談到內容，日本的暢銷產品大多侷限於家庭電玩，這一類型的產品在當時仍然牢固地停留在小學生的領域。《阿基拉》邁出這一有限領域的第一步，證明日本的創意人才可能是最前衛的視覺故事敘述者，同時也是最頂尖的遊戲設計者。

一個驚人的巧合是，這部電影的背景設定在二〇二〇年東京奧運會的前夕。不過實際上在其他各方面，《阿基拉》的二〇一九年，並不是現在人類經歷的二〇一九年。它是第三次世界大戰之後的二〇一九年，這場衝突是由東京市區大規模殺傷性武器意外爆炸所引發的：一個巨大的黑色泡沫膨脹起來，覆蓋整座城市，然後將其毀滅（另一個驚人的巧合，後來也象徵性地應驗了，那就是現實生活中日本的經濟泡沫破滅了）。在隨後的幾十年中，倖存者將這座城市重新建造成一座閃亮的大都市，稱做新東京。它光彩奪目，令人眼花撩亂，宏偉的建築、聚光燈和霓虹燈主宰著這座城市的天際線，裡面看不到任何有機物，高科技的交通工具沿著柏油緞帶穿梭在一個規模前所未見的城市空間裡。然而，新東京也是一個非常不適宜居住的地方。它被腐敗的政客所包圍，受到十幾歲的中輟青少年和激進分子與鎮暴警察衝突的威脅。換句話說，它很像一九六〇年代末期的東京。

結果顯示，這座城市稍早的毀滅是一名叫做阿基拉的小男孩所造成的。他是由日本政府的祕密超心理學計畫所培育出來的孩子，這個計畫的目的是要製造出擁有超能力的小孩來當做武器。在阿基拉摧毀整座城市，並且引發第三次世界大戰之後，他的看守人將他鎖在冷藏庫裡。但是由於這個政府從未汲取任何教訓，三十一年之後，也就是二〇一九年，歷史即將重演。隨著實驗藥物將一名叫做鐵雄的不良青少年轉變成無法控制的超人，新東京眼看著即將大爆炸，除非鐵雄的飛車死黨金田可以早一步阻止他。

老實說，《阿基拉》的可看之處不在於它的故事，從數千頁漫畫濃縮而成的劇情過於複雜，再加上平淡無味的翻譯，讓外國的觀眾更是看得一頭霧水。吸引粉絲的，不論是國內或國外，是螢幕上純粹的爆發能量。飛車黨、恐怖主義、特種部隊、衛星雷射平台、調配藥物，震撼人心的音樂旋律交織著傳統祭典的吟唱和鼓聲。它是卡通形式的純粹搖滾。套一句俗話說，寫一部沒有聲音和意象的電影，就像是跳一隻關於建築的舞。這句話用在此處特別恰當，因為《阿基拉》裡的城市跟就跟它的故事同等重要，新東京跟任何真人角色一樣，扮演著關鍵的一部分。這部電影對細節的執著專注，讓新一代的美國年輕人見識到日本職人一絲不苟的工匠精神，在這裡，它以動畫墨水和賽璐珞的形式表現了出來。

當《阿基拉》在一九九〇年代初期進入美國少數幾家藝術電影院的時候，在美國根本找不到足以與之媲美的影片。一九八〇年代的美國動畫，無法避免地皆採取了放學後和週末早晨時段的卡通模式，其中大部分被當做是三十分鐘的玩具廣告。但是這些卡通也與日本關係匪淺。從一九六〇年代晚期開始，美國聯邦通訊委員會就開始監督兒童電視產業，提倡法規，保護年輕觀眾免於任何廣告內容衝擊的影響。一九八二年，雷根總統任內堅決反監管的通訊委員會委員，推翻了這一切。[33]這位立法者用筆輕輕一揮，允許美國玩具公司可以根據其所出售的玩具來製作電視節目。這只有一個問題：變化如此之快，以至於沒有任何玩具製造商有可以立即上陣的節目內容。

他們在太平洋另一邊的同行有。最早在電視播出的節目是《小精靈》，由 Hanna-Barbera 公司匆忙完成動畫製作，並且是根據當時大受歡迎的 Namco 電玩遊戲角色改編而成。在接下來的幾年裡，美國玩具公司大量依賴日本動畫工作室來製作用於推銷自家產品的卡通。《大英雄》是根據一九八五年一系列關於「正港美國英雄」（如主題曲所唱）的暢銷玩具所改編，它是由手塚的宿敵東映，在東京完成動畫製作。《變形金剛》的故事是由美國人所撰寫，但它的商品是根據日本的一個玩具系列 Diaclone Car Robots 所改造的。當掌管這個國家的大人們擔心進口的日本汽車和電子產品會擾亂當地的市場時，放寬對兒童娛樂節目的監管，卻實際上把打開美國年輕人心靈和思想的鑰匙交到日本創作者的手中。隨著我們的電視裡充滿日本的創作內容，我們的玩具店裡也充滿了日式的樂趣。這些玩具不再像一九五〇年代的芭比娃娃那樣，單純地只是按照美國人的規格在日本製造，而是日本人為日本孩童所製造的東西，並且帶著它們的特色進口到美國：神奇誘人的三麗鷗產品、拼圖式的變形組合機器人，以及真正劃時代的任天堂遊戲機。到了一九九三年，《金剛戰士》問世時，日本玩具製造商重拾滿滿的信心。「我知道這些東西會吸引美國的孩子，就像在日本一樣，」這個節目的行銷主管村上克司自誇，「我們是對的。」[34]

日本人將這種玩具公司、動畫工作室跟電視台之間的合作稱為「媒體組合」。[35]起初的媒體組合在日本最典型的作法，就是把動漫當做是一種向兒童銷售玩具的工具。《機動戰士鋼彈》則顛覆了這種運作模式，因為它證明了動漫可以同樣成功地吸引到那些不買玩具的青少年。《阿基拉》則開創了一種全新的作法，在這種新作法中，動漫不再是推銷產品的工具，它本身就是產品。跟《機動戰士鋼彈》相比，針對《阿基拉》製作的商品很少，因為從導演本身到戲院裡的粉絲都知道，這整部電影的重點就在於，在這個充滿動畫想像的世界裡自我的迷失，以及找回自我的可能。

這部電影在國外首次上映期間，僅能在少數的小型劇場看到，從這點來看，可以含蓄地說它頗受到一小群人的喜愛。一直要等到錄影帶出來，《阿基拉》才真正找到了它的海外觀眾：錄影帶和光碟從一個觀眾傳到另一個觀眾，很像一九八〇年代早期，庵野的粉絲製作的動漫短片在粉絲之間廣泛流傳一樣。這是一個誘人的暗示，最新潮的娛樂可能不再受限於好萊塢集團的單一視野。隨身聽曾經讓世人嘗到了一種可以選擇何時、何地聆聽他們所喜愛的任何音樂的滋味。VHS、DVD，以及後來的串流媒體等新科技，讓觀眾也可以對影音內容做同樣的選擇，其中包括愈來愈多進口的動漫。隨著愈來愈多日本幻想以玩具、卡通和電玩的形式在美國市場上銷售，這兩國流行文化的品味開始攪拌融合，而且經常以一種意想不到的方式發生。

一九九〇年，我在華盛頓特區一家破舊的戲院首次看到《阿基拉》，那時我十五歲。我和朋友立刻大受衝擊而且激動不已。儘管我們正在觀賞的是一部動畫，但不知為何，它感覺比電影更加真實。那些閃閃發光的塔樓跟街邊的商店發生了什麼事？背景畫得鉅細靡遺，足以暗示出它們各自內部正在發展的劇情。從小巷子裡小心翼翼處理的成堆垃圾，到那些看起來像是道地日本人的角色，有著鳳眼、橄欖色皮膚和黑頭髮，而非一般動漫（或西方卡通）裡狂野抽象的人物。這種感覺不太像幻想，更像是某些在未來即將應驗的神祕紀錄片。

《阿基拉》和諸如在稍後一九九五年上映的《攻殼機動隊》等電影的叫好叫座，代表了人數不多但日益壯大的美國動漫迷勢力正在崛起。一九九六年，在安納罕（Anaheim）舉辦的動漫博覽會（Anime Expo），吸引了將近三千名參與者，[36] 比起一九九二年剛成立時增加了一倍（誠然，這樣的出席人數令人敬佩，[37] 但與漫畫和動漫在它們祖國所受到的喜愛相比，仍然跟不上潮流；東京一九九六年夏天的 Comic Market 被三十五萬名漫畫和動漫迷所包圍）。

那年美國動漫博覽會的榮譽嘉賓正好是庵野秀明，他的《新世紀福音戰士》幾乎在日本首映的那一刻起，就打中美國粉絲的心。首先是以日本電視盜版錄影帶的形式出現（通常只有在美國的亞洲人商場才能租到），接著是以正式發行的英語錄影帶出現。當庵野向群眾演說時，他受到英雄式的歡迎，而《新世紀福音戰士》則獲得了這個電影節的最佳電視影集獎項。陶醉在萬眾注目之下，庵野用一句英語：「Too bad!」（太糟糕了！），開心地逗弄那些向他乞求關於這部影集神祕難解結局一點暗示的外國粉絲。[38] 雖然完全是日本製造，但庵野這部講述失落小男孩與無情成年人的科幻片，似乎也引起了美國觀眾的共鳴。

與此同時，回到日本，《新世紀福音戰士》的粉絲們利用當時新興的線上聊天室和布告欄等媒介，發洩他們對這部故弄玄虛一整年的影集所帶來的挫折感。這部影集的英文名字叫做《Neon Genesis Evangelion》（霓虹創世紀福音戰士），但是它的日文片名叫做《New Century Evangelion》（新世紀福音戰士），顯然是在向一九八〇年代的御宅族時代致敬。觀眾希望這部片中飽受折磨的英雄可以找到某種救贖，然而他們所得到的只有更多的疑問。「庵野希望他的角色從一個受損的地方開始，然後改變。但是他們受損太嚴重了，以至於無法用任何讓人信服的方式讓改變發生。而隨著事態的發展，沒有人變得更好，反而變得更加混亂。」[39]《新世紀福音戰士》製作期間在Gainax擔任翻譯工作的麥可・豪司（Michael House）這樣告訴我（庵野在採訪中對於這種情況更加直言不諱。「主角碇真嗣就是我。」他對《朝日新聞》坦承）。

有些粉絲因為找不到解答而陷入焦慮，以至於對庵野發出了死亡威脅，這就是我們現在所熟知的「毒粉絲」的早期案例（他心平氣和地將螢幕截圖融入《新世紀福音戰士劇場版》裡的一段蒙太奇裡）。

在日本，動漫不是一種類型，而是一種媒介。有為小小孩所製作的動漫，像是歷久不衰的《麵包超人》，[40]片中超級英雄的頭部是根據一種叫做 anpan（紅豆麵包）的日本麵包為模型而塑造的。他在幼兒之中大受歡迎，以至於在二〇〇二年，短暫取代了 Hello Kitty，成為日本收益最高的角色。還有針對小學生的動漫（原子動力貓型機器人《哆啦 A 夢》，另一個頭大大的超級卡哇伊文化偶像），有針對青少年的動漫（例如《機動戰士鋼彈》和《新世紀福音戰士》），也有針對較年長觀眾的動漫（例如二〇一六年一部發人深省的電影《謝謝你，在世界的角落找到我》，故事設定在原子彈爆發前的長崎）；有在學校裡觀賞的教育動漫，也有在私底下（希望是如此啦）觀賞的色情動漫。在日本，動漫被廣泛地接受，在票房上的表現經常超越好萊塢大片。[41]導演新海誠二〇一六年的青少年浪漫片《你的名字》，創下日本有史以來票房第四高的紀錄，僅次於《冰雪奇緣》（第三名）和《鐵達尼號》（第二名）之類的電影。

至於第一名呢？日本史上收入最高的電影製作人也是一位動畫師。他的名字叫宮崎駿（譯註：二〇二〇年，《鬼滅之刃劇場版》票房超越宮崎駿的《神隱少女》，不過同樣是一部動畫電影）。

來到二〇〇三年，第七十五屆奧斯卡頒獎典禮之夜，共同主持人卡麥蓉・狄亞（Cameron Diaz）似乎寧可到別的地方去。她的任務是頒發典禮上最不受期待的獎項：最佳動畫長片獎。在皮克斯（Pixar）和夢工廠（DreamWorks SKG）等大成本動畫製片商的巨大壓力之下，奧斯卡才在前年勉強增加了這個獎項（由夢工廠的《史瑞克》贏得第一座）。[42] 在那之前，動畫電影被迫必須與真人電影正面對決來爭取最佳影片，這對它們向來不利。奧斯卡金像獎成立幾十年來，唯一被提名的動畫電影是迪士尼一九九一年的《美女與野獸》。它輸了。

經過一番費解的介紹（「從前，是爸媽帶著孩子去看動畫片；今天的動畫片已經達到如此精緻的程度，換成是孩子帶著爸媽去觀賞」），狄亞直接進入入圍名單。名單上都是一些你可能會料想得到的好萊塢片名：二十世紀福斯的《冰原歷險記》、迪士尼的《星際寶貝》、夢工廠的時代劇《小馬王》。然後出現了一位真正的黑馬競爭對手：宮崎駿的《神隱少女》。

它贏了。

對這部電影來說，這是一個非常奇怪的轉變，因為它的製片人聲稱，美國的發行商起初拒絕了這部片子，因為它不適合美國的觀眾。[43]《神隱少女》講述一位來自現代東京郊區的十歲女孩千尋的神奇冒險故事，她穿越到一個奇異的童話世界來拯救她的父母。故事的背景設定在一個神祕的澡堂裡，他們為形形色色出自於民間傳說和宗教的生物服務，它在本質和設計上，都是一部道道地地的日本片，充滿了隱含的弦外之音，關於環境的悲哀狀態，以及年輕女性在社會上所面臨的阻礙。

宮崎駿並沒有在觀眾席中迎接這次意外的勝利，他甚在不在美國，事後也沒有發表演說或舉行記者會。「很遺憾的，我無法為自己獲得這個獎項而感到衷心的喜悅，」他最後在向新聞界發表的一份聲明中寫道，「因為世界上發生了令人至感悲痛的事件。」[44]他指的是美國在伊拉克的戰爭。革命的因子一直與他的藝術交織在一起。從他職涯的最早期開始，他就是東映的工會組織成員。後來，在二〇一一年，東北大地震導致核反應爐熔毀之際，他命令他的公司吉卜力工作室，懸掛反核電的橫幅，而且他仍然大聲地批評美國在日本的駐軍。[45]

在政治上直言不諱的人，很容易讓理念不同的人避而遠之，但在日本，宮崎駿被視為國寶級的人物，非日本人也覺得他彷彿直接在對他們說話。「當我第一次看到《龍貓》，」已故影評人羅傑．艾伯特（Roger Ebert）興奮地說：「我就知道再也不需要有人跟我解釋架上的那些動漫了。」[46]《Vice》雜誌津津樂道「宮崎駿對全世界的吸引力」。即使在中日之間看似永無止盡的政治緊張關係中，《神隱少女》二〇一八年在中國遲來的上映中，仍然刷新了票房紀錄。

宮崎駿不再屬於日本。他屬於全世界。

對宮崎駿來說，他聲稱對自己的作品在美國和其他國家大受歡迎感到困惑。[47]但這也許並不令人意外，因為這位導演的手法與另一位知名的日本創作者村上春樹的作法不謀而合。村上春樹是一位無懈可擊的國際品味製造者。從最廣泛的角度來看，宮崎駿的作品，尤其是《神隱少女》，就像是村上春樹書中的某一頁：有一個神奇曲折的現實世界，在這裡，外來的主角發現自己不知不覺地滑入了恰好就在我們周遭之外的超自然領域。宮崎駿的電影，與村上春樹的小說相同，保留了一種獨特的日本美學，觀者卻又不需要對日本文化有任何特別的了解就可以優游其中。

然而這也正是為什麼宮崎駿的作品，儘管廣受喜愛、大獲成功、美得令人驚嘆，卻無法真正代表整個動漫界的原因。宮崎駿在一般的製作管道之外工作，而且製作電影的方式與一般的動漫製作非常不同。它的可親性、普世性與全方位的精湛技藝，讓它變得無懈可擊，成為跨越世代、文化，甚至政治界線的事物。每個人都喜歡宮崎駿，他在許多方面都自成一格。從以下這點可以很明顯地看出來：二〇一三年，宮崎駿第七次宣布退休，吉卜力選擇關閉工作室，而不是指定接班人（五年後，在他第七次復出之後，吉卜力重新開張）。[48]

人們很容易將宮崎駿的勝利，說成是日本動畫製作人所致力追求的巔峰，是動漫界期待已久、受到萬眾矚目的一刻。從某種意義上來說，的確是如此。手塚渴望他的作品能夠得到國際的肯定，但在一九八九年因癌症去世之前，他從未獲得奧斯卡等級的獎項。在宮崎駿獲勝之後，二〇〇三年成為日本幻想的分水嶺，因為好萊塢的時尚引領者開始將日本動漫直接融入他們的電影之中。華卓斯基（Wachowski）兄弟招募了一支日本動畫師大軍，製作了一部影音首映的多段式電影《駭客任務立體動畫特輯》；塔倫提諾為《追殺比爾：一》委託創作了一段殘暴的動漫插曲。美國的動畫工作室推出了日本風格的內容，其中最受歡迎的有《降世神通：最後的氣宗》（*Avatar: The Last Airbender*）、《少年悍將》（*Teen Titans*）等作品。看來，動漫已經不再只是個次文化，而是一個日益流行的文化。

但它真的是這樣嗎？在經過一陣急忙的實驗和跨文化製作之後，動漫很快地又回到它長期盤據的次文化小眾市場。即使在宮崎駿缺席的歷史性勝利之後，承認自己喜歡動漫更像是自白而非自誇；可能更容易讓人想退避三舍，而非擊掌叫好。當動漫迷出現在主流媒體時，他們很可能成為笑柄，想想詹姆斯．法蘭柯（James Franco）在《30 Rock》這部影集裡的角色是怎麼介紹他的「女朋友」的，就可想而之。[49] 他的女朋友「美子」，是一個上面畫著一名性感動漫美女的貼身枕頭。《神隱少女》之後將近二十年裡，沒有一部日本動畫電影再度獲得奧斯卡獎。

美國的動漫迷仍試圖為力保它們的名聲而辯護，以至於 Kotaku 網站覺得有必要在二〇一八年發表一篇文章，名為「是該停止假裝沒有人在看動漫的時候了」。[50] 但正是這種永遠都像個局外人的感覺，讓動漫之所以成為動漫：它的怪異，它的青春期活力和青少年的焦慮，它愉快地嘲弄暴力、年齡適當性或性別的社會觀感，它讓那些看不懂笑梗的人一頭霧水。動漫天生的異質性，正是讓動漫之所以可以如此緊密吸引那些認同它的人的原因，而非它的普世性。在美國，動漫一直是局外人的媒介。

宮崎駿和其他像富野一樣出生在二戰前，並且在戰爭中長大的專業老手，致力於透過動畫藝術來吸引主流觀眾；大友和庵野等藝術家則代表了新一波的粉絲，他們打從出生以來，就一直在閱讀漫畫和觀賞動漫。他們所致力的不是動畫本身，而是動漫藝術；當然，儘管他們也渴望成功，也覺得有必要透過惡搞模仿、混搭拼貼和致敬等手法，來吸引像他們一樣的人。它是一種新型態的動漫，由動漫鑑賞者所創作，並且也是為了他們而創作。它是在 Comic Market 之類的地方所涵養出來的超級粉絲，其美感的自然延伸。庵野秀明從一名超級粉絲變成了專業好手，為新一代環繞著他們青春歲月夢想的日本動畫創作者提供了一個榜樣。

然而，最終將動漫帶進美國人客廳的，不是宮崎駿或富野，也不是大友或庵野，因為他們的作品要等到在日本首映之後很久，才會在美國當地的電視大眾媒體上播出。一種完全不同類型的節目，將會擄獲美國年輕人的心，並且引領了一個全球動漫世紀的到來。它完全出乎意料，因為它既非改編自玩具系列，也非漫畫。它是一個program（節目、程式），同時涵蓋了這個字的兩種含意：一個改編自電玩遊戲的動漫。而這款遊戲的創作者，對於他所選擇的媒介，其癡迷的程度，就如同大友和庵野對插畫娛樂的癡迷一樣。他的作品對於將全球幻想日本化發揮了更大的作用，他的名字是田尻智，而他的遊戲叫做《精靈寶可夢》。

第八章
電玩世界

紅白機與Game Boy

我認為電玩是邪惡的。[1]

——富野由悠季，《機動戰士鋼彈》作者

電玩有害嗎？大家也曾經這麼說過搖滾樂。[2]

——宮本茂，《超級瑪利歐兄弟》設計者

這是一九九九年七月的美國購物中心（Mall of America）。[3]在這個特殊的夏日早晨，訪客首先會注意到的是那些排隊隊伍，成千上萬名孩子，大排長龍；第二個會注意到的是噪音，或者更確切地說，沒什麼噪音。那天有五萬五千名，年齡七到十四歲的男孩和女孩湧進這裡。你可能預期這裡會喧鬧成一團，但噪音的程度從來沒有超過大聲一點的喃喃自語，因為這些孩子都低頭看著他們的Game Boy遊戲機，或是翻動活頁夾裡的卡牌，他們正在為一場史詩級的戰鬥做準備，這場戰鬥即將在商場各地架設的桌面上展開。他們之中，有誰會贏得令人羨慕的「精靈寶可夢大師」（Pokémon Master）冠軍頭銜呢？

明尼亞波利斯是精靈寶可夢聯盟夏季訓練巡迴賽的第一站：這是一個促銷活動，其所推廣的是在過去短短十個月內就竄起成為全世界最受歡迎的電玩、遊戲卡牌和卡通系列。美國購物中心的這個景象，會在美國各大城市一再上演。

全美國的孩子可能會愛上一個跨媒體製作的產品，這當然不是什麼新鮮事。利用這款遊戲的日本血統做為賣點也一樣不稀奇，Sony在一九九七年也用了同樣的角度賣了數百萬套《太空戰士七》，但是《精靈寶可夢》大受歡迎的程度絕對是獨一無二的（譯註：「精靈寶可夢」過去在台灣翻譯為「神奇寶貝」、香港譯為「寵物小精靈」，二〇一六年，官方統一翻譯為「精靈寶可夢」）。它幾乎蠱惑了全美國的兒童和每一位即將踏入青春期的少年，迫使無數的中年父母得熟悉精靈寶可夢圖鑑（Pokedex）、精靈球（Poké Balls）、小火龍（Charmanders）、妙蛙種子（Bulbasaurs）、大舌頭（Lickitungs）和皮卡丘（Pikachus）等術語。直到那時候，每個人都領教了日本玩具廠商有多麼大的本事。他們能夠擁有這般的文化影響力，令美國人和日本人都大感震驚。

《精靈寶可夢》在一九九六年問世，是Game Boy的一款遊戲卡帶，如此而已。老實說，任天堂對這款遊戲並沒有特別高的期望。[4]在遊戲產業，六年對一款遊戲主機來說已經算是很長壽了，這台Game Boy在當時上市將近八年，已經被視為恐龍等級的舊產品。而《精靈寶可夢》本身……嗯，甚至連任天堂也覺得它有點奇怪。這就是為什麼他們會將它降級到這個即將壽終正寢的舊系統，而不是做為最先進系統的遊戲推出。這台Game Boy在一九八九年推出時，甚至也不是最先進的遊戲主機。它的創造者，資深工程師橫井軍平，非常擔心這個模模糊糊、有著慘淡綠色、不會發光的液晶螢幕系統，如何能夠跟競爭對手的掌上彩色螢幕媲美，以至於在研發它的過程中，橫井甚至被診斷出營養不良。[5]任天堂認為《精靈寶可夢》也許是讓這台「老兵」卸甲歸田的聰明辦法，但《精靈寶可夢》並不這麼想。

《精靈寶可夢》並不像仿照《洛克人》或《超級瑪利歐》系列跑跑跳跳的橫向捲軸遊戲，也不像《魂斗羅》之類的射擊遊戲，或是自從電視遊樂器和掌上型遊戲機取代大型電玩，成為年輕玩家的生活重心之後，便主導著電玩好些年的益智遊戲，例如《俄羅斯方塊》之類。事實上，《精靈寶可夢》是一種徹頭徹尾的冥想遊戲。這款遊戲的十歲主角穿越到一個幻想世界，收集被稱做口袋怪獸（Pocket Monsters，縮寫為Pokémon）的奇怪生物。類似電子雞一樣，玩家會將牠們培育得更加強壯，在這裡的目的是為了訓練牠們去戰鬥。因此，孩子們也可以透過特殊的遊戲連接線跟他們的朋友交換精靈寶可夢，在 Wi-Fi 的時代之前，這條實體的連接線是連接兩台 Game Boy 最簡單的方法。甚至在打鬥上，它也不同於其他遊戲。一百五十一種特質不同的精靈寶可夢擺好架式，相當於一場壯麗版的剪刀石頭布遊戲。沒有人受傷或死亡；最糟糕的狀況頂多是有隻怪獸暈倒了。由於擔心這款遊戲的創造者未經歷練，任天堂派出《超級瑪利歐》之父宮本茂，在開發過程中指導這位年輕人，這個過程持續了六年。即使這款遊戲終於準備好在日本上市了，宮本茂回憶，「有人告訴我，這類遊戲絕對沒辦法吸引美國觀眾。」[6]

然後，意想不到的事情發生了。在完全沒有行銷的情況下，《精靈寶可夢》的名聲就傳遍了日本的遊樂場。在接下來的幾個月裡，銷售量持續攀升。這迫使任天堂重新思考這個奇怪的小遊戲。他們急忙去找那些可以透過製作動漫和漫畫合作促銷這款遊戲的公司，然後策劃在海外發行這款遊戲。英文版分成兩個卡帶，稱做《精靈寶可夢紅版》和《精靈寶可夢藍版》，一九九八年在美國上市造成轟動。抵達美國當時，它們被當成一場多媒體盛宴的其中一部分，這場盛宴包含了這款遊戲本身、一個卡通節目，和一款讓孩子即使沒有 Game Boy 遊戲機也能玩的紙牌收集遊戲。僅僅十二個月之後，在一九九九年底，任天堂宣布該系列遊戲已經賺進五十億美元，大約相當於當年美國整個遊戲產業的總和。[7]在美國，不，在全世界，這都是前所未見的事情。好吧，也許《星際大戰》有過，但這是好萊塢的超級巨片，而不是一些來自日本傻里傻氣的怪獸。《時代》雜誌在一篇報導此種現象的封面故事中宣稱：「寶可夢狂熱是一場瘟疫般的龐氏騙局。」[8]

這是一次任天堂從未夢想過的商業成功（至少，在剛開始時沒這麼想過），但它還擁有更大的意義：這是「精靈寶可夢風格」真正實現的一刻，在這一刻，日本從一個國家，進化成一個創造幻想的超級大國。這也證明了，十年前抓住西方孩子心靈的一連串日製流行文化熱潮，並不只是走運罷了，而是精湛工藝的結果。《時代》雜誌氣急敗壞的報導，跟日本媒體二十年前對待《太空侵略者》的手法如出一轍：[9]編織各種罪名，從所謂的敲詐勒索（紐澤西州的一個家長團體控訴美國的經銷商，人為限制精靈寶可夢卡的供應），到助長青少年犯罪（在遊戲過程中發生搶劫和刺傷的案件），洋洋灑灑列了一大堆。這些批評者不可避免地都忽略了一點，《精靈寶可夢》的成功並非憑空而來。它可以追溯到二次世界大戰結束以來一直川流不息的文化潮流，現在則匯集成了一股滾滾巨浪。

這台 Game Boy 本身，來到一九九八年當時，不可思議地，又再次受到大眾的關注，它同時繼承了日本玩具製造的傳統與隨身聽開疆闢土的精神，甚至它的名字也明顯地是在向這位攜帶式電子裝置的神聖開創者致敬。在虛擬世界裡遊走的怪物真是徹頭徹尾地卡哇伊：[10]大頭、柔軟、可愛，即使是《時代》雜誌裡的批評者也不得不承認，皮卡丘是「自Hello Kitty以來，最著名的偶像」。

《精靈寶可夢》遊戲伴隨著同名的動漫。這個電視節目在這款遊戲取得驚人的成功之後，便在日本迅速展開製作，並準備與遊戲在美國近乎同步發行。結果它在美國大受歡迎，以至於當華納兄弟（Warner Bros）宣布推出英文版的《Pokémon: The First Movie: Mewtwo Strikes Back》（精靈寶可夢劇場版：超夢的逆襲）時，他們的總機每分鐘被七萬通來自急著買票的孩子和家長的電話所淹沒。[11]這部電影在一九九九年的一個星期三上映，許多孩子翹課去看這部電影，《紐約時報》稱此現象為「寶可夢流感」（Pokéflu）。它在首映當天就賺進了一千萬美元，接著又賣出了一千萬支家庭錄影帶。

值得一提的還有《精靈寶可夢》的創作者田尻智，這款遊戲在日本發行時，他才三十歲。「田尻智是日本人所謂的御宅族，」《時代》雜誌如此寫道，「他們知道真實世界與虛擬世界之間的區別，但是他們寧可待在虛擬世界。」[12]這無疑是許多美國人第一次認識到御宅族這個名詞。田尻第一次接觸電玩是在十三歲的時候，當時《太空侵略者》也來到了他的社區裡。[13]他對這個遊戲非常著迷，以至於開始翹課去打電動；他惱怒的父母認為把電玩當做消遣，「就跟順手牽羊一樣罪不可赦。」他後來如此描述。從技職院校畢業之後，他和人共同創辦了一家公司，致力於創造電玩的構想，然後將它們轉賣給更大的公司，有點類似回到戰前時代小菅曾經運做過的模式，也就是數位版的玩具智囊團。他將《精靈寶可夢》賣給任天堂，並且取得了巨大的成功，為他和像他一樣的每一個人，提供一個很好的辯護。歸功於《新世紀福音戰士》在主流取得了意外的成功，御宅族在他們自己的祖國享受到一次敗部復活的滋味，而現在，他們其中的一批人，被美國的主流媒體譽為有如多媒體大師的人物。「動漫新世紀宣言」看起來，如果跟這種說法有什麼差別的話，那就是它說得太客氣了一些。

我們會去了解《精靈寶可夢》是用什麼技巧讓日本和美國都大感驚訝，但是首先要探討這個全球現象的開山始祖之一。它在一九六六年出現，在當時蔚為風潮，席捲了日本的孩子，其力道完全不亞於三十年後的《精靈寶可夢》。有點年紀的人一定都還對它記憶深刻。它是Kaiju之年，「Kaiju」亦即日語的「大怪獸」。

日本正遭逢嚴重的麻煩。它的城市不斷受到攻擊，居民在四周倒塌的建築中倉皇逃離。最好的飛行員根本不是敵人的對手，敵人遠比他們強大有力。現在只有依靠奇蹟才能拯救這個國家。這聽起來很像一九四五年中期，以及戰爭的最後幾天，但事實上，我們這裡講的是一九六六年夏天，全日本校園中最受歡迎的電視節目。拯救國家的這一幕奇蹟，是透過《超人力霸王》這個節目呈現出來的。它的第一集在一九六六年七月的晚間七點播出，半個小時之後，當動亂平息，日本的娛樂節目從此改觀。噴出雷射光的巨大海洋生物、沸騰的湖泊和燃燒的森林、高科技潛艇和戰鬥機，所有的這些都發生在最初的十分鐘內，然後劇情真正開始升溫。進入超人力霸王內部，是飛行員早田進的巨型分身。他像足了人類，可以跟我們並肩作戰；也像足了怪物，可以將怪獸過肩摔到巧妙放置的摩天大樓上。這個摩天大樓是由特效技術人員精心設計，可以像實物一樣倒塌。超人力霸王所向無敵，但只能維持三分鐘，時間一到，他的能量便耗盡了（這看起來似乎是一種人物設定，實際上則是財務考量，因為上演英雄史詩級的戰鬥，消耗掉了每一集絕大部分的預算）。[14]

《超人力霸王》是由圓谷英二所憑空想像出來的，他當時是一位六十多歲的特效高手，他的履歷表讀起來就像是日本最賣座電影的清單。在戰爭期間，他曾拍攝過宣傳片；之後，他又為哥吉拉、拉頓（Rodan）、摩斯拉（Mothra）和三頭怪獸基多拉（Ghidorah）等角色注入生命；並且還曾協助其他導演拍攝了許多經典的怪獸電影。一個親身經歷過家國毀滅的人，令人難以置信地，竟然把大規模的城市毀滅，重新包裝成他祖國最受孩子歡迎的娛樂形式。

以 Kosuge 錫製凱迪拉克聞名的丸三公司，製造了超人力霸王的玩偶，以及幾乎整個系列中每一隻跟他打鬥過的怪獸。這些玩偶以柔軟的塑膠材質製成，有怪獸皮膚的觸感，比螢幕上顯示的樣子更為可愛，以避免嚇到小孩子。這些玩具的靈感來自於一位叫做鏑三郎的人，他是丸三早期的員工，對新趨勢有著敏銳的洞察力，[15]當時三十歲的他，注意到有許多孩子在觀看他們最喜歡的節目時，會將手放在他們的臉前面，等待怪獸出現時，興奮驚恐地從手指間偷看，此刻，他立即領略到怪獸對小孩子的吸引力。

日本的宗教和民間傳說，充滿了各式各樣的神靈和生物，這是多神信仰體系下的產物，根據傳統，這些信仰總共包含了將近「八百萬尊神明」。它的範圍從高高在上的神聖存在，到一路淪落到失去野心的恐怖幽靈，滿足於在暗影中跳出來嚇嚇路人。在科學昌明的時代之前，他們是那些令人費解的事物的化身，是超乎人類控制、高深莫測力量的面貌。這些千奇百怪的眾神，樣貌和行徑變化多端，為現代的角色塑造奠定了基礎。怪獸，被描寫成具有「奇怪」和「野獸」的特質，牠們以各種怪異的外型，威脅著日本的城市，可以被看做是這個悠久民間傳說的分枝，是現代都會兒童的童話故事。

直到鏑三郎提出製作軟膠怪獸玩偶的構想之前，傳統的看法都認為，孩子要嘛想要打扮成像他們的英雄，要嘛想買一些用主角的臉孔裝飾的東西，像是道具服或是《原子小金剛》牌子的糖果，就像一九六三年時，孩子們揮霍零用錢的方式。鏑三郎的靈感為孩子的玩耍方式引進了一個全新的發展：可收藏性。比盧卡斯意識到《星際大戰》「真正的搖錢樹是那些動作玩偶」

還早了十年，[16]也比《精靈寶可夢》創造出「Gotta Catch'Em All!」（把牠們全部收服）這句全球流行語早了三十年，日本的孩子們早就吵著要再添加一些怪獸到他們不斷增加的收藏品之中了。其他電視製作和玩具公司也跳進來分一杯羹。到了一九六七年，橡膠玩具的軍備競賽開始了。動漫出局，怪獸登場。

當美國人和英國人正在經歷著「愛之夏」（Summer of Love）的社會運動（譯註：Summer of Love 是指一九六七年在美國舊金山所掀起的一系列嬉皮運動，強調愛與和平），日本卻被「怪獸之年」所席捲。電視上至少有七個怪獸

丸三的第一個怪獸玩偶是來自圓谷較早期的系列作品《Ultra Q》裡的角色，這一系列為後來的《超人力霸王》奠定了基礎。

節目，而像《怪獸島決戰：哥吉拉之子》這樣的電影，則繼續讓孩子們湧進戲院。突然之間，到處都是巨型怪物。百貨公司舉辦了精心製作的表演，讓真人穿上跟節目中的英雄和怪獸一樣的道具服，為成群亢奮的兒童演出逼真的怪獸大戰。為了趁勢賺一票，出版商推出了大量插圖的怪獸圖鑑，內容包羅萬象，從牠們的名稱目錄，以及螢幕上的長相，到荒謬的內部器官詳細解剖圖都應有盡有（以哥吉拉為例：有一個「大腦」，不是很大，有一個「鈾囊」，當然還有一個「熱核反流器」）。

這不僅是小孩子的玩意，怪獸熱潮遍及社會的每個層面。跟隨皇室家庭前往市中心購物的記者們發現，六歲的皇太子德仁，在東京的一家書店買了一本巨型怪獸百科全書。[17]戰後小說家三島由紀夫寫了一篇令人沉思的文章，他在文章中宣稱：「我也一樣，是隻怪獸。雖然噴出的是毒氣，而不是硫磺火焰。這種氣體就是所謂的『小說』。」[18]

《超人力霸王》播出時，孩子們想著要玩具怪獸；當他們玩著玩具怪獸時，他們夢想著《超人力霸王》。這種風潮在一年之後就消退了，但巨型怪獸在日本流行文化的意識中，留下了不可磨滅的印記。一九九〇年，當田尻智提出了《膠囊怪獸》（這個構想後來演變成《精靈寶可夢》）的企劃草案時，他用來解釋戰鬥系統的第一張插圖，[19]是一隻名字叫做 Godzillante 的噴火蜥蜴，正對著一隻巨大的猩猩擺出對陣架勢，這隻大猩猩讓人不禁聯想到《金剛》。雖然只有口袋大小，但是精靈寶可夢卻有著怪獸的基因：在創意上，有著怪獸的外表；在概念上，有著彼此對戰的玩法；在財務上，有著不斷變化和可收藏的商業模式。

****

直到一九八〇年代，電腦技術發展到一個程度，才有人可以想像出一款可以和電影與電視媲美的角色遊戲。第一款是一九八〇年風靡一時的《小精靈》（*Pac-Man*），由一位名字叫做岩谷徹的程式設計師所創作。這個遊戲的名稱源自於日語單字 paku-paku，是咀嚼的狀聲詞。[20] 它最早的機器是以《吃豆人》（*Puck Man*）的名稱進入日本的大型電玩市場。直到 Namco 的美國出口夥伴 Bally-Midway Games 裡經驗老道的人士指出，說英語的惡搞者，可能會立刻將《吃豆人》的 P 亂改成 F，Namco 才換掉了這款遊戲的名稱。[21]

《小精靈》是電玩遊戲世界裡的第一位超級巨星。它有直覺式的遊戲玩法和迷人的視覺效果：你身處在一個迷宮中，一邊吞食圓點，一邊躲避怪物，一邊尋找「大力丸」來為自己補充能量，並且暫時扭轉局勢。它擁有遊戲世界裡第一位可辨識的主角，是一位披薩形狀的英雄，再加上 Inky（淺藍色幽靈），Pinky（粉紅色幽靈），Blinky（紅色幽靈）和 Clyde（橘色幽靈）

等多種色彩的配角。它有魔音穿腦的背景音樂：wakka-wakka-wakka。簡單、有趣和策略的結合，使得《小精靈》從一款熱門遊戲提升成為一個社會現象，席捲電玩遊樂場、家庭和日常生活，誘惑了全世界的男女老少。

美國的媒體稱之為「小精靈狂熱」。對於我們這些在狂熱中倖存的人來說，《小精靈》前奏叮噹聲合成的旋律，即使在幾十年後的今天，仍具有讓人產生制約反應的力量，聽了會興奮不已。聽到它，意味著，你剛投入了一個寶貴的二十五美分硬幣，可能是你辛苦掙來的，或是從父母那裡央求來的，而「這個遊戲」即將開始。你的身體因緊張興奮而隱隱作痛，沒有任何一種飲料或藥物比得上這種雞尾酒。你很好奇：這次我能玩多久？在傳說中的第兩百五十六級之外埋伏著什麼？我有可能在高分排行榜上看到自己的名字嗎？或是因為我輸入「ASS」做為替代而浪費了一次機會？

小精靈是第一個離開大型電玩、融入日常生活的電玩角色。我、還有我的戰友們，在對抗幽靈的永恆戰鬥中，睡在小精靈的床單上；用小精靈毛巾擦乾我們的臉；穿著小精靈的T恤；吃著小精靈早餐麥片；把我們的午餐三明治放在小精靈便當盒裡帶去學校；聽著 Buckner & Garcia 樂團在一九八二年排行榜上的熱門歌曲「Pac-Man Fever」（小精靈狂熱）；在我們家裡的 Atari 2600 遊戲機上玩《小精靈》；而當我們最後被父母強迫關掉遊戲時，我們會轉向

Hanna-Barbera 公司製作的《小精靈：動畫系列》尋求慰藉。是的，我們那個世代的許多人，都做過所有的這些事情。這些人格形成期的經驗，造就了今天的我。

但是，儘管它大獲成功，「小精靈狂熱」說穿了，也只不過就是一時的流行。這款遊戲的文化影響力跟隔年一九八一年發行的另一款遊戲相比，顯得黯然失色。這款叫做《大金剛》（*Donkey Kong*）的遊戲，突然出現在美國任天堂西雅圖的倉庫裡，是由位於京都的母公司運來的，這讓公司陷入一陣混亂。首先是名稱：當美國的業務經理聽到這個名字，他以為任天堂的社長山內溥瘋了。Donkey（驢子）……什麼？Donkey Hong？Konkey Hong？這是什麼意思？儘管他們想破了頭，還是一頭霧水。[22] 美國可以提供的最好玩遊戲（而我們是箇中好手，不是嗎？），是充滿射擊和爆炸的場景，可以展現出男子氣概，讓玩家感覺自己像是個超級英雄的太空飛行員，或是拯救地球免於被外星人摧毀的救星。當員工開始玩《大金剛》，他們被嚇壞了。這一點都不酷，簡直太可愛了。它看起來就像是一個該死的兒童卡通！有哪個血氣方剛的美國男孩

《小精靈》擁護者的早餐。

會花錢去玩這個？據說，有位經理討厭《大金剛》討厭到已經開始著手找新工作。

一九八一年，當《大金剛》登陸美國的時候，我才八歲，即使在今天，帶著大人的眼光回頭看，我仍然很難以理解，對於如此多采多姿、趣味橫生的經驗，一開始所衍生的那些憤怒，究竟是怎麼一回事。在早期大型電玩時代一定會聽到的刺耳嗶嗶聲、爆炸聲，以及讓人不安的合成機器人的聲音中，伴隨著《大金剛》不斷向天空攀爬的愉快嘎嘎聲，我和我的小玩伴們像飛蛾撲火般被它吸引了過去。我們發現了第一個可能擠下萬能小精靈，成為我們癡迷對象的角色。美國任天堂的大人一開始對它嗤之以鼻的可愛造型，在我們眼中看來則是另一回事。按照美國人傳統上對酷這個字的定義來說，它可能算不上酷，但也並非不酷。它不知何故……讓人感到舒服。這是我們第一次接觸到卡哇伊的設計，儘管當時沒人意識到這點。

我們所知道的大型電玩，是被放置在木製的櫃子裡的，櫃子上裝飾著華麗誇張的插圖當做視覺參考，用以說明螢幕上的圓點和方塊代表著什麼意思。投擲飛彈的核子怪獸；英勇的太空船翱翔在充滿敵意的外星人土地上；飛碟對著……不曉得在哪裡的善良老百姓投擲致命的武器。在《大金剛》中，我們找到了一款完全不需要這些說明的遊戲。有著看起來很逼真的角色，有著激勵人心的配樂，還有著英雄救美的故事情節，感覺就像是在玩一部真實的卡通抽象的圖案再也無法令人滿足了。而任天堂也加入了電玩公司的行列，我們在追蹤他們發行的大型電玩上所投入的心血，就如同我們周遭的大人在追逐音樂、電影和電視時，投入他們老人家的熱情一樣。

《大金剛》的起源實際上可以追溯到一部卡通，但是故事開始於一座倉庫。[23] 那裡堆滿了沒人要的《Radarscope》電路板，《Radarscope》是一款大型電玩，在美國銷路不佳。任天堂的社長山內下令，要將它們改造成可以賣得出去的東西。這個救援任務同樣落到製造出這個無用之物的二十七歲年輕人身上：宮本茂。宮本茂經由一位家族朋友介紹給山內，被聘為平面設計師。[24] 在 Atari 或 Taito 或 Namco 這類頂尖的遊戲公司裡，像宮本這樣完全沒有程式撰寫經驗的人，可能會被遊戲部門的人瞧不起；但在任天堂，則一點都不用擔心。所有技術層面的工作都會外包給真正在建造任天堂大型電玩機台的同一家公司：一家叫做 Ikegami Tsushinki 的電視播放設備製造商。任天堂根本沒有能力製造自己的大型電玩機台，至少當時還不行。

宮本的經理橫井軍平，在看了一部古老的卡通《大力水手》之後，想出了這個遊戲的核心創意。[25] 一九三四年，由佛萊舍工作室（Fleischer Studios）製作的動畫《夢遊記》（*A Dream Walking*）裡頭，奧莉薇（Olive Oyl）夢遊穿過一個建築工地。當卜派（Popeye）和布魯托（Bluto）爭相搶著要將她從正在建造的摩天大樓梁柱上營救出來時，他們從一層樓扭打到另一層樓，彼此不分上下，直到大力水手捏爆他的招牌菠菜罐頭（順帶一提，這一經典的表現手法，也啟發岩谷徹將「大力丸」融入到《小精靈》裡）。[26] 任天堂關於《大力水手》的版權談判失敗了，但遊戲玩法依然保留了下來。布魯托變成了大猩猩，奧莉薇變成一位綁著馬尾的金髮女郎，而大力水手變成了Jumpman。不再是一位水手，而是一位戴著紅色帽子，身穿藍色工作服的普通人。

宮本原本想把他稱做電玩先生（Mister Video）。[27]「我的想法是，他會出現在我所有的電玩遊戲之中，就像希區考克（Hitchcock）出現在他自己所有的電影中那樣，我認為這樣子很酷，或是相同的角色出現在手塚治虫許多不同的漫畫中那樣。」他在多年後解釋。接下來，他們需要一個標題。他翻遍了字典尋找靈感，並把代表頑固的Donkey（驢子）這個字，配上最受歡迎的怪獸電影名字：《金剛》（*King Kong*）（歸功於牠出現在一九六二年的《金剛對哥吉拉》，日本所有巨型電影怪物的老祖先也都被認為是怪獸了）。「它是一款好遊戲」，[28] 山內對美國任天堂的批評者只草草說了這樣一句話。他們別無選擇，只好想辦法銷售。這些美國人確實設法爭取到一個讓步：他們可以重新為兩位人類主角命名。那位不知名的女朋友成為了波琳（Pauline），而Jumpman則變成了瑪利歐（Mario）。這裡還有一個八卦，這個長著鬍子的角色，很像美國任天堂的房東瑪利歐·西加列（Mario Segale），據說他打斷了討論，跟公司索討該付給他的倉庫房租。

美國推出的第一台《大金剛》機台，就跟十年前的《Pong》一樣，出現在一家小酒館裡。如出一轍地，它每天吸進的二十五美分硬幣的數量，也讓把它擺在那裡的美國人大吃一驚。在眾多射擊和闖迷宮的遊戲中，似乎對這種全新的虛擬體驗有著潛在的需求，宮本將這種體驗稱之為「跑、跳、攀爬遊戲」。到了一九八一年底，美國任天堂售出了六萬多台《大金剛》機台，使得它的合夥創辦人迅速成為千萬富翁，並讓這家瀕臨破產的子公司，逆轉成為任天堂最賺錢的單位。在接下來的幾年，美國任天堂的員工在向客戶自我介紹時，都以「生產《大金剛》的公司」自稱。[29]這很合乎邏輯，每一位美國人都知道這款遊戲，但沒人知道任天堂是何方神聖。不過，這種情況即將改觀。

也不過在幾年前，美國的製造商幾乎掌控了全球的大型電玩市場；現在，大型電玩變成由日本製造的三大遊戲：《太空侵略者》、《小精靈》、《大金剛》所宰制。這就像一場全球規模的《Pong》遊戲，橫跨環太平洋開打。一群由各方人馬組成的日本創作者，端上一系列大受歡迎的產品，直攻美國遊戲產業的心臟地帶。接下來所發生的事情，誰也沒有料到。

美國兵敗如山倒。

如今，圈內人稱其為「墜毀」。Atari投資了一款構想拙劣的遊戲，改編自電影《ET外星人》，在這場災難性的過度投資之後，曾經所向無敵的Atari，財務狀況如自由落體般急轉直下。[30]由於事出突然，讓競爭對手深感恐慌，他們有的出於自願、有的因為破產，一個接著一個退出了這個產業；到了一九八三年底，美國電玩產業彷彿《飛彈指揮官》遊戲結束時的核爆廢墟：一個產值數十億美元的市場，在短短幾個月就崩跌到只剩一億美元。這場大屠殺幾乎確保了在可見的未來，沒有公司敢生產家用電玩遊戲機。

總之，在美國是沒有這樣的公司了。準備上場了嗎，二號玩家？

上村雅之是任天堂「Family Computer」的設計師，Family Computer在日本更廣為人知的名字是紅白機，在國外則被稱做Nintendo Entertainment System（任天堂娛樂系統）。[31]一九八三年，它在日本上市，兩年後出現在美國和歐洲，它憑藉著一己之力，就讓被絕大多數觀察家認為早已入土的遊戲產業起死回生。

上村出生於一九四三年，成長於京都，Kosuge的錫製吉普車是他童年的玩具之一。在獲得電機工程學位之後，他曾在早川電器（現在的夏普）工作過幾年，然後在一九七一年被任天堂的橫井軍平聘用。目前他擔任京都立命館大學遊戲研究中心（Center for Game Studies）的負責人，該中心是少數致力於保存家庭電玩系統、軟體和雜誌的學術機構之一。電玩遊戲的壽命驚人地短暫。隨著針對市場不斷開發的新型電腦晶片、遊戲機和電視機的出現，舊有的產品就默默地淪落成歷史的灰燼。但在遊戲研究中心，收藏了古老年份的遊戲機，以及可以從舊卡帶和舊光碟讀取和儲存資料的高科技工具，時間依然為遊戲停留。我們倆坐在一個公共的研究空間裡，周遭環繞著研究生和年輕教授的書桌，他們正在研究著各自的專業領域：早期的 3 D 遊戲、個人電腦遊戲，甚至是用筆和骰子玩的角色扮演桌遊。一台古老的一九八〇年代紅白機，放在我和上村之間的桌子上，它的米色塑料隨著歲月的增添而泛黃，連接到一台同樣古老的映像管電視機。《大金剛》在螢幕上靜靜地播放著，空氣中散發著淡淡的新地毯、舊紙板和新鮮空氣的氣味。它讓我想起了童年，想起無數次地下室娛樂間裡的遊戲時光，想起我們身邊打開的《Nintendo Power》雜誌，為我們所提供的遊戲攻略。

在紅白機之前，任天堂從來沒有建造過以遊戲卡帶為主的遊戲系統，上村解釋。從某種意義上來說，它根本沒有創造過任何自己的遊戲。無論是家用產品，簡單如隨插即玩的《Pong》風格遊戲，或是大型電玩機台，任天堂產品的核心部分，無一不是來自三菱、夏普和理光等高科技廠商的工廠；程式設計則是由諸如池上通信機（Ikegami Tsushinki）之類的專家所完成。任天堂沒有人準備好面對等待在他們前面的艱困學習過程。

上村從購買美國硬體的樣本開始。他把一台 Atari 2600 和一台 Magnavox Odyssey2 遊戲機拆解到電晶體的部分，並且與一家半導體實驗室合作，溶解掉系統中央處理單元上覆蓋的塑膠，拍下電路系統，再將圖像放大，以便追蹤線路安裝的模式。經過六個月仔細研究這些競爭對手的機器之後，他發現這些對建造一台新的遊戲機都沒有任何幫助。「這些都是老掉牙的技術了。」他告訴我。

上村的一位團隊成員提出了一條誘人的捷徑。他們可以將公司最受歡迎的大型電玩：《大金剛》拿來轉為他用。將大型電玩的電路縮小到桌面大小，不但可以玩《大金剛》，也可以玩其他的遊戲，從技術層面來看，也是一項艱鉅的任務。此外，還有一些其他不可避免的因素參雜其中：來自山內的一聲令下：「我們必須讓它盡可能地便宜。」

一九八三年七月十五日，紅白機在日本的玩具店上架，完全看不出未來會大獲成功的跡象。上村將它形容成是「一種人們完全不抱任何期待的產品」。這款四四方方的米色和酒紅色的小機器推出時，沒有引起多大騷動，頂多只有一點點微溫的反應。「它有什麼好玩的？」在產品發表會上，一名記者要求上村回答，「它甚至連鍵盤都沒有！」在美國，大型遊戲公司的重心正從遊戲機轉向家用電腦。與那些雄心勃勃的新裝置相比，紅白機故意地、甚至是挑釁地，做得像玩具一樣。最糟的是，另一家叫做 Sega 的競爭對手，也在同一天推出了自己的遊戲機。它有鍵盤。

「我當時非常沮喪。」上村回憶道。

上村已經為任天堂建立了一套系統。在當時，任天堂所缺乏的，是一個足以說服大家選擇自己、而非競爭對手的理由。任天堂需要一個我們今天所謂的殺手級應用程式：一款非常誘人的遊戲，它會迫使消費者去購買這個娛樂系統，純粹只為了玩這款遊戲。

在任天堂社長山內溥漫長而曲折的事業生涯中，最幸運的一步，也許就是找到宮本茂。宮本一九五二年出生，在京都郊區的一個小村莊長大。他的家裡沒有汽車、沒有電視，甚至也沒有什麼玩具。他也不需要它們：鄉下到處都是小動物的農田、溪流、森林和起伏的山丘成了他的遊樂場。在採訪中，宮本經常會描述一個他發現小洞穴的成長經歷，他靠著一個小燈籠探索了這些小祕密。童年時光經過多次的重述，加油添醋成為一個廣為流傳的故事：「就像砍櫻桃樹的故事之於華盛頓，迷幻藥的故事之於賈伯斯。」《紐約客》雜誌在二〇一〇年的一篇特寫裡如此描述。

《大金剛》證明了宮本已掌握到創造吸引人角色和遊戲世界的訣竅。橫井責成他製作續集《大金剛 Jr.》，然後是另一部《瑪利歐兄弟》，將這位英雄和一位叫做路易吉（Luigi）的兄弟搭檔在一起。但是一九八五年發行的《超級瑪利歐兄弟》，才真正鞏固了宮本茂身為遊戲大師的聲譽。

《大金剛》曾經風靡一時，但《超級瑪利歐兄弟》絕對會讓玩家如癡如狂。動作不再侷限於一個螢幕上；為了尋找被綁架的公主，瑪利歐在一個滑動出來的數位童話世界裡全速奔跑，在這裡有熔岩坑、密室、城堡、橋梁和怪物。它並不是第一個粉絲們所謂的「橫向卷軸遊戲」（《小精靈世界》——橫向卷軸版的《小精靈》，比它早一年問世），但它無疑是最好的一個。反應靈敏的操控工具、迷人的圖形、直覺式的玩法、有感染力的配樂、一群有趣的角色，最重要的是，一種潛藏在視線之外的史詩級神祕感。它匯聚成一種超乎遊戲的東西；這感覺就像是童年想像的轉化。許多玩家已經在之前的遊戲中認得了這位主角，這只會讓他們更加感覺到自己正在參與的事件，要比螢幕上所顯示的大了許多。突然之間，這個家庭娛樂系統不再只是一個玩樂的工具，它是通往神祕世界的門戶，是邁向一種新型數位化休閒的跳板，這種休閒方式的體驗遠比瘋狂吃硬幣的大型電玩更為豐富。

《超級瑪利歐兄弟》的確是一款很出色的遊戲，但以更完整的角度來分析的話，則要歸功於它恰巧碰到了一個好時機。它是在一項新法令頒布之後七個月上市的，這項法令對日本的遊戲產業產生了巨大的影響。[32] 日本國會最初在一九四八年通過了《風俗營業取締法》，禁止未成年人進入酒吧、舞廳、色情店和賭場等場所。一九八四年，立法者對其進行了修改，將全國兩萬六千家大型電玩商場也納入其中，[33] 這些電玩商場在全國迅速激增，讓當局大為警覺。[34]

一九八五年二月新法生效，等於是迫使所有二十歲以下的人，要嘛待在家玩遊戲、要嘛根本別玩。在美國和歐洲，大型電玩的批評者都曾推動過類似的法令，有些市政當局頒布宵禁或徹底的禁令，但是沒有任何一個比日本的這項法令影響更為深遠。[35] 令許多遊說修法的人感到懊惱的是，它讓家用電玩娛樂系統的銷售一飛衝天，點燃了整個社會的紅白機熱潮。這種新發現的家庭遊戲消遣如此具有吸引力，儼然穿透到主流文化之中，以至於一本叫做《超級瑪利歐兄弟：遊戲全攻略》（*Super Mario Bros.: The Complete Strategy Guide*）的書籍，在一九八五和一九八六年連續兩年榮登日本暢銷書榜首，[36] 這是連村上春樹或J．K．羅琳（J.K. Rowling）之流的作家都無法複製的成績。

當紅白機於一九八六在美國和全歐洲正式推出時，它其中的一個重要賣點就是跟《超級瑪利歐兄弟》綁在一起銷售。多虧了三年前美國遊戲產業的崩潰，任天堂幾乎沒有遭遇到當地對手的抵抗就搶灘成功，而它的成功，為日本的創造者奠定了基礎，讓他們可以在全世界兒童的心目中獨佔鰲頭，直到二十一世紀初。

一九八八年二月，在東京一個涼爽的日子裡，大家充分意識到，電玩可能已經超越了單純的消遣。[37] 當第一批通勤者在那個週三的早晨抵達新宿時，他們驚訝地發現，已經有數百個人在那裡耐心地排隊等候，隊伍沿著建築和整個城市街道蜿蜒而行，他們呼出的白煙在清晨寒冷的空氣中裊裊上升。東京鄰近地區和其他主要城市，包括大阪和名古屋，也有類似的景象。他們已經在各大電子產品商店門前佔據了最佳位置，為的是爭取到購買《勇者鬥惡龍三》的機會。《勇者鬥惡龍三》是軟體公司 Enix 為紅白機最新推出的一款備受期待的遊戲。

《勇者鬥惡龍三》並沒有以激烈的動作競賽得分做為賣點，這是前一代暢銷產品的典型特色。它根本沒有分數；這是一款角色扮演遊戲，讓玩家可以自由掌控，靜靜地探索童話故事般的城堡和地牢景觀。以現代的標準來看，這些圖形非常粗糙，但是它的包裝和說明手冊，則是由藝術家鳥山明（日本最暢銷的漫畫《七龍珠》的作者）所精心繪製。整個作品的跨界吸引力，超過了迄今為止的任何電玩。

《勇者鬥惡龍三》的驚人成功，使得導演堀井雄二一夕成名，成為新一代高科技創意人才的代言人，他們和那些日本戰後玩具、收音機、電視機、汽車和消費電子產品的製造工匠，一樣認真地在從事建構虛擬世界的工作。對他們來說，任天堂娛樂系統不僅是一台遊戲機而已，它是一個平台，可以向世界傳達自己的聲音。

由於這些創作者在他們的遊戲作品中，不自覺地借用並融入了傳統的怪獸表演、動漫和漫畫，任天堂娛樂系統和它的後繼者發揮了羅塞塔石碑（Rosetta stone）的作用（譯註：羅塞塔石碑為解讀古埃及象形文字提供了線索，用來比喻解開神祕之謎的線索），將日本的美感傳遞給全世界。許多外國小孩是透過電玩遊戲，而非電視、漫畫或動漫，才第一次接觸到卡哇伊設計、御宅族最愛的「裝甲」機器人，或是「強化」成為超級巨大的超人，例如「超人力霸王」的這種概念。

任天堂賣出了這麼多的任天堂娛樂系統，以至於到了一九九〇年，在西方世界，「玩任天堂」就等同於玩電玩的意思。到了一九九三年，任天堂所賺進來的錢，超過好萊塢前五大製片廠的總和，[38]調查還顯示，美國兒童之中認得瑪利歐的人要比認得米老鼠的人還要多。然而任天堂在海外的代言人，並不是上村或宮本，甚至也不是美國任天堂的總裁——山內的女婿。而是一位一頭金髮、長著雀斑，配戴著領結的二十幾歲年輕人，他的名字叫做霍華德．飛利浦（Howard Phillips）。美國任天堂的「遊戲大師」扮演著公司代言人的角色，負責面對記者、在官方活動中登台亮相、在公開的遊戲論壇中回應所有的挑戰者，並且在公司內部刊物《Nintendo Power》雜誌裡提供遊戲攻略，在這本刊物裡還有他自己的漫畫《Howard & Nester》。美國人嚮往日本的遊戲，但是他們還沒有準備好接納日本。這還需要幾年的時間。

一九八八年底在日本推出的 Mega Drive 遊戲機，是由以前從事自動點唱機維修的 Sega 公司所開發出來的，它的首次亮相，宣告任天堂長達五年獨霸家庭遊戲產業的地位，將面臨第一位真正競爭者的挑戰。鍍有光澤的黑色和鉻合金，Mega Drive 與深受喜愛的紅白機和 PC Engine（另一台競爭對手的機器，由日本電子公司 NEC 製造）相比，在祖國的表現不佳。但這無妨。至此，很明顯的，真正的市場佔有率爭奪戰早已超出了日本的疆界，任天堂在國外賣出的機器遠遠多於國內。以美國為例，玩任天堂的孩子多過觀看美國最大兒童電視聯播網 Nickelodeon（尼克兒童頻道）的人數。[39] 這是道簡單的數學題目：電玩遊戲在日本非常受歡迎，但是國外有更多的孩子。跟日本一九七〇年代末期的漫畫與動漫迷一樣，這一代在電玩中長大的外國小孩，拒絕隨著年齡的增長而跟這些所謂的玩具告別；相反地，他們要求更加精緻。

一九八九年在美國上市時，Mega Drive 被重新命名為「Genesis」，它輕而易舉地超越了上市已經六年、性能逐漸顯得老態龍鍾的 NES。在 Genesis 首次亮相兩週之後，NEC 在市場上推出了 TurboGrafx-16，這是美國版的 PC Engine。任天堂自一九八六年在美國推出 NES 以來，它的產品首次在國外面臨了真正的競爭。遊戲機大戰開始了。一場公開的人氣爭奪戰只能在海外開打，這是因為，眾所周知，日本公司向來怯於發動任何帶有競爭色彩的廣告活動。公開向競爭對手的產品叫囂，對西方的觀眾來說再熟悉不過了，看看可口可樂與百事可樂沒完沒了的風格對決就知道了，但這在日本被認為是不恰當的行事作風。

為了對抗土裡土氣的中年水管工人瑪利歐，Genesis 推出了《音速小子》（*Sonic the*

Hedgehog），由一位二十五歲的程式設計師中裕司所創作。索尼克（Sonic）是一隻古靈精怪的齧齒動物，牠會出現在遊戲的起始畫面上跟玩家揮動手指頭，然後以驚人的速度，一圈又一圈地繞著茂密的熱帶叢林奔跑，即使是最快的NES遊戲也難以匹敵。如果說《超級瑪利歐兄弟》感覺像在玩一部卡通，《音速小子》就像把一部卡通直接注入你的腦幹，為西方的粉絲打了一劑強效的大頭卡哇伊設計和酷炫維他命。就如同美國任天堂對《大金剛》最初的反應一樣，Sega的美國總裁最初也認為以刺蝟當做核心來開發遊戲簡直是「頭殼壞掉」。[40]當數以百萬計的孩子用自己的（或更確切地說，他們父母的）錢包投票，再次證明了美國的時尚引領者是錯的，而日本人是對的。索尼克的生存方式跟任天堂的主流遊戲背道而馳，沒有受困的少女，只有對速度的本能需求；如果玩家沒有好好注意控制器，牠甚至會不耐煩地跺跺腳。索尼克給了Genesis一種時髦、叛逆的形象，完美地融入那個時代的「另類」文化。那個時代裡，穿著法蘭絨的頹廢搖滾英雄出現了，諷刺地對照著一九八〇年代一身金屬亮片華麗裝扮的舞台搖滾歌手。Sega盡其所能地強化品牌忠誠，播出挑釁的平面和電視廣告大肆吹噓：「任天堂做不到的事情，Genesis做到了！」[41]

你有沒有玩過電玩已經不再是個問題，因為似乎每個孩子都在玩電玩，關鍵在於你是個什麼樣的玩家。在一九六〇年代汽車改裝熱潮的高峰期，熱愛汽車的美國年輕人在轟隆作響的次文化中用來定義自己的，是底特律的鋼鐵所鍛造出來的新詞彙：雪佛蘭和福特，V-8 hemis 和 big blocks 引擎，噴漆和電鍍。現在，一九九〇年代的玩家也依樣畫葫蘆，用的則是日本矽谷發明的詞彙。他們挖掘出遊戲相關的常用術語，例如，強化（power up）、升級（level up）、小魔王（miniboss）、魔王對戰（boss battle）、極限爆發（limit break）、過場動畫（cutscene）和存檔點（save point），將這些術語都納入英語的詞彙當中。他們在八位元與十六位元微處理器的對照比較中玩得不亦樂乎，並且將最喜愛的遊戲裡折騰人的錯誤翻譯，轉變成圈內人的笑梗，例如：A winner is you!（一個勝利者是你！）、All your base are belong to us!（你們所有的根源是我們！）（譯註：「All your base are belong to us」除了文法上的根本錯誤，沒有使用複數，are 是多餘的之外，更會被理解成「你們所有的根源是我們」。因為 base 除了可做基地解釋以外，更多時候解做根本。如要表達「所有的基地都屬於我們的」，英文應為「All your bases belong to us」）。大家議論紛紛：任天堂精巧的遊戲玩法，設立了一個評斷其他遊戲的標準；NEC 的 TurboGrafx-16，是第一個附有 CD-ROM 驅動配件的系統，可以提供更好的音樂和音效；Sega 前衛的精神和運動類的遊戲，對於科技宅男和體育猛男這類型的人頗具吸引力。一九九一年，輪到我該去上大學的時候，我從來沒有想過要把那台童年時光可靠的老朋友 NES 放入行囊。在打包學校用品之前，我先把 Genesis 放了進去，還有另一台叫做 Game Boy

的小機器。

任天堂以慢工出細活的方式來打造紅白機的繼任者。它從來都不是一家走在科技創新尖端的公司；相反地，它選擇遵循橫井軍平所建立的途徑，橫井信奉一種設計理念，他稱之為「成熟技術的水平思考」。[42] 簡而言之，這意味著任天堂在研發新產品的時候，他們堅持使用便宜且經過驗證的現成組件，而不是砸下重金靠自己創造最先進的東西。這種看似倒退的心態，與大多數科技公司推崇挑戰極限的態度大相徑庭，但卻具體落實在橫井最讓人記憶深刻的產品之中。

他的 Game Boy 在一九八九年上市，這款遊戲機對電玩所造成的影響，就如同隨身聽在一九七九年對音樂所造成的影響一樣深遠。它不是第一台可攜式的遊戲裝置，但它是第一台真正將「走到哪玩到哪」這個概念帶入群眾之中的遊戲機。遊戲玩家從此不再需要聚集在大型電玩商場裡，或是受限於自己家中的電視機之前了。有了 Game Boy，他們可以隨時隨地玩遊戲。跟隨身聽類似，Game Boy 並不是什麼領先技術。與競爭對手推出的高科技、全彩的可攜式機器相比，任天堂的這款遊戲機採用的是單色顯示螢幕，每當角色快速移動時，就會出現明顯的模糊。業內人士都不太看好。「我們都稱它為 Lameboy（蹩腳男孩）。」[43] 美國遊戲開發商

Interplay 的共同創辦人麗貝卡・海涅曼（Rebecca Heineman）告訴我。這種規格對專家來說可能有些蹩腳，但一般的使用者根本不在乎。就如同可以在家觀看《Astro Boy》這件事情本身勝過了它的動畫看起來很粗糙，也如同隨身聽可以隨身攜帶的特性，遠重要於它最早期的版本無法錄音的事實，方便和內容勝過了一切。Game Boy 以縮小版的形式，提供了我們渴望的幻想，從瑪利歐開始，一路延續到任天堂的經典遊戲系列，不管競爭對手的裝置有多麼豪華，都無法與之匹敵。這就是為什麼 Game Boy 對我和我的朋友來說，從來不覺得它蹩腳。反而覺得它是一種必需品。

儘管規格也許受到一些影響，但 Game Boy 幾乎在其他各方面都是優越的產品。它在設計上時髦中性：既不男性化也不女性化，既不幼稚也不老氣，既不高科技也不復古。它的競爭對手，披著一身有稜有角的光亮塑膠外殼，像是在賣弄它的高科技，這是那種十幾歲男孩會想要拿來跟他的朋友們炫耀的東西；相對的，Game Boy 在設計上則是以舒適為考量。它的尺寸較小（大約是一本平裝書的大小），它有一個刻意令人產生好感的名字，它灰色系的搭配與圓滑的邊緣，讓人忍不住想要隨身攜帶，你幾乎是出於本能地把它放到手掌上。同時，它號稱擁有超長的電池壽命（對於任何攜帶式電子裝置而言，這都至關緊要），它甚至堅固到無法摧毀。真的是這樣，這些事情說來也許令人難以置信。在第一次波灣戰爭期間，有位美國士兵把一個樣本帶到了科威特，即使在一場恐怖轟炸之後，它幾乎被遺忘得一乾二淨，仍然可以繼續運作（事實上，到了二〇一九年它仍然繼續在運作，並且於洛克菲勒中心的任天堂商店展出）。[44]但最重要的是，Game Boy 有這些遊戲。是受歡迎的角色，而非技術規格，使得 Game Boy 成為一九九〇年代最暢銷的遊戲系統。它不僅擊垮了掌上型裝置的競爭對手，它甚至也把 Super NES、Genesis 等遊戲主機，以及後來所有繼起的競爭者打得落花流水。事實上，如果把它的所有不同版本，例如 Game Boy Color 和 Game Boy Advance 都包括進來，Game Boy 會成為有史以來最暢銷的遊戲機。

這場遊戲機大戰，是一場尖端硬體規格的正面對決。Game Boy 的勝出，代表內容與便利性勝過了技術。年輕的遊戲玩家對 Game Boy 趨之若鶩，而非競爭對手，是因為它所提供的幻想：例如《超級瑪利歐樂園》、《銀河戰士》、《薩爾達傳說》，以及《惡魔城》系列等深受喜愛的 NES 經典遊戲的縮小黑白版本。大人們喜歡它，是因為它所附帶的一款遊戲：《俄羅斯方塊》，這是一款引人入勝的益智遊戲，由蘇聯的電腦實驗室所開發（並且經過一系列錯綜複雜的過程才授權給了任天堂，這個過程讓人聯想起某部冷戰驚悚片）。《俄羅斯方塊》是一個殺手級應用程式的教科書案例，它吸引了大批以前做夢都沒想過會玩電玩的人，其中包括了美國的老布希總統，他在甲狀腺手術後的療養期間，被拍到正在玩一台 Game Boy。它也深受女孩和女士們的喜愛，根據美國任天堂的一項調查，這些人總共佔全體 Game Boy 用戶的四六％。[45]「我已經成了它的超級粉絲。」希拉蕊・柯林頓（Hillary Clinton）在一九九三年《時代》雜誌的訪談中坦承，[46]她解釋說，她自己也買了一台，才不用老是跟女兒雀兒喜（Chelsea）搶 Game Boy。全球化，簡而言之就是：美國的前總統和第一夫人，在日本的遊戲系統上玩著蘇聯製的益智遊戲。沒有任何跡象顯示，這些身居要職的人把玩著外國的幻想之際，會以某種方式影響到政治；或者是說，尚未發生。不過，這會是我們下一章的故事了。

不論是有意或無意，任天堂都取得了其他遊戲公司所沒有的成就：性別平等。或許更確切的說法是，儘管這台遊戲機取名為「Game Boy」（遊戲男孩），由於它刻意地表現出反男子氣慨，所以能夠男女通吃，與競爭對手的產品截然不同。「便於攜帶與卡哇伊設計感的結合，意味著人們會非常樂於隨身帶著這些東西到處走，」[47]《衛報》在二〇一五年解釋道，說得那麼篤定，甚至連向它的讀者解釋什麼是卡哇伊都免了。「任天堂明白小東西是可愛的，而這種可愛感貫穿著

一九九二年，第一夫人希拉蕊・柯林頓在空軍一號上。

整個體驗。這也正是智慧型手機領域正在發生的事情，例如《糖果傳奇》、《水果忍者》與《憤怒鳥》。」又或者，來看看之後的《精靈寶可夢GO》，它在二〇一六年發行後的第一個月裡，全球下載量就超過了一億次。

大型電玩遊戲是一種共享的公開體驗，它所涉及到的社會互動包括：要親自到達現場；觀察其他玩家的玩法；尋找對戰的敵手；摸清楚當地的規矩，例如知道要在什麼時候、什麼地方，在螢幕邊緣投入一個硬幣，以確保能繼續玩下一回合。遊戲機，根據定義，則是一種可以自得其樂的東西，而且不需要離開舒適的家。到了一九八〇年代泡沫經濟達到巔峰時，在諸如一九八九年的一篇標題為「資訊社會如何扭曲兒童」的報紙報導當中，以及同一年出版的書籍，像是《孤獨的童年：第一代家庭遊戲玩家的命運》（*A Childhood in Solitude: The Fate of the First Generation of Home Gamers*）書裡頭，[48]日本時事評論員已經警覺地注意到，有愈來愈多孩子選擇待在家裡玩電玩，而不出去跟其他小朋友玩。但是這種趨勢真的跟電玩有關，還是跟社會大環境有關？人們經常很熱衷將批評的矛頭指向科技，這是件值得省思的事情。隨著日本房地產的蓬勃發展，遊戲場、森林，甚至空地，都從城市和郊區迅速消失。在一個自我實現的預言循環中，孩子們在戶外玩耍的時間愈少，他們選擇花在刺激的虛擬世界裡的時間就會愈多。

《精靈寶可夢》的創造者田尻就是他們其中之一。他出生於一九六五年，在町田長大，町田是一個通勤小鎮，距離東京市中心有四十五分鐘的火車車程。田尻小時候總是想盡辦法逗留在戶外。「那時候還保留了許多大自然，」他在二〇〇〇年的一次訪談中回憶道，[49]「我感覺被各種生物圍繞。我曾經抓過蝌蚪和小龍蝦，然後把牠們飼養在家裡。」直到他十幾歲的當頭，他才注意到自己居住的城市開始起了莫大的變化。他昔日的狩獵場正在消失，取而代之的是新建的住宅區和建築。上初中時，車站前他最喜歡的釣魚地點消失了，蓋起了一家電玩遊樂場。

我們可以說，田尻與這個陌生新場域的相遇，改變了他的一生。「我再也抓不到蟲子了，所以我把所有的精力全都投入在《太空侵略者》。」[50]熱愛成痴，他的父母哭訴他已經變成了某種不良少年。他沒有就讀當地的高中，而是選擇較遠的技職學校，那裡有教電腦程式。為了求取可以考上大學的好成績，他被迫去上補習班，他刻意選擇了一間靠近電玩遊樂場的補習班，這樣他就可以在每節下課的十五分鐘，衝過去打一場《飛彈指揮官》。他開始向遊戲雜誌投稿，他和一位插畫家好友一起出版了一本同人誌，裡面滿滿都是征服大型電玩和主機遊戲的攻略。他把這本同人誌稱為：《遊戲狂人》（*Game Freak*），他就是這樣稱呼像他這樣的人。一九八九年，他們兩人創辦了一家同名的遊戲公司。

《膠囊怪獸》是他們最初的提案之一。任天堂購買它的附帶條件是，田尻要根據他們的規格重新調整這個構想，這些規格是由瑪利歐的創造者宮本茂所提供的。對於一個醉心於遊戲的孩子來說，這真是美夢成真。「我從青少年時期就開始玩《大金剛》，他一直都是我的榜樣，」田尻在一九九九年告訴《時代》雜誌，[51]「我記住他給的每一個建議。」他甚至將主角的對手取名為小茂（英文版的名字為「Gary Oak」），以紀念他們倆共同面臨的挑戰。由於商標的問題，導致他們在最後一刻將遊戲名稱改為《Pocket Monsters》（口袋怪獸），後來又縮短為《Pokémon》（精靈寶可夢）。這款遊戲是針對 Game Boy 量身設計的，當任天堂在一九九六年准許它上市時，Game Boy 已經被視為是上古時代的技術了。在 Game Boy 還沒有推出新的版本之前，任天堂想把這款遊戲當做是一種告別，告別這個深受喜愛的裝置。

田尻花了六年的時間開發《精靈寶可夢》，但實際上這是一款歷經二十年累積而成的產物。「它是我的童年，」他解釋道，[52]「所有的這些經歷和記憶都融入了《口袋怪獸》的製作過程之中。」大人們可能已經奪走了他的釣魚池，但是在 Game Boy 的世界裡，他創造了一個孩子可以自由奔跑、盡情享受追逐獵物樂趣的地方。做為這個世界的造物主，他可以讓牠們變得更好，甚至比任何現實世界裡的生物都更迷人。透過「精靈球」的權宜之計（「精靈球」是遊戲內用於捕獲精靈寶可夢的道具，以便將牠們訓練成更強大的等級），他可以源源不絕地將牠們提供給日本的孩子們。好吧，並非源源不絕。第一個版本的遊戲包含了一百五十一種精靈寶可夢。

任天堂的橫井軍平在設計 Game Boy 的時候，在很多方面都做出了妥協，但是他拒絕放棄的一項功能，就是將兩台遊戲機連接在一起的遊戲連接線。Game Boy 並不是第一台提供這種選擇的手持裝置，[53] Atari 的 Lynx 遊戲機，顧名思義，也是一款設計用來跟其他台 Lynx 連接的裝置，但由於 Game Boy 的無所不在，意味著 Game Boy 最終成為了大多數玩家接觸到多人遊戲的工具。依照現代立體環繞音效、3D 效果的標準來看，這些早期的共同遊戲體驗還很原始，例如：俄羅斯方塊正面對戰、網球比賽、賽車遊戲。但它們還是出奇地讓人欲罷不能，即使在你玩的正激烈的時候，還必須小心不要纏到你的連接線。

這些早期的多人遊戲實驗，是電腦版簡單對戰遊戲的中介；而接下來的進化，則是田尻的貢獻。「這條連接線的確讓我很感興趣。我聯想到真實的生物經由這條連接線來回移動。」他回憶道，[54]「我也喜歡競賽。但是我想要設計一款運用到互動溝通的遊戲。」[55]你不可能在自己的 Game Boy 上找到全數一百五十一種精靈寶可夢。這款遊戲以兩種卡帶發行，每一種卡帶都包含了部分的野生精靈，而唯一可以讓你的「精靈寶可夢圖鑑」完整的方法，就是經由連接 Game Boy 來進行交換。這是第一次，孩子們將他們的機器連接在一起，不只是為了進行對戰

（雖然他們也可以這樣做），而且是為了共同的興趣互相交流，以完成他們的收藏。田尻的創新，比迄今任何其他多人遊戲，都更有效地將單人玩的家庭遊戲又帶回到公共領域。而且他還做了更多的事情。

在《精靈寶可夢》中，田尻創造了一個新工具，用於導航在一個自然地形已經被毫無節制的都市化弄得傷痕累累，而其社會結構已經被「失落的十年」混亂撕裂的日本。帶著一點象徵性的敏銳觀察力，遊戲一開始，主角小智在他的臥室裡玩著電視上的超級任天堂。然後放下遙控器，向外頭的世界走去，一路上經過他的媽媽，而媽媽仍然在樓下守著她的電視機。在這個世界裡，孩子需要依靠自己的智慧，找到志同道合的夥伴，並且設計自己的導航工具。儘管在「失落的十年」開始時，田尻已經將近二十五來歲，失去童年歡樂的痛苦卻未曾止息。這就是為什麼這款遊戲對於世界各地正在經歷著類似情況的孩子如此有吸引力。

換句話說，他所創造的這款大受歡迎的電玩遊戲，為數位化社交活動埋下了種子。隨著全球各地愈來愈多人開始使用一種新的革命性新媒體互相連結交流，這些種子將以一種嶄新且不可預測的方式開花結果。而這個革命性的新媒體就是：網際網路。

第九章 反社會網路

2channel

網際網路是件嚴肅的事。

——匿名者

我們即是自己所偽裝的東西，所以必須謹慎地選擇要偽裝成什麼。

——寇特．馮內果（Kurt Vonnegut）

電車男（Train Man）是一位大家心目中典型的御宅族。[1] 都二十三歲了，還跟父母住在一起。他睡在小時候的房間，裡面堆滿玩具機器人和動漫明星公仔。他從未交過女友，甚至沒約過會。他的頭髮亂蓬蓬的，身上穿的衣服跟他小時候老媽幫他挑的樣式幾乎沒什麼不同。他長期以來都做著單調乏味的辦公室工作。他把寶貴的休假全都耗在秋葉原，那裡是東京電子產品和動漫商品的集散中心。他的夜晚則是在電腦前度過的。

某天晚上，在乘車返家的途中，電車男看到一名年輕女子被一位喝醉酒的上班族騷擾。一反常態地，他挺身而出保護她。那名醉漢作勢要打架。列車長叫來了警察，逮捕了這位莽漢。當這場考驗結束，這名年輕女子向電車男詢問他的地址，以便寄份禮物向他表達謝意，這在日本是一種常見的禮節。他結結巴巴地說出了自己的聯絡方式，但卻無法鼓起勇氣回過頭來要對方的電話。他感到很羞愧，拖著沉重的腳步回到臥室，轉而到網際網路上尋求慰藉。

那是二〇〇四年情人節的夜晚，電車男在日本最大的線上匿名布告欄系統 2channel（發音為「nichanneru」）上，貼文描述他邂逅的鬱悶情節。那裡有一個論壇專門提供給愛情不如意的男人吐苦水，其中有一個長期進行的主題叫做「背後中槍的男人」，記錄了類似電車男的悲慘故事。事實上，「單身男人討論版」是這個網站最受歡迎的論壇之一，每天都會固定吸引愛情前景渺茫的男子來發布成千上萬篇貼文。他們至少還在努力嘗試。在經濟泡沫破滅的十四年後，出生率、甚至保險套的銷售量等指標都大幅下降，以至於日本最頂尖的新聞雜誌《Aera》，在那時刊登了一篇故事，標題懇求「年輕人，不要討厭性」。[2]

網站上的這些常客稱自己為「毒男」，因為日語漢字獨身的「獨」，恰巧發音和「毒」同音。「獨男」討論版上的發言是悲傷的、可以想見的，但也是療癒的。電車男的貼文只是眾多貼文中的一則，不斷湧入的新貼文把它擠下了首頁，之後就被人遺忘了：這不過是「獨男」討論版上的又一個夜晚。但隨後，意想不到的事情發生了。

四十八小時之後，電車男再次登入網站，並且報告他收到了一張來自那名女子手寫的留言，以及一對精緻的愛瑪仕茶杯。是一對耶！這會是一個暗示嗎？他從送貨貼條上得知她的地址和電話號碼，但再一次，他一想到要跟她連絡，就全身癱瘓。「我就是沒辦法給女人打電話，Orz」他寫道，最後那個字元是個表情符號，表示「被徹底打敗」的意思，一種在螢幕顯示出跪地投降的表情，許多毒男的貼文都會出現這類標點符號。而關於電車男的困境，引起了一些共鳴。於是，在突然之間，這則貼文發展成一堂如火如荼的特訓課程。這群寂寞的大眾，找到了一隻人類版的電子雞。

電車男勇敢地定期更新他的進度，匿名的貼文者則競相提供建議。在他們的支持激勵下，他鼓起勇氣打電話給「愛瑪仕」，這是他幫這名女子取的綽號，用來保護她的隱私。他們開始約會。聽從線上匿名者的建議，他理了頭髮、買了新的衣服，並且搜尋了約會的地點。有一次他甚至拿出科技宅男的看家本領，運用電腦技能修好他新女友的電腦。經過兩個月的逐步進展，電車男也不辭辛勞地報告其中的細節，他宣布打算向愛瑪仕求婚。更多建議從一個有如蜂巢般的集體意識（一個集體化、數位化的大鼻子情聖）蜂擁而至。她答應了。這群毒男報以熱烈的慶賀，用大量充滿精緻表情符號藝術的貼文來恭喜這對新人。在感謝了參與者之後，電車男從討論版上消失了，從此不見人影。他再也不是他們其中之一了，故事到此結束。

或，真的是這樣嗎？這個戲劇性的主題傳遍了 2channel 的其他討論版，並被新聞匯集軟體給呈現了出來。新聞匯集軟體是一種衍生的入口網站，它們列出網站上熱門話題的連結列表，以期獲得廣告收入。不久之後，它就被正在尋覓下一個大熱門話題的出版商所相中。到了十月，這個主題（至此，已經有三萬篇貼文之多）被編輯成一部小說，保留了它在螢幕上的樣貌，包括表情符號和網路語言，以及所有的一切：等於是將螢幕內容轉換成平面的頁面。書中大部分的內容對局外人來說非常晦澀難懂，以至於出版商不得不加上一個詳細的詞彙對照表，這無意中，讓《電車男》成為了那些不熟悉網路社會的人一個解讀密碼的參考。在最初的三週裡，它就賣出二十五萬本。[3] 在二〇〇五年，《電車男》（*Train Man* 現在要變成斜體字，不再只是一個人，而是一個產品）似乎成了日本娛樂業界人人都在談論的話題。它變成了漫畫、電影和電視連續劇（後者的主題曲為了向庵野秀明昔日執導的粉絲電影動畫短片致敬，理所當然地，用了一模一樣的配樂——電光交響樂團的「Twilight」）。

《電車男》的到來，跟愈來愈多關於日本經濟與這個國家極低出生率的沉重報導不謀而合，這些問題從十年前開始到現在幾乎毫無改善，這引發了整個社會關於就業、性別角色、男子氣慨，甚至日本自身存亡的廣泛討論。《新世紀福音戰士》重新改造了御宅族落魄魯蛇的形象，讓他們成為不可思議的潮流引導者。《電車男》相關授權的大受歡迎（一個寂寞的男人，現在成為全國的授權標的！），將這些百般寂寥的人，重新塑造成潛在的婚姻對象。突然之間，御宅族不再是一個罵人的髒字，也不再是兒童謀殺犯的委婉說法。御宅族只不過是被誤解的粉絲，他們只需要多一點點的愛與理解。其中所傳達的社會救贖訊息很簡單：你可以擁有你的動漫女孩（或男孩），也可以愛上真正的人！

如果你認為電車男的故事聽起來太完美了，不太像是真的，那你並不孤單。2channel是一個匿名的布告欄系統，那裡的貼文一旦被更受歡迎的貼文擠下螢幕頂端，就會消失不見。像「獨男」討論版這樣熱門的論壇，一個主題的平均壽命可以用分鐘來計算。電車男這個話題延續了經年累月，既是罕見的例外，也是它大受歡迎的證明。由於無法確認原始貼文者的身分，這個故事的版權就落到2channel的創建者西村博之的身上（西村博之或可暱稱為博之，因為網站上的每個人都認識他）。正是他代表了電車男與出版社和媒體公司談判交易。

為了保留電車男的身分，這本書將作者署名為「中野獨人」，這個名字是個雙關語，跟日語「其中一人」諧音。即使到了今天，歷經了報紙、雜誌和網站的大量挖掘之後，也沒有人知道電車男是誰。[4]當然，陰謀論甚囂塵上。他是廣告人員精心製作的愛瑪仕病毒行銷計畫；他是出版商為了賣書創造出來的；他是由博之自己創造出來的，目的在提高他廣受歡迎，但仍屬於地下網站的知名度。博之曾一再否認這個指控。從某種意義上來說，電車男是否真的存在，或是虛構的，都不重要，因為真正的問題是，為什麼他的故事引起了這麼多日本人的共鳴？

「突然之間，日本變成一個完全由御宅族組成的國家。」[5]撰寫御宅族研究的東浩紀教授在提到電車男成為大眾矚目的焦點時，如此寫道。現在大家已經可以接受大人觀看兒童節目和玩扮裝遊戲，這些甚至成為一種受到鼓勵的休閒方式；電玩也是，成為一種受到尊重的出口文化，而且從小學生到老人家，每個人在城市的公園裡都在玩著《精靈寶可夢GO》的抓寶遊戲。超級卡哇伊的偶像歌手，曾經幾乎只是時髦的少女和好色的御宅族所追逐的對象，現在則掌控著主流音樂界。政治人物藉由公開閱讀漫畫，以及穿著動漫服裝進行競選活動來討好秋葉原的選民。[6]甚至連日本鐵路局、國稅局和日本自衛隊等嚴肅的機構，也創造了他們自己的動漫吉祥物，以便向民眾推廣業務，因為他們知道一般民眾跟電車男很相似，或至少跟他分享著共同的品味。[7]

電車男在日本的出現，恰好碰上美國御宅族文化遲來的興起。在那裡，因果關係被倒轉過來：日本製的電玩（而非動漫或漫畫），為御宅族文化鋪出了一條康莊大道。這是因為授權的日本多媒體英文版在一九九〇年代大量出現的結果。這些授權的英文版包括：各種化身的《金剛戰士》、《七龍珠Z》、《美少女戰士》、《新機動戰記鋼彈W》，當然還有《精靈寶可夢》。在千禧年之交的一前一後，兩部毫不掩飾其哈日傾向的主流好萊塢巨片上映了：華卓斯基姊妹受到動漫啟發的《駭客任務》在一九九九年推出，以及塔倫提諾在二〇〇三年推出的《追殺比爾：一》。儘管成功，這些電影仍然在美國人的美感篩選之下，過濾掉了動漫文化（據說華卓斯基姊妹為了吸引製片人喬．西佛（Joel Silver），寄了一部押井守的動漫《攻殼機動隊》，並附上一張紙條，上面寫著：「我們想要把它拍成真人版。」）。[8]

新生的千禧世代，在渴望得到更多內容的環境下長大，現在，他們還要進一步追求原汁原味，從源頭獲得不受把關者控制的內容。他們在網際網路上，一個叫做 4chan 的網站上找到了。[9] 它是由一位叫做克里斯多福．普爾（Christopher Poole）的十五歲動漫迷在二〇〇三年所創立的，大家對他在線上的名字：moot（m 永遠都是小寫），更為熟悉。4chan 在它早期的時候，對沈迷於動漫的美國青少年來說，有點像《蒼蠅王》（譯註：象徵荒涼隔絕的孤島）。多虧了網際網路數位演化的結果，它很快就進化成更厲害的東西。到最後，它成為網際網路文化的一個重鎮。在二〇一九年，每個月有四千萬到六千萬來自全世界各地的人造訪這個網站。[10]

4chan 最受歡迎的「工作時不宜」（not safe for work）討論版，在過去（現在依然）充斥著大量氾濫的青少年胡鬧、色情、政治不正確的內容，網友不斷渴望看到某些刺激新鮮的事物（任何事物都可以），是促使它如此熱門的動力。關鍵在於它的稍縱即逝：討論話題一旦被新的取代，將永遠消失。在 4chan 發生的事情，只會留在 4chan 上，或者這就是最初的構想。這似乎只是一個宣洩聲音和憤怒的管道，沒有任何意義。但 4chan 對美國文化的影響，不論線上或線下，都具體可見，而且有時候會令人心驚膽顫。它成了全世界搞怪迷因的製造工廠，但是它也變成了性別歧視、厭女症、白人至上、選舉操弄，甚至恐怖活動陰謀的溫床。換句話說，4chan 體現了網際網路的陰暗面，在某種程度上，也可以說它體現了現代生活的黑暗面。

為了要了解它，我們必須回到日本，因為那是 4chan 的起源，不論從軟體和文化方面來看都是如此。

西村博之曾經也是一位寂寞的人，跟電車男以及其他在「獨男」討論版上的參與者沒什麼兩樣。[11] 一九九九年春天，他創立了 2channel，當時他二十二歲，是一位在中央阿肯色大學（University of Central Arkansas）學習心理學的外國交換學生。

他感到寂寞，是因為放暑假了，課程已經結束，校園裡一片空蕩蕩。至於 2channel 這個名字則是個玩笑話。2channel 意指它是 Amezou 用戶的「第二個」頻道。Amezou 是一個很受歡迎，但不穩定，經常無法連上線的一個日語網站，它本身就是從一個惡名昭彰的地下網站 Ayashii Warudo（可疑的世界）分支出來的。用 2channel 這個名字還有另一個好處是，任何一位日本御宅族都可立刻將它聯想到第二頻道：這是個用來將紅白機連接到類比電視的「已故」頻道。

關於 2channel 的技術和呈現方式，沒什麼值得一提。即使以當時的標準來說，它看起來也很粗糙，事實上，根本就是醜死了。改寫自內建於 Amezou 所使用的相同軟體，它有著一樣簡陋的使用者介面，純粹由文字組成。甚至連圖像都是文字，由字母和標點構成，即所謂的 ASCII 藝術，ASCII 是電腦字元編碼的標準。2channel 重視功能勝過形式，返璞歸真到十多年前流行的撥號上網 BBS（bulletin board system，布告欄系統）。BBS 最早在一九八〇年代出現的時候，存在於社會的邊緣，屬於電腦迷和其他較早使用者的領域，這群人擁有上到這些留言版所需的配備（我和我的朋友也是其中之一，我們用撥號數據機撥接到當地的 BBS，為的是趁早體驗現在已經無所不在的系統，例如電子郵件、主題討論版、聊天室和檔案分享）。自從一九九〇年，第一個網際網路瀏覽器和網站問世以來的九年之中，全球資訊網（World Wide Web）的使用人數，從少數幾位學者激增到大約兩億五千萬人，約佔地球總人口數的四％。日本尤其領先，一九九九年，i-mode 在日本當地風光上市，它也是全世界第一個被廣泛採用的手機網際網路服務。

2channel 跟大部分線上布告欄不同，使用者不需要在它上面註冊：無須密碼、沒有任何審核或過濾機制。該軟體可以讓你輸入一個臨時的使用者名稱，如果你不想這麼做，你也可以自由使用預設的無名氏稱呼。而接下來則是最棒的部分。博之堅持由美國的一家網際網路供應商來提供這個網站的軟硬體，因此，不論你選擇發布什麼樣千奇百怪的貼文，日本當局都無法動你一根汗毛。其他網站也曾提供不同程度的隱私保護承諾，但在這裡，你可以在你的電腦桌面上就獲得真正的自由，只需簡單地在瀏覽器裡鍵入「2ch.net」，你就可以連上該網站。在阿肯色州的偏鄉，一位日本駭客，為遠東地區的網友創建了一個線上的「狂野大西部」。「御宅族的各路英雄好漢們，」一位早期的留言者宣揚福音，「大家終於有了一個可以討論漫畫和動漫的空間，不必再擔心被那些真正討厭我們嗜好的主流大眾所攻擊。」[12] 成群結隊地，他們湧向了他們的新「巴比倫」（譯註：巴比倫象徵繁華、罪惡之都）。

第一起醜聞發生在博之將他的網站上線幾週之後。一位自稱 Akky 的用戶貼出了一個網站連結，並附上一段他打電話到東芝服務中心的錄音。[13] 在這段錄音中，一位不客氣的中年男性公司員工，用聲音強壓過了一位聲音尖銳、語氣柔和的電子產品愛好者，這位愛好者聽起來，毫無疑問地，很像一般的 2channel 用戶。憤怒的貼文湧入該公司的網站，投訴的電話也響個不停。到了七月，Akky 網站的瀏覽量達到了七百萬次，東芝提出訴訟，要求關閉該網站，但這個戰術適得其反。在一個像日本這樣執著於包裝、形象和好客的國家，一家大公司以這種方式對待客人成了頭條新聞。無法再悄悄地解決這個問題，東芝投降了。他們甚至派出資深副總裁去跟 Akky 鞠躬道歉。一群科技阿宅把 2channel 當做數位擴音器來用，迫使日本的大企業向他們磕頭認罪。真的是這樣。

此後不久，2channel 的集體注意力就轉移到一名叫做田代政的流行歌手身上，他以前曾是不良少年。這位 R&B 的主唱，在二〇〇一年過得非常糟糕。[14] 他先是面臨著前一年在地鐵偷拍女生裙底的指控。然後，他又被一位憤怒的房東抓住領子，直接拖到派出所，原因是房東發現他在浴室窗戶偷窺。而最倒楣的情況，則發生在二〇〇一年十二月，當時他同時因持有甲基安非他命被捕，並且被他的經紀公司除名。

2channel 的鄉民們，齊心協力將這位流行歌手，從一名偷窺狂變成《時代》雜誌的年度風雲人物。2channel 的鄉民使用了自製的自動投票程式，攻陷了《時代》雜誌的線上投票系統。這些程式的名稱，靈感來自動漫節目（其中一個程式叫做「米加粒子田代大砲」，這是在向《機動戰士鋼彈》系列的武器致敬）。[15] 在四十八小時之內，田代擊敗了奧薩瑪・賓・拉登（Osama bin Laden）和美國小布希總統，榮登榜首。困惑的美國編輯很快將這位歌手從競選名單中移除，但這是2channel匿名群眾的又一次勝利。他們沒有把這次炫技稱作駭客或突襲，他們把它稱作「祭」，顯然跟富野由悠季曾經用來描述「動漫新世紀宣言」的是同一個字。[16]

第一個滲入到真實世界的慶典，發生在接下來的那一年，場合是二〇〇二年的世界盃足球賽。打從一開始，這就是一個充滿爭議的事件。[17]日本和韓國之間的緊張關係非常嚴重，日本最初曾遊說爭取主辦權，而南韓曾辯稱它比競爭對手更有資格（無法處理這個歷史性的不信任難題，心力交瘁的國際足球總會官員，最終將主辦權分配給這兩個國家，結果是雙方都不滿意）。日本隊和南韓隊的比賽更是充滿了爭議。2channel的鄉民被富士電視台的體育播報員給激怒了，他們認為這些播報員（從他們的眼光來看），沒有盡全力譴責那些做出偏袒南韓足球隊可疑判決的裁判。關於這一點，他們並不孤單；西班牙和義大利的球迷，對於他們和南韓隊比賽的裁判也是同仇敵愾。但歐洲人是對這些裁判和這個組織本身感到生氣，2channel的鄉民並沒有直接對國際足球總會或南韓球隊大肆攻擊，這需要某種程度的直接對抗；取而代之的，他們決定羞辱在日本轉播比賽的富士電視台。

一篇貼文半開玩笑地建議，要破壞富士電視台贊助的淨灘活動。[18]如果有夠多的2channel鄉民能夠率先抵達海灘，並且把垃圾清乾淨，這位貼文者推論，這家電視台贊助這個活動的公關效果就會消失殆盡。在幾個小時之內，這個笑話便發展成一個計畫。時間的規劃、集會的地點，甚至還有可愛吉祥物都安排好了，參與者在整個網站的布告欄宣傳這次祕密的淨灘活動。在七月五日，正式活動的前兩天，數百位戴著粉紅色臂章的 2channel 鄉民突然造訪海灘，並把海灘上的垃圾清掃一空。當富士電視台的攝影機終於在四十八小時之後抵達，海灘上找不到任何一丁點垃圾可供拍攝。富士電視台的製作人急忙編造了一個新的故事，敘述他們如何激發出草根的力量，並刻意完全不提 2channel。「假新聞？」一位參與者在他的部落格上喟嘆，[19]這是網路用戶和主流媒體守門人之間所醞釀的一場全球文化大戰的第一波騷動。

淨灘行動曾經是一場令人愉快的抗議，但隨著日本和鄰國中國、南韓之間的關係惡化，引發這場抗議的挫敗感則持續升溫。在世足賽舉辦的同一年，出現了北韓特工曾經在一九七〇年代綁架數十名日本國民的新聞；然後一系列和中國、南韓有關的島嶼領土爭端，更加劇了緊張的局勢。面對令人震驚的消息和外交上的輕蔑，日本政客似乎無能為力，這助長了一種新型態的 2channel 用戶崛起：netto uyoku（網路右翼）。在不安全感和驕傲感腐蝕性的混和作用下，網路右翼人士對主流媒體不屑一顧，因為他們認為主流媒體已經被政治正確所沾染，他們沉迷於反韓和反華的種族主義，憤怒地否認日本在戰時的暴行，並且策畫行動，羞辱任何一個被他們視為批評自己國家的人。在某種程度上，他們代表了御宅族心理狀態的武器化。他們善於幻想、渴望戲劇效果、癡迷於細節、對自己的興趣充滿狂熱，並且習慣於將自己大量的休閒時間投入到嗜好上，他們將自己定位為線上對話的守門人，儘管他們只代表了少數中的少數。根據一項研究，他們只佔了網民的一%。「我很寂寞，無事可做。這就是為什麼我整天掛在網上的原因，」一位自稱是前網路右翼的人士，在二〇一五年的一篇部落格貼文解釋，「我感覺好極了，因為我以為自己獲得了學校裡沒教的，或是電視上看不到的那類訊息。」[20]

網路右翼人士一心一意執著於日本在世界上的地位，不知不覺中，透露了一個嚴峻的事實。他們的國家正在進入看起來愈來愈可能成真的，第二個「失落的十年」。對於許多無所事事的年輕人來說，由於經濟停滯不前，失業率來到戰後空前的高水平，電腦螢幕變成了他們與外界唯一的連結。[21]就如一位自稱是前繭居族的人在一則推特推文上所描述：「我認為自己在各方面已經從社會全面中輟。唯一剩下的，就是我是個日本人這個事實。」[22]

隨著 2channel 的名聲和惡名遠播，該網站的營運成本也隨之增加。管理這個網站的公司以頻寬計費，這意味著愈多人使用 2channel，博之營運的成本就愈高。儘管他後來引進廣告來支付費用（並且賺了一筆可觀的利潤），但在早期，他幾乎自掏腰包支付一切開銷。[23]不只一次，這個網站陷入一片黑暗，因為博之急著去付帳單。一群挫折的用戶在二〇〇一年的夏天推出一個「避難」網站，做為 2channel 斷線時，一個備用的聚會地點，由此可以想見，2channel 在其參與者的生活當中，已經變得多麼不可或缺。

這個「避難」網站稱做 Futaba Channel，與博之的網站沒有任何官方關係，但是這個名稱（在日語是「雙葉」的意思），則明顯是在向 2channel 致敬，[24] 而它的網址也是：2chan.net。

Futaba Channel 的誕生，一開始只不過是其先行者的一個翻版。但在它開站後不久，管理員為使用者引進了一個新功能：上傳圖像。這個看似簡單的附加功能，對於這個網站的氛圍產生了深刻的影響。即使你的母語是日語，你也很容易迷失在 2channel 混亂的文本海洋之中，裡面包含了圈內人才看得懂的笑話、表情符號，和晦澀難懂的網路用語，你必須具備很高的識讀能力才能理解全部的內容。Futaba 以視覺為中心的論壇，為使用者提供了一個救生圈。在「圖像討論版」上，無須解析貼文，讀者只需要滾動瀏覽這些視覺圖像，就可以明白它們代表的類別：動漫、漫畫、同人藝術、色情內容的螢幕截圖應有盡有，使用者想在任何特定時刻上傳什麼內容都可以。其效果跟翻閱一本不斷變化、永無止盡的漫畫，有異曲同工之妙。

Futaba 雖然被設計成一個臨時的避風港，但它很快就發展出一種獨立的文化，相對於 2channel 著重於社會諷刺和抗議，它則更具聚焦於創意。眾多的業餘藝術家聚集在此，張貼取材自日本漫畫、卡通、電玩著名角色的同人藝術。掃描、螢幕截圖、致敬和拼貼創作鋪天蓋地湧進來，範圍從無害的內容到真槍實彈的色情作品，模糊了創作者和消費者的界線，在某種程度上，這是受到日本持續活躍的粉絲聚會現場所啟發。真的非常活躍：每年夏季舉辦的 Comic Market 動漫節，在二〇〇一年，參展者擴張到三萬五千人，吸引了將近五十萬名粉絲到訪，規模是一九九一年「失落的十年」剛開始時的兩倍之多。[25]

Futaba 的視覺焦點，為外國粉絲開了第一扇窗，讓他們得以一窺日本粉絲和線上匿名文化的兩個雙生世界。飛去 Comic Market 需要花一張機票，但是到訪 Futaba 網站只需要偶然發現連到這個網站的連結就可以。在美國，線上機構已經擺脫了匿名的形式，轉向當時最先進的社群網路概念。這個構想是透過強迫用戶註冊名字和密碼，讓他們可以在網路上建立名聲，而且，並非巧合地，他們也會被當做行銷對象來追蹤。但事實證明，很多人不想用網際網路做為他們現實身分的延伸，他們不想要現實生活中的任何人知道他們在網路上幹的好事。

其中一個是十五歲的克里斯多福．普爾。他在二〇〇三年夏天發現了動漫。[26]在更早的時候，為了尋找新的內容，他必須仔細閱讀電視節目表，在影音出租店四處搜尋，並且加入會員或是參與定期聚會活動。但時至今日，他甚至不用離開家門。志同道合的粉絲們，會在半合法的檔案共享網站上張貼大量的動漫，而你也無須費心參加定期聚會以獲得最新相關資訊；你所需要做的，只是要找到一個適合的線上社群。當時極受歡迎的動漫論壇之一，是一個叫做 Something Awful 的網站。

Something Awful 成立於一九九九年，最初只是其創建者 Rich Lowtax Kyanka 的個人作品儲存網站，然後迅速發展成一個活躍的線上社群，吸引了許多讀者。在 Twitter、Reddit、Facebook 和 Instagram 等網站成為線上生活的核心之前，Kyanka 著迷於，正如他所說的，「網路上一些雜七雜八的事物」，是這些怪異的網站、奇特的癖好、矽谷團體迷思的滑稽模仿，使得 Something Awful 成為網路文化最早的熱門據點之一。[27] 在二十一世紀之交，如果你在網路上偶然看到一些好笑的事物，這很可能出自於這個網站眾多的使用者論壇之一。

在那裡，沒有人是因為「克里斯多福」這個名字而認識「克里斯多福」，他們都稱呼他的稱號：moot。moot 代表什麼意思？誰在乎！在網際網路上，沒有人知道你是十幾歲的卡通魔人，儘管你選擇的布告欄討論版上面可能會顯示它是：ADTRW，這幾個字母代表的是 Anime Death Tentacle Rape Whorehouse（動漫死亡觸手強姦妓院）。

就像網路上的許多東西一樣，這個名字只是個玩笑話。Kyanka 非常不喜歡動漫，以至於最後應觀眾要求，不甘願地在他的網站上添加一個動漫論壇之後，他想盡辦法給它取了一個令人尷尬的名稱。[28] 他將動漫與性連結在一起，這是大量直接發行的色情動漫影音產品的遺留印象，在一九九〇年代，這些影音產品在美國的影音商店找到了出路。不過，美國的粉絲並沒有把它稱之為色情。他們把它稱做 hentai，這個字是從日語借來的，意思是「變態」（日本人不把色情稱做 hentai；他們傾向用英文外來語エロ〔ero〕，借自於 erotic〔色情〕這個字）。

為了避開日本嚴格的猥褻內容規範，變態作品（一般指的是色情動漫）會巧妙地避開性交畫面，以隱喻的手法代替。最早，也是最受歡迎的作品之一，是一九八七年的電影《超神傳說》，這部電影中有一段很長的畫面，是無辜的女學生被奇異的怪物用黏糊糊的卷纏觸手蹂躪。這種描述人類性行為的手法，實際上是政府反猥褻法所造成的直接結果。色情片不是什麼新鮮事，而當局企圖對它的管制也是一樣。一九〇七年頒布的《日本刑法》第一七五條規定：「散布或出售猥褻文字、圖片或其他物品的人，……應處以監禁。」[29]它至今仍然有效，是戰前法律的遺跡，一直殘存至現代。批評者長期以來一直嘲笑它的含糊不清，是對言論自由的侵犯（許多人都曾挑戰它管轄的範圍，但都以失敗告終，[30]例如日本行為藝術家 Rokudenashiko，她在二〇一四年被捕，原因是她分享了一系列根據她自己陰部 3D 掃描資料所改造的物品，其中包括一艘實用的橡皮艇）。

出於對刑法第一七五條的恐懼，迫使日本出版商使用諸如「馬賽克」之類的掩蓋技術來模糊性器官，無論是照片還是插圖。然而，在上有政策下有對策的情況之下，這種致力於道德規範的作法，反而適得其反。將描繪兩個人類之間自然的性愛變得困難化，完全沒有減少色情題材作品的產量。它只是促使藝術家愈來愈擁抱奇怪的戀物癖，這些行為不會牽涉到性交插入。

在對裸露的身體做嚴格審查，而對其他的事物幾乎視而不見的情況之下，日本當局實際上是在提倡戀物癖，而非自然的性交。

我採訪了觸手情色大師，同時也是《超神傳說》的作者前田俊夫，以便深入了解這種情況。我們在東京的一家酒吧見面，他一身打扮無可挑剔，穿著西裝、打著領帶，領帶上還畫了一個動漫女孩。為什麼要用觸手，我問。「因為我甚至不能呈現兩人上下交疊在一起的畫面！」他解釋。[31]「觸手只是迴避法規的一個把戲，為了讓兩者之間保持一點距離。」

前田巧妙的創新手法在西方的情色幻想中，留下了如此難以抹滅的印記，以至於觸手色情片至今仍然是一個熱門的搜尋關鍵字，即使它在它的祖國早已經過時了（如果你膽敢Google這個字的話，你會得到四千兩百萬條搜尋結果）。當像《攻殼機動隊》、《精靈寶可夢》這類主流的作品在一九九〇年代登上全球新聞的頭條時，「變態」作品在陰影中暗自繁榮，為動漫的形象添加了一層前衛的外衣，它在當時仍然被視為是地下次文化。在美國，當時卡通被普遍認為是兒童娛樂，動畫色情片的出現是一件驚世駭俗的事情。

「動漫死亡觸手強姦妓院」中最好的素材都直接來自Futaba Channel，是由美國的粉絲轉貼上去的，這些美國粉絲在網上搜尋動漫時，偶然發現了這個日本網站。moot對於Futaba論壇更新內容的速度感到印象深刻，於是他下載了Futaba的開放原始碼軟體，並使用線上翻譯應用程式 Babel Fish 將它翻譯成英文（他對翻譯軟體的依賴使他犯了一個微妙的語言錯誤：他把 nanashi（無名氏）翻譯成「匿名」）。接下來他需要一個網域名稱。3chan 已經被別人使用了，那就用 4chan。[32] 他透過二〇〇三年十月一日張貼在 ADTRW 上的一篇得意洋洋的貼文，宣布他的新傑作，這篇貼文標題為「4chan.net，英文版的 2chan.net！」他將這個網站暱稱為 Yotsuba（四葉），是在向 Futaba 的暱稱「雙葉」致敬，也是在向他當時最喜歡的漫畫《四葉妹妹！》致敬，《四葉妹妹！》是關於一名小學女生的開心系列漫畫。在推出時，這個網站只有一個布告欄：/b/，是一個大雜燴討論版，提供所有人隨意張貼任何內容。

在二十四小時之內，大量的變態內容淹沒了這個論壇，moot 只好被迫將它分散到自己的討論版上。[33] 一週之後，又來了一個專攻卡哇伊動漫的人，接著又出現了 yaoi，這是個用來描繪男男戀的日本術語。從這些動漫的根源為起點，這個網站開始擴展到更廣泛的宅文化相關興趣，例如科技和電玩，其中大部分也都是日本製造的。在現實生活中，日本和西方隔著大陸和海洋；但在網路上，他們則你儂我儂。

「我今天要教你們一個特別的字，」Shut 靠著他的麥克風說。[34] 他穿著一九七〇年代風格的寬領領扣襯衫，看上去與其說像是個程式設計師，倒不如說更像文青。Shut 是他的稱號，他沒有提供真實的姓名。他看上去大約二十歲。也許吧。「這是個德文字。它很長一串，但發音很容易。Schadenfreude（幸災樂禍）。我們可以這樣說嗎？基本上，這是在享受別人的不愉快。像是，樂於做個網路酸民，或惹怒某人，只因為你可以。這在任何網路留言板上都是一個他媽的重要元素，而這差不多就是 4chan……讓人感到興奮的地方。」他說。群眾鼓掌叫好。

這是二〇〇五年八月，距離 4chan 開張胡鬧已經將近兩年。從一開始，moot 就一直仰賴志工協助擔任版主，而 Shut 就是其中之一。當時他正在美國最受歡迎的動漫盛會 Otakon 動漫展上，向喧囂的人群傳遞這一種線上智慧。這是 Otakon 動漫展連續第二年在巴爾的摩會議中心迎接兩萬多名參與者的到來，這是一個跡象，顯示出日本的幻想在美國年輕人的生活中已經佔有一席之地。而 4chan 的話題討論版也是如此。聊天室已經塞得滿滿，那種氣氛有點像放學後聚在爸媽的地下室裡鬼混，以及暑假前最後一堂課上課前那種感覺的混和。這群觀眾，大部分是男性、白人、跟 Shut 的年齡相仿，全身活蹦亂跳，當 Shut 試圖講述這個網站發展至今的故事時，他們大喊著網路迷因、圈內笑話和爽快的幹話。一張投影片在螢幕上閃爍著。

> 4chan 是一個免費的英語匿名布告欄和圖像討論版網站，模仿自日本最受歡迎的網站 2ch 和 2chan……4chan 的主要重點是日本動漫、漫畫、同人誌、文化和語言；然而，在

任何時候，這都絕對不是討論中的唯一話題。

當Shut就像一個茫無頭緒的大人，故意把2ch誤讀做「tootch」（指肛門周圍的皺褶皮膚），群眾爆出一陣狂笑。這群人知道它的日語發音為「ni-channeru」。也沒有人問什麼是同人誌（在日語中，同人誌指的是自行出版的插畫粉絲小說，其中有很多是色情小說，這是許多日本御宅族的謀生之道）。

最後，moot終於開口說話了。他又瘦又小，坐在一台筆電後面，帶著一頂棒球帽，帽簷壓得低低的，遮住了他的眼睛，一副很想從舞台上消失的模樣。「我最喜歡2chan的一點是，你可以每幾分鐘刷新一次頁面，然後你會看到將近二十幾張新圖像。我認為這真的很酷，它稍縱即逝。你總會發現一些新東西，並滿懷希望可以看到一些有趣好玩的內容。」

「這就是為什麼我們要模仿它的原因了，」另一位主持人進來插嘴，「日本不可能做錯任何事情，對吧？」

他這是在諷刺。但是這些孩子真的很著迷。他們幾乎從出生就開始玩電玩，他們的人格形成期是在閱讀進口漫畫和看著有線電視台的動漫中度過的；而他們的青春期，則整天耗在網路上尋覓色情卡通。4chan是他們的「巴比倫」。隨著這個網站從二〇〇三年每天只有幾百名訪客，到二〇〇五年成長到每天超過五萬名，它的用戶群成為一個傳播媒介，掀起了一波意想不到的日本流行文化新浪潮。

在此之前，日本的幻想裝置都是以產品的方式進入西方世界，完全都是以企業為媒介推出上市。這就是隨身聽的熱潮、卡拉 OK 的流行、一九九〇年代遊戲主機大戰、三麗鷗的 Gift Gates、美國卡通頻道的 Toonami 動漫區、Borders 書店的「百分百正宗」漫畫通道，以及任天堂在購物中心贊助的精靈寶可夢大賽運作的模式。4chan 則有所不同：靠著草根力量和亂無章法的方式，將最前衛的御宅族內容直接傳播到西方的次文化之中，而且是即時的。這是因為在一九八〇和一九九〇年代許多基礎建設已經鋪設完成，使得歐美千禧世代的網際網路用戶，可以如此得天獨厚地接受來自日本的內容，不論只是看到這些內容的皮毛，或是以意想不到的方式將其重新詮釋。

例如，「All your base are belong to us.」來自於一款已經被遺忘的 Sega 遊戲《零翼戰機》上的一個錯誤翻譯截圖，在二〇〇〇年左右出現在 Something Awful 的論壇上。[35] 不到一年的時間，它就成為第一個真正爆紅的網路迷因。動漫藝術和古怪流行語的結合，仍然是當今網路文化的主要內容，這充分體現了這種流行文化的匯聚交流對於全球時代精神的影響。

不過，它仍有其黑暗的一面。

當日本人和美國人的鑑賞力在4chan上水乳交融，這個網站的用戶在不經意之間，也重蹈了其前輩的覆轍。就如同它的先驅一樣，在4chan做為御宅族的避風港推出之後，它透過引人注目的抗議和惡作劇而壯大，然後便陷入了種族迫害、陰謀論和極端認同政治的泥淖。就像一條浩浩湯湯的大河，勢不可擋地蜿蜒流向大海，2channel和4chan永無止盡地追求刺激，也引領著他們的用戶湧向同樣廣闊的自然資源：人類近乎無限的憤怒能量。

為了呼應2channel的田代政事件，4chan在一位明星的觸動下，也展開了第一個真實世界的行動。[36]其中牽涉到一段招募影片，裡面呈現湯姆．克魯斯（Tom Cruise）極度狂熱地唱著山達基（Scientology）的讚歌。這段僅供內部使用的影片，被不知名人士洩漏到網路上，並且開始大量傳播。當山達基教會隨後針對播放這段影片的網站採取法律行動時，4chan迅速回應。山達基（或任何人）算哪根蔥？膽敢告訴他們不可以在網路上開某某人的玩笑？

4chan的用戶在「匿名者」這個耍無賴的綽號底下組織起來，他們在聊天室裡組織分工，以惡作劇電話、傳真和披薩訂單淹沒了山達基中心，與此同時，駭客則在他們的網站上發動阻斷服務攻擊（denial-of-service attacks）。高潮發生在二〇〇八年二月十日，當時有七千名4chan用戶戴著V怪客面具（靈感來自華卓斯基兄弟的電影《V怪客》），突然造訪世界各城市的山達基據點，手持標語，並高喊反山達基的口號。在他們一小時之後悄悄離開之前，他們還透過大型手提收錄音機大聲放送瑞克·艾斯里（Rick Astley）的「Never Gonna Give You Up」這首歌，在真實世界裡玩了一個「Rickroll」（瑞克搖擺）的網路惡搞（譯註：「Rickroll」指的就是用偽連結惡搞，某人說連結點進去是有趣的東西，結果點開看到的卻是英國歌手 Rick Astley 的「Never Gonna Give You Up」的 MV，瑞克正在搖擺跳舞），從這件事情看來，更足以證明，與其說這是一場義正詞嚴的示威，倒不如說這是一場精心策畫的惡作劇。誰在背後主使這一切？背後有主謀嗎？沒有任何簡單的方法可以分辨任何一位用戶究竟是跟隨者、領導者，或者只是來湊熱鬧的。

接下來這一年，2channel 的歷史重演，當時 4chan 的用戶在《時代》雜誌的網站上，精心策畫了一場操縱民意投票的活動。「在一個令人意外的結果中，」二〇〇九年《時代》雜誌宣布：「第三屆《時代》年度百大人物，以及世界上最具影響力人物的新得主是 moot。」[37] 透過在各種技術上動手腳，4chan 的匿名群眾得以為 moot 總共投下了一千六百七十九萬四千三百六十八票，考量到當時《時代》雜誌的網站幾乎沒有安全防護機制，要把他們稱為「駭客」，得把這個字的定義拉的很廣。結果，moot 輕而易舉地擊敗了美國總統歐巴馬、俄國總理普丁和歐普拉（Oprah Winfrey）等名人。而且 4chan 不單只是玩弄這個系統將 moot 放到第一名，他們還在前二十一名的位置全都動了手腳，因此獲獎者姓名的第一個字母可以拼出這個網站的兩個招牌圈內笑話：「MARBLECAKE. ALSO, THE GAME.」。moot在母親的陪同下，以完美的4chan形式參加了這場頒獎典禮。這位二十一歲的男孩，還沒有另一半可以讓他攜伴同行。

線上特技蔓延到真實世界，套句moot的話說，的確是件「新鮮、有趣、好玩」的事情，正如他對這剛起步網站的期望。在自然的成長和該網站在線上和線下的特技表演推波助瀾之下，到了二〇一〇年初，4chan的流量暴增到每天七百萬人次到訪。歸功於《時代》雜誌的票選結果，moot成了一位名人，他也從一位供應日本漫畫的十幾歲青少年，變成了4chan「激進匿名制」的熱情擁護者。在與《麻省理工科技評論》（*MIT Technology Review*）的訪談中，他將自己定位在臉書創辦人馬克・祖克柏（Mark Zuckerberg）的對立面。祖克柏曾極力宣稱「讓自己擁有兩個身分是缺乏誠信的一個例子」（喔？）。在moot看來，4chan已經不只是一個專門為沉迷於動漫、色情、電玩和色情動漫電玩的人所開設的線上小酒吧，雖然裡頭有許多這些內容。面對迅速受到侵蝕的線上隱私，它是言論自由的堡壘。如果沒有匿名，網友如何能夠對當權者說真話，如何能夠不受排斥地表達不受歡迎的意見？即使他們說過、做過一些很蠢的事，moot覺得，「大家應該有一個可以犯錯的地方。」[38]

他的信念很快就受到考驗。其中一場考驗以線上騷擾行動的形式出現，這個事件後來被稱做「玩家門」（Gamergate）；另一場考驗，則來自於一群組織鬆散的白人民族主義酸民，他們自稱為「另類右翼」(alt-right)。這兩者在二〇一六年美國總統大選前都備受關注，而且都同樣分享了對日本事物的熱愛：「玩家門」在於它對電玩的熱愛，「另類右翼」則因為誤解，以為日本是一個民族主義國家。4chan 給了這些極端主義團體犯錯的地方。

「玩家門」的起源可以追溯到二〇一四年的夏天，[39] 當時有一位二十四歲的電腦程式設計師跟他的女朋友鬧分手，並且把事情搞得非常、非常的難堪。他的名字叫艾隆·格喬尼(Eron Gjoni)，在波士頓一家醫院的機器人實驗室工作。他的女朋友叫做柔伊·昆恩(Zoë Quinn)，以開發電玩為業。他們各自忙於自己的事業，因而漸行漸遠，與其說厭倦了彼此，不如說是逐漸從彼此的生活中淡出。他們在一起的最後一晚充滿了爭吵和指控，而且昆恩宣稱自己受到了身體虐待。之後，她便從他的生命中消失。在憤恨交加之下，格喬尼敲打起他的鍵盤。但他不是電車男。他並不是要尋找慰藉，他想要報仇。

八月十五日，格喬尼在 Something Awful 張貼了一篇九千字的冗長貼文。其中的第一批讀者宣稱它是「心理變態的無聊情緒垃圾」；[40] 一名記者後來則將它稱之為「語言的土製炸彈」。[41] 這篇貼文語無倫次、煩躁不安，充斥了令人極度尷尬的個人資訊，它唯一的目的就是要摧毀前女友昆恩的人格和專業名聲。Something Awful 的管理員幾乎立刻刪除了這則貼文(當一個叫做 Something Awful 的地方認為你已經太過分了，你就知道自己遭殃了）。但格喬尼已經為這種情況做好了準備。他很快在一個個人網站重新貼出這些內容，在這裡，貼文不會被刪除。然後一個連結神祕地出現在 4chan 的幾個討論版上。結果它在一個叫做 /r9k/ 的討論版上特別受到歡迎。/r9k/ 最初是為了測試一款叫做 Robot9000 的審核軟體而開發的，它已經演變成一個不擅長社交的用戶用來分享辛酸遭遇的大本營，這些人自嘲地稱呼自己為「機器人」（robots），可以說是 2channel「獨男」論壇的美國翻版。

而這裡就是這個故事跟電車男的美好劇情分道揚鑣的地方。這些參與者並沒有出來力挺格喬尼，他們嘲笑他是個「貝塔」（beta）（這是討論版上的黑話，指的是溫和順從的「貝塔男」〔beta male〕）。這些人轉而對昆恩可能與一名電玩記者上過床，以獲取對她二〇一二年的角色扮演遊戲《憂鬱探索》（*Depression Quest*）的正面評價這個暗示緊抓不放。這並非事實，格喬尼甚至修改了他發出的貼文來澄清這一點。[42] 但事情發展至此，這已經無關緊要了：這些匿名的群眾早已群情激憤，備好了他們的數位火把和乾草叉。

表面上，這些 /r9k/ 上寂寞的「機器人」，圍繞著所謂的電玩新聞倫理這個理由集結在一起，不管這個理由意味著什麼。私底下，他們在聊天室裡則清楚地顯露出自己真正的意圖，並宣稱，「我們要徹底摧毀她的事業，殺她個片甲不留。」[43] 在接下來的幾天和幾週之內，匿名酸民以發出邀請的方式肉搜昆恩的連絡資訊，並大肆辱罵她，然後對任何一位膽敢出來捍衛她的人，進行同樣的騷擾。當 #Gamergate 這個主題標籤下的酸言酸語如病毒般迅速傳播開來，死亡威脅迫使她和遊戲產業裡的許多女性都躲起來不敢吭聲，有的甚至到最後躲了好幾個月。這次騷擾行動在網路上肆虐了將近兩年。

「玩家門」就像「匿名者」一開始的惡作劇一樣分散，讓人很難準確地判斷這個行動究竟在訴求什麼，或是希望獲得什麼。支持者會迅速將任何企圖在線上反擊他們的人貼上 betas（弱男）、cucks（戴綠帽）或 social justice warriors（正義魔人）的標籤，這些字在 Gamergate 討論版上扭曲的語意中，是指純粹為了跟女人上床而擁護進步立場的男人。助長這一切的，是一個根深蒂固的信念，那就是女性主義是一場零和遊戲。透過政治正確、敏感度訓練和強制的包容性，在現實世界裡，女人拚命地剝奪男孩在生活中的一切樂趣，這已經夠糟糕了。現在她們居然還要來電玩世界裡參一腳！

當然，最諷刺的是，女性一直都在。從 Game Boy 遊戲機的時代以來，就有將近五成的玩家是女性。[44] 儘管美國的開發商才剛開始關注這個人口比例代表性不足的問題，日本的業者從一開始就已經了解，多元化對生意是一件好事。一路回到紅白機主機的時代，任天堂一九八六年的暢銷產品《銀河戰士》，因揭露了其裝甲英雄是一名女性而讓粉絲大為震驚，而主流的熱門系列，例如《勇者鬥惡龍》、《太空戰士》、《國王之心》等，長期以來都吸引了大量的女性玩家。

但這都無關緊要，因為「玩家門」的歇斯底里，根本與遊戲無關。而是跟有愈來愈多的女性在之前由男性主導的宅領域發聲有關。舉個例子，二〇一四年的聖地牙哥漫畫展，在「玩家門」爆發前幾個月舉行，男性和女性的參與者人數幾乎相同。[45] 你也許會認為一大群宅男會歡迎一大群宅女的湧入，然而，如果你是把自身的孤獨誣陷為是社會對你的譴責的那種人，你可能會把女性當做競爭對手。或者更糟糕的，你可能會認為女性篡奪了一名脆弱男性可以真正感到擁有主導權的最後一個角色：那就是做為一名流行文化的超級消費者，無論是在遊戲、電影、卡通或漫畫的領域。這就是許多自稱被剝奪公民權的美國年輕人所瘋狂投入的角色。

這次，moot 站出來制止。他對這個網站仍然大權在握，或者，更確切地說，他是那些匿名群眾唯一可能真正願意聽從的人。他引用長期以來禁止騷擾和公布個資的規範為由，命令跟「玩家門」主題有關的貼文從 4chan 上刪除。[46] 其反應可以想見。「moot 居然跟『反玩家門』站在同一陣線！4chan 已死！」一篇憤怒的貼文寫道。於是，一大批人湧向更無法無天的分支網站，它有一個大家都猜得到的名字，就叫做 8chan。moot 厭倦了持續不斷的爭議，以及這個網站聲量最大的用戶將這個網站本身政治化，於是他在二〇一五年年初宣布，他將卸任 4chan

的管理員。九月，他直接把它賣掉。[47]但究竟有誰會花錢跟這個網站扯上關係呢？從一開始，4chan 網站上的脫軌行徑，就讓廣告商和投資者對它避之惟恐不及。

這個答案正是博之。在一系列曲折離奇的事件之中，博之在二〇一四年的一次政變中被 8chan 的擁有者被迫退出 2channel，此人將這兩個網站放在菲律賓的伺服器上，讓它們不受日本和美國當局的掌控。[48]現在，博之透過接管多年前由他間接啟發成立的網站，重新回到這場遊戲之中。「moot 來到東京，而我們（喝）醉了，」他告訴《富比士》雜誌，[49]「他說他想退出。而他和我都希望 4chan（可以）存活下來。」普爾對自己的想法則更為具體，「十多年來，他是能夠深刻理解提供一個數位大本營給數以千萬計的人代表什麼意義的少數幾個人之一。」[50]在本文撰寫之際，博之仍然繼續管理著 4chan。

「失落的授權商品：為什麼數碼寶貝（Digimon）值得一場光榮的復興。」當這個標題二〇一四年出現在巴萊巴特（Breitbart）網站時，該網站已經以它激進的專欄文章而聞名，但這一篇，從表面上來看卻不尋常。「在一九九〇年代，日本文化在兒童和青少年的想像力中享有獨特的購買價值，[51]它創造了深受喜愛的授權商品，例如《七龍珠》和《遊戲王》！」作者宣稱，「除了在財務上取得巨大的成功之外，這些品牌也留下了過大的文化足跡，這要歸功於有時被大家統稱為御宅族的癡迷瘋狂行徑的傳播。」

Digimon是Digital Monsters（數位怪獸）的縮寫，是一九九九年電子雞的後續產品。它是由同一個團隊所創作出來的，是一個掌上型的數位玩具，裡面包含一隻虛擬寵物，玩家不僅可以飼養牠，還可以透過和朋友的玩具連接來進行戰鬥。在千禧年之際，當它在美國上市時，這些玩具、遊戲和動漫系列，對於持續走紅的精靈寶可夢授權商品來說，成了一個不被看好的競爭對手。甚至許多粉絲都誤以為這是精靈寶可夢概念的一個簡單複製品。但這位作者可不是這麼想。他抨擊《精靈寶可夢》是個「沒有靈魂」的遊戲，他與「電玩界的意識形態純粹主義者」看法一致，這些人認為「《數碼寶貝》粉絲是電玩和動漫文化界的華格納風格愛好者，……飢渴、堅決和充滿對知識的好奇。」

這是一位《數碼寶貝》的忠實粉絲。如果不是因為某個事實，這篇張貼在Gamergate討論版底下，關於御宅族的華麗冗長文章，可能早就被淡忘。這是由一位即將成名的作家——米洛．揚諾普洛斯（Milo Yiannopoulos）所寫，這是他最早發表的文章之一。那時還沒有人知道這位染著一頭駭人金髮的三十歲男子是誰，但這一切即將改變，而且很快。

揚諾普洛斯的老闆叫做史帝夫．班農（Steve Bannon），他認為巴萊巴特可以不只是個新聞網站。他並未滿足於僅做個網站編輯；他渴望發揮真正的政治影響力，真正改變意見的討論——只要他能夠善加利用右翼人士。「無所寄託的白人男性」，他這麼稱呼他們。[52]

他所謂的無所寄託，基本上指的就是御宅族。當然，不完全一樣，但也夠接近了。皮尤研究中心從二〇一四年以來蒐集的一份資料顯示，十八歲至三十四歲的美國男性與父母住在一起的比例，從一九四〇年以來，首次超過了與伴侶或配偶住在一起的比例。[53]受教育程度愈低，住在家裡的機率就愈高；考量到在經濟大蕭條時期，非大學畢業生的財務拮据狀況，這並不奇怪。不曉得是幸運（或是不幸），這些擁有大量空閒時間的男人，將他們大部分的時間都花在沉浸於電腦世界裡的電玩和線上論壇，遠遠超過跟「真實世界」裡的朋友交往互動。對他們來說，真實和虛擬世界以一種既刺激又無力，既振奮又孤絕的方式融合在一起。

採摘他們的時機已然成熟。班農很清楚可以在哪裡找到他們：在 4chan 上。即使在匿名的掩蓋之下，4chan 的流行用語（由脆弱的青春期男子氣慨語言所提煉而成），依然暴露著這個網站的同質性。在 4chan 的語法中，「Fag」是一個包羅萬象的詞：[54]菜鳥是「newfags」，老鳥是「oldfags」，那些一直靠貼文沽名釣譽的是「namefags」，而一般的用戶則是「faggots」（事實上，可以想見的，同性戀全都是「fagfags」）（譯註：fag 是同性戀的冒犯說法。此外也指：香菸、苦差事等等）。除此之外。他們還固著於用想像得到的最挑釁冒犯的方式來表達意見。不斷地提及猶太陰謀論、女性主義陰謀集團，以及對白人男性以外的幾乎任何群體無止盡地詆毀：4chan的整體人口結構，透過刪除法而變得清晰無比。潛藏在這一切底下的，是一種斯德哥爾摩症候群式的信仰體系，也就是任何一個沒有得到這種症狀的人，就是敵人。「你為什麼生氣，老兄？這一切都不過是在lulz（譯註：lulz是網路黑話，指幸災樂禍地大笑）。」

班農將利用這些人。

身為一名六十多歲、身材矮胖、頭髮花白的傢伙，他所欠缺的是可以真正突破防線的酷元素，而這就是米洛可以派上用場的地方。班農知道他可以立刻跟這些人搭上線。「你可以啟動那支軍隊。」[55] 班農說。揚諾普洛斯年紀尚輕。他主見強硬、能言善道、懂得挑釁，而且是個意識形態純粹主義者……當他滔滔不決地談論數碼寶貝的時候，總之，就是他了。關於這個人的其他事情，班農並不十分確定；但話說回來，他也不在乎。他需要一個潑糞攪局的人。他只想看到結果，夢想著要將他的巴萊巴特網站變成一個他所謂的「殺人機器」。[56]

在班農的督導之下，揚諾普洛斯轉移了他惡意攻擊的焦點，從發洩對精靈寶可夢的厭惡，轉向對進步主張的冷嘲熱諷。班農和揚諾普洛斯都立刻掌握了「玩家門」行動的潛力。揚諾普洛斯寫了一篇極力為「Gamergaters」（「玩家門」酸民）辯護的文章，指稱他們「讓以前未曾受到挑戰的當權左派霸凌者心生恐懼」。[57] 如此宣稱這群酸民不是騷擾者，而是為正義出征的偉大十字軍，聽在這些被主流社會邊緣化的寂寞男人耳裡，彷如仙樂。揚諾普洛斯成了「玩家門」十字軍東征的有力代言人，為巴萊巴特網站吸引了大量的新讀者。之後，他與人合著了一份宣言，標題為〈當權保守派通往另類右翼的指南〉（An Establishment Conservative's Guide to the Alt-Right）。將一群包括公開承認自己是納粹的人描繪成聖徒，引來了希拉蕊・柯林頓的公開譴責，並指出這個運動有如「新興的種族主義意識形態」。[58]這些話對她來說是一種嚴厲的譴責，但對另類右翼來說，則簡直是一場加冕典禮，而且它立刻讓米洛和巴萊巴特網站在極右翼的政治圈中贏得了高度的信譽。

儘管愈來愈兩極分化的言論使得共和黨的領導人緊張，但在看到這種情形的時候，他們也察覺到一件好事。揚諾普洛斯和班農的酸民戰術，將年輕人導向了共和黨，這是前所未有的。「他們透過 Gamergate 論壇，或其他方式進來，然後轉向政治和川普（Trump）。」[59]班農解釋說。當他的「玩家門」和另類右翼大軍，用戴著「讓美國再次偉大」（Make America Great Again）帽子的卡哇伊動漫女孩迷因淹沒其他網站時，各大主要媒體不得不趕緊推出類似「推特上的動漫化身如何幫助解釋二〇一五年的線上政治」之類的標題，來解釋這種現象。[60]並非每位保守派人士都參與其中：「正是大家所謂的另類右翼尖叫者和瘋狂人士，他們愛戴著川普，他們在推特的圖示上有著大量的希特勒肖像，……他們是那些對著動漫自慰的無子女單身漢。」[61]共和黨策士瑞克・威爾森（Rick Wilson）在二〇一六年於 MSNBC 電視台宣稱。另類右翼的創始人理查德．史賓塞（Richard Spencer）也在推特上迅速反擊，「動漫，事實上，即使是色情動漫，在推動歐洲文明方面，也比共和黨做得多。」[62]具有諷刺意味的是，同一種插畫娛樂，曾經滋養了日本的極左派，關於這一點，擁護者和批評者都同樣直接從腦海中跳過。

對於揚諾普洛斯來說，事情進展的並不順利。[63]在他煽動一群仇恨暴徒攻擊非裔美人萊斯莉．瓊絲（Leslie Jones，她曾經共同主演二〇一六年重拍的《魔鬼剋星》）之後，推特，這個他最喜歡的平台，先是對他暫時停權，然後將他終身禁止登入。隨後，一系列有損名譽的影片浮出檯面。其中一部影片捕捉到他在達拉斯的一家卡拉ＯＫ酒吧高唱「America the Beautiful」（美麗的美利堅）的同時，一群包括史賓塞在內的觀眾以納粹式敬禮向他致敬。[64]另一部影片拍攝到他宣稱戀童癖有可能「完全是兩廂情願的」，[65]當受到大眾媒體質疑時，他一而再，再而三地為自己的立場辯護。保守政治行動會議（Conservative Political Action Conference）取消了他對群眾發表演講的邀請；Simon & Schuster 出版社封殺跟他已經簽下的二十萬美元的自傳出版交易；[66]而也許最讓他感到痛苦的是，巴萊巴特網站請他辭職走人。做為一名評論員，他已經玩完了。他負債累累，轉而向眾籌平台 Patreon 求助。[67]他很快地也在那裡被禁。但是班農下的這一步棋，的確奏效了。他在二〇一六年八月獲邀加入川普的競選活動，隨後被授予首席策士和總統高級顧問的頭銜。他靠著旗下無所寄託的動漫迷軍團，將自己送進了白宮。

班農的任期在開始後不久就結束了，但政府與動漫的關聯仍在。令人難以置信的，美國國務院甚至有一個網站在慶祝「美國動漫觀眾的增加」。[68] 它將《原子小金剛》的創作者手塚治虫描繪成一名祕密的愛國者，聲稱「他的父親堅信日本的未來繁榮取決於與美國的伙伴關係，並把他的兒子以美國式的方法來撫養」，就像日本的漫畫之神與他肩膀上的白頭鷹一起工作一樣。

二〇一八年十月，一名叫做賈文．麥金尼斯（Gavin McInnes）的男子在上東城紐約大都會共和黨俱樂部跟大眾發表演說。長著一張白白淨淨的臉，留著鬍鬚、帶著一副粗框眼鏡，麥金尼斯看起來十足像個文青，這跟他很相稱。他與人共同創辦了 Vice 媒體帝國，然後在二〇〇八年離開，把自己重新設想成一名保守的挑釁者。這似乎奏效了：那天晚上，他正在向大約一百名組織成員演講，這個組織是他在兩年前成立的。「驕傲男孩」（The Proud Boys），正如他對他們的稱呼，是一群多樣化到令人詫異的群眾；只有那些超多的「讓美國再次偉大」的帽子，才真正營造出一體的氛圍。麥金尼斯以「西方沙文主義」一詞，用來區分他自己與白人權力至上這類組織的不同，儘管在實際上，其中的差別幾乎微乎其微。「驕傲男孩」的聚會，就像一場活生生的 4chan 政治論壇，是一場關於種族歧視、反猶太主義、厭女症、民族主義和極端保守政治觀點的慶典（麥金尼斯認為女性主義是一個「神話」，並且曾經撰寫過一篇名為〈跨性別恐懼症是很自然的事〉的文章）。在上台之前，他戴上眼鏡，透過鏡片露出睥睨的眼光，揮舞著一把道具武士刀。然後他繼續重演淺沼稻次郎被謀殺的情景，也就是那一場在一九六〇年震驚全世界的電視暗殺（詳見第一章的描述）。在群眾面前，麥金尼斯扮演謀殺者山口二矢的角色，用手猛烈砍向一名「亞洲驕傲男孩」假冒的淺沼，然後打開一罐啤酒，並且宣布：「永遠不要讓邪惡生根。」不知何故，令人難以置信地，山口儼然成了網路另類右翼的寵兒，從一名不穩定的青少年，轉變成傳統保守道德的捍衛者，讓人遠離所謂的社會主義弊端（在這段期間，一個廣為流傳的迷因，是在淺沼被謀殺的那個著名時刻的照片上，配上圖說：「這就是你今天可以對著動漫女孩自慰的理由。」）。至於日本擁有全世界最健全的公費醫療體系這件事，就別管它了。在網路上和舞台上，那些將自己視為是進步受害者的美國年輕人，已經將日本的歷史和幻想在他們的腦海中混成一團了。

一種類似的奇幻思維，導致許多現代的白人至上主義者擁抱一種關於日本的類似幻想：那就是，用白人至上主義者雜誌《美國復興》（*American Renaissance*）的編輯傑瑞德・泰勒（Jared Taylor）的話來說，日本為建立「一個以自覺的歐洲白人佔大多數的國家」立下了榜樣。[69]「它是一個民族國家，它是強烈的民族主義者，」泰勒告訴《衛報》，[70]「而且他們頂住了接納難民的壓力。」我說：「我的天啊！」雖然日本在難民問題上的歷史曲折多變，政治領導人太遲才意識到需要接納移工，以填補日本快速老化的人口所造成的空缺。在二〇一七和二〇一八年，政治上保守的安倍政府通過一項法律，加速為技術移民提供永久居留權，並且大幅增加藍領工作簽證的數量。[71] 光是在東京，在二〇一八年邁入成年的年輕人當中，超過八分之一不是日本人的後裔。

加倍諷刺的是，這類義無反顧擁護這些理念的白種男人，絕對不是美國唯一的漫畫和動漫迷。事實上，對日本進口的幻想最忠實的粉絲之中，有些是少數族群，他們對於那些曾經同樣吸引過被貶抑的日本御宅族的弱小角色備感興奮。在美國卡通頻道播出的《七龍珠 Z》就是一個很好的例子。它是一部荒誕不經、天馬行空的武俠幻想故事，在這個故事之中，一名小男孩透過與對手、機器人、外星人，甚至某位特定的大魔王進行生死搏鬥，鍛鍊成宇宙中最強大的戰士。這個節目的「額外生命」（以被殺死的角色反覆復活的形式出現）、反重力的動作，以及角色「強化」的延伸場景，對任何玩過電玩的人來說，都可以立刻辨認出來。主角孫悟空用蠻力超越所有的障礙，甚至超越死亡，深深引起了年輕非裔美人的共鳴，套一句粉絲的話來說，這些人覺得他們「需要付出雙倍的努力，才能獲得一半的回報」。[72] 套句饒舌歌手 RZA 的話，《七龍珠》代表了「黑人在美國的旅程」。[73]

所以，就這樣的，在二〇一六年總統大選前夕，美國發現自己所處的社經環境，詭異地令人回想起經濟泡沫破滅後的日本。隨著美國的年輕人像日本的同儕在他們「失落的十年」間同樣的茫然無措，在某些人眼中看來，美國也一樣變成了「一個完全由御宅族所組成的國家」，或是由那些認為像他們一樣的人所組成：他們把自己描述成社會棄兒和弱勢族群，極度專注在自己個人領域的興趣；他們最喜歡的網站和 YouTube 頻道都竭盡所能地投其所好；他們所加入的社群都是跟自己想法一致的人，這些人強化了他們的信念，不管其信念是什麼。

日本的御宅族不僅僅是超級粉絲，更是晚期資本主的危險預兆。日本經濟泡沫的破裂，預告了全球經濟即將出現類似的衰退。這使得日本的國民得以領先將近二十年去開發文化工具，以便生活在一個資源相對更少的年代，而當希望愈來愈短缺，幻想便扮演了愈來愈重要的角色。換句話說，日本本身就代表了一種包裝精美的幻想：一個易於理解的微型世界；一個國家尺寸大小的虛擬世界，它創造出讓國民愛不釋手的幻想裝置，這些東西在國外更有如生存工具一樣重要。這就是為什麼，如果我們要畫一個共同興趣的文氏圖（Venn diagram），用一個圈圈代表日本的御宅族和網路右翼，一個圈圈代表靠羞辱他人定義自己的 Gamergater、YouTuber 和 edgelord（邊緣領主），一個圈圈代表「黑人的命也是命」（Black Lives Matter）的支持者和ＬＧＢＴ的倡導者，其中重疊的部分，將不可置信地，會集中在日本的事物上：漫畫、動漫，以及日本本身就是一個幻想世界的這個想法。

回顧過去，我們會很容易嘲笑 4chan 早期所帶有的烏托邦色彩，像是在 Otakon 動漫展上所承諾的，完全的匿名將消弭小圈子，促進真正的開放討論。事情的發展的確不是這樣。從一個網站存在的理由是為了讚賞色情動漫，就可以料想得到，4chan 的組成人口幾乎清一色都是青少男。從一開始，4chan 就是一個小圈子；但是它也是一個印記，證明了建立在日本幻想上的社群，在說英語的西方世界所具有的影響力。

4chan 對於任何既有的勢力都抱著嗤之以鼻的態度，這種根深蒂固的文化，促使它成為各類有創意的叛逆者、怪咖和流放者的避風港；徹底的匿名則使得它成為極端表達形式的沙盒。這種組合是粉絲和次文化的火箭燃料，它同樣也滋養了酸民、狂熱和仇恨。4chan，一方面是歡樂的鑄造廠，是大笑貓（LOLcats）、瑞克搖擺、柴犬梗圖，以及無數其他從自身討論版散播到主流網路文化的迷因發源地。然而，任何一個人都不能低估它煽動邊緣團體變得更加偏激的能力，其影響範圍可以從左傾的社會正義激進群眾「匿名者」，到虛無主義的駭客組織 LulzSec，再到另類右翼的白人至上運動，以及所有被班農所激起的「無所寄託的白人男性」。

可以肯定的，這是可怕的東西。但在 4chan 所有的錯誤中，也有許多是正確的。4chan 的匿名 lulz 行徑，的確提供了重要的工具，讓新一代的運動人士可以對掌權者說出真話。它分散式的線上組織、幕後的駭客攻擊，以及V怪客面具，持續在「佔領華爾街」運動和二〇一一年的「阿拉伯之春」起義，發揮了關鍵的作用。[74] 匿名的網路組織和缺乏任何明顯的領導，也是二〇一九年香港抗爭運動的核心特色，這場運動是由一項備受爭議的法律所引發的，這項法律將使得香港公民可以更容易被引渡到中國大陸。這個運動結合了卡通的意象（借自4chan，以及諸如《航海王》、《新世紀福音戰士》等動漫），呼應了《小拳王》滋養一九六〇年代末來革命者的方式。與此同時，在中國大陸，諸如新海誠的作品《你的名字》等動畫片，以及宮崎駿延期上映許久的經典作品，例如《龍貓》、《神隱少女》等，持續在創造票房紀錄。[75]

所以有一種情況發生了，一個日本的意象看板（透過近來經由網路連結的漫畫和動漫迷，悄悄移植到了美國），被集中、增強，並且將日本各式各樣的幻想重新注入到經濟、政治上，甚至個人層面上都逐漸走向類似黑暗時代的全球文化領域。這是一個四分五裂的年代，技術不斷遭受破壞、經濟動盪、政治僵局，地球與人類的未來愈來愈令人擔心，我們可能會為我們所感受到的不安而哀嘆，但有一點是可以肯定的：在我們的品味喜好上（我們的需求上），對於來自日本的幻想，我們仍然未曾分裂。

二〇二〇年代

Sony停止了另一項已經過時的製造技術：Walkman……。[1]*孤獨的死亡景象在日本的「自殺森林」中處處可見……。*「這些都是給不正常的人、變態的人看的，」[2]東京都知事在某次採訪中說，並生氣地將兩本漫畫書扔在地上……。**地震和海嘯摧毀了日本北部：反應爐爐芯熔毀……***Hello Kitty*實際上不是一隻貓，《洛杉磯時報》宣稱，它是個小女孩……「今天對美國人（尤其是年輕人）來說，是一個向你們說聲謝謝的機會，為了那些我們所喜愛的日本事物，」歐巴馬說[3]，「漫畫、動漫，當然還有表情符號。」……這個運動被稱為#CosplayIsNotConsent，它只是用來提醒大家我們不是物品的一種方式。[4]……**「螢幕文化」的興起是否損害了人際關係？**……根據這項研究，《精靈寶可夢GO》造成了數百人死亡[5]……美國年輕人比以往任何時候都更少做愛……**在五月，世界衛生組織正式承認一種新的上癮症：「電玩成癮」**[6]……這個月，她拒絕了獨生子在東京舉行的婚禮邀請，但這或許並不令人驚訝：因為他娶了一個全像投影。[7]

結語

每件事情都有值得學習的地方。即使是最普通、最平凡的事物，你也能從中學到一些東西。

——村上春樹，《1973年的彈珠玩具》

我們的主角是一位住在東京市中心的三十四歲離婚男人，之前是個上班族。他是一位靠撰寫廣告文案和雜誌文章維生的作家，儘管這份工作做起來得心應手，但卻無法帶給他太多的樂趣。「總得有人寫這些東西吧，」他告訴我們。[1]「而且同樣的情形也可以適用於收垃圾或剷雪。不管你喜不喜歡，工作就是工作。」這整本書從頭到尾，沒有在任何一個地方提到他的名字，一次都沒有，而這只是更加凸顯這本書所傳達的麻木和混亂感。他是富裕社會中的中堅成員，原本應該前程似錦，但實際上卻只能勉強混口飯吃。

但這個人並不是一個尋常的都市失意人，他是村上春樹小說裡的主角。在這個例子中，他是《舞・舞・舞》的主角。這本書在一九八八年，經濟泡沫的高峰期推出，它是村上一九八二年突破性的暢銷作品《尋羊冒險記》的續集。在這兩本書之中，村上某種程度捕捉到了許多現代日本人的生存焦慮，而他們原本應該處於自己國家經濟奇蹟的勝利之中。

我們不知名的主角，從他落腳的飯店電梯裡，發現了通往另一個空間的入口，原本應該是十六樓的地方，如今變成一個伸手不見五指的異質空間。當然，他走了進去。他會有什麼損失呢？沿著寒冷的走廊，他找到了羊男，那位在前一本書中幫助他擺脫困境的人。事實上，稱之為「人」，也許有點太過抬舉牠了。他穿著一身毛絨絨的綿羊服，講話全都連在一塊就像降，羊男很顯然存在於離我們的真實世界很遙遠的平面上。他是一張慈祥的臉，居住在單調乏味的日常生活背後，當生活變得太過複雜，光靠人類自己無法明白究竟之時，他會伸出援手（或伸出羊蹄？）。

「我迷失了，被沖散了，正混亂著，跟什麼地方都沒有關聯，」我們的主角向羊男吐露心聲。「我該怎麼做才好呢？」

「跳舞啊，」羊男說。「只要音樂還繼續響著，總之就繼續跳舞。跳舞啊。繼續跳舞啊。別想為什麼要跳舞。」

「等等，還有一件事情想問你，」主角在稍後幾行的描述之後說。「我想你一直都在我身邊，只是我沒看到你。你的影子到處都是，你似乎總是一直都在那裡。」

村上繼續：「羊男用兩隻手指在空中做出一個曖昧的形狀，『對啊。我們經常都在那裡。以影子、片段，在那裡。』」

即使隔著翻譯的面紗，村上也有著無懈可擊的能力，讓全世界的讀者都以為他是親自在對自己說話。[2]「他是一位恰巧用日語寫作的美國作家。」英語譯者阿爾佛雷德・伯恩鮑姆（Alfred Birnbaum）說。不過，波蘭譯者安娜・奇里恩斯卡・艾利奧特（Anna Zieli ska-Elliott）則推崇他的寫作具有「普世性」，而俄國譯者伊凡・謝爾蓋維奇・洛加喬夫（Ivan Sergeevich Logatchov）則說當地的讀者在村上的作品之中「找到了他們自己的認同」。甚至南韓和中國，這兩個在歷史上向來對日本的事物抱持強烈愛恨情仇的國家，也被村上春樹的熱潮所吞噬。「韓國人對他的作品很感興趣。」譯者楊耀寬（Yang Eok Kwan）指出，因為「具備了欣賞他作品的文化基礎」。

我們喜愛村上春樹，並不只是因為他用嫻熟的技巧所說的詭異故事，還因為他的故事讓我們稍微感覺良好一些。它們是為我們這個時代量身訂製的，高度連結卻寂寞；二十四小時不斷循環播報的新聞，卻讓人毫無頭緒；受夠了一堆沒用的東西，卻仍然繼續購物。就如同小說家菲利浦・羅斯（Philip Roth）所說的：「這是村上春樹對我們這個唯物主義，華麗燦爛時代的看法。」藉由在書頁間分享他博學多聞與優雅獨特的流行文化品味，他讓我們感覺到自己慧黠又練達。透過將淡定自若的凡夫俗子丟進感人離奇的愛情故事與超自然的設定，他讓我們相信自己有潛力熬過任何狀況，無論遭遇有多麼怪異。他的書中瀰漫著存在的焦慮感，但從來未曾完全陷入絕望。通常，他會設法爬出來，並同時感到自在，就好像我們在三麗鷗的 Gift Gate 撞見了大衛・林區（David Lynch）（譯註：大衛・林區是美國的電影導演，風格詭異，帶有迷幻色彩）。

我們之所以喜愛他，是因為所有的人都在以自己的方式尋找羊男，在我們自己建立的陰影中渴望找到答案。

一九九九年，記者瑪莉・羅曲（Mary Roach）前往東京報導充斥在日本人生活中的卡哇伊異國文化。[3] 在採訪了三麗鷗的辻信太郎和清水侑子之後，她做出以下的結論：「美國人從小學畢業愈久，就愈抗拒最純粹可愛的化身。為此，你必須到日本。」卡哇伊只不過是日本專有的一些奇特流行趨勢，她的這種想法，僅僅過了六年，就被證明是錯誤的。二〇〇五年《財富》雜誌報導了一個令人驚訝的新現象：[4] 女性高階主管招搖地將 Hello Kitty 筆記本帶入董事會。接著在二〇一七年，當將近百萬名示威者湧向華盛頓特區，參加一場名為「女性大遊行」（Women's March）的活動時，他們戴著用軟紗織成的「貓帽」，形成一片粉紅色的耳朵海在國家廣場上蕩漾，以展現出團結。「我幾乎是在三麗鷗的店裡長大的。」[5]這頂帽子的共同製作人克莉絲塔・蘇（Krista Suh）後來這樣跟我說。

一九七二年，好萊塢行業雜誌《Variety》對動畫師手塚治虫開創性的限制級動漫《埃及豔后》不屑一顧，宣稱「很難想像有任何人會被卡通人物裸露的乳房挑逗」。[6]二〇一八年，美國網站Pornhub宣布，「hentai」（變態）這個字，已經連續兩年成為第二大熱門搜索詞（該網站還報導，「庫巴公主」〔Bowsette〕相關色情內容的搜索量，僅僅在一週之內就從零上升到三百萬次。庫巴公主是來自《超級瑪利歐兄弟》中的碧姬公主和庫巴的幻想混和體）。[7]

在二〇〇一年，不是指電影《2001太空漫遊》那年，科幻小說家威廉・吉布森在前往東京的旅途中，注意到一件奇怪的事情：「一名女學生不斷地忙著在她的手機上傳送訊息（她從不用手機語音通話，如果可以避免的話）。[8]這位手機女孩忙著互相傳遞的究竟是什麼？」六年之後，iPhone問世了，現在我們不需要再問這個問題了。祝你好運，如果你可以在這個地球上的任何一個地方找到一名帶著手機、但沒有忙著一直傳送訊息（而且從不用語音通訊）的青少年的話。

日本稍微走在潮流前面一點的情節，並不新鮮。這樣一個故事就像十九世紀日本向西方開放港口一樣古老，當時大量來自北齋和喜多川歌麿的藝術作品，顛覆了西方好幾代的傳統藝術智慧，並且啟蒙了印象派的運動。梵谷被他們的版畫和卷軸畫深深吸引，以至於完全放棄了自己的工作室，前往法國鄉村尋找他所謂的「日本的光」。[9]

一九五〇年代，隨著鈴木大拙抵達美國，一如以往地，歷史再度重演。這位身材矮小的佛教學者，年邁、禿頭，有著一對令人印象深刻的眉毛，[10] 對於戰後反文化偶像的一代來說，他有如真實版的尤達大師。他能自在地面對鏡頭，用淺顯易懂的英文寫作，他將日本菁英所奉行的固有禪宗教義「本土化」為一種無宗派色彩的哲學工具，以幫助每一個人成長。在他的教導之下（透過演講和超過一百本的書籍），美國人第一次領悟到少即是多，現實是短暫而虛幻的，內在的修行可以帶來精神上的超越。在尋求禪宗開悟的過程中，追隨者看到了一種逃離現代消費社會牢籠的方式。

日本禪宗受到作家、詩人和音樂家的熱愛，從一九五〇年代的「垮世代」（Beat 世代）開始散播到隨後的美國流行文化浪潮之中。如果沒有鈴木的教誨，讓我們放下對世俗的執著，我們不曉得還要花多少時間耗在「tune in, turn on, and drop out」這樣一個過程之中？（譯註：「tune in, turn on, and drop out」是一九六〇年代嬉皮運動的口號，由 Timothy Leary 所提出，其含義大致為：tune in 探索內在心靈、turn on 打開並提升各種感官的敏銳度、drop out 擺脫體制）在過去的幾十年裡，禪這個概念已經更進一步被精煉成一種代名詞，代表冷靜超然、正念、進入專業的「心流狀態」等，而也許最重要的是，在習慣的用法中，它代表了任何一種極簡主義。禪宗，以這種口語表達的形式，成為一個不亞於王爾德所謂的維多利亞時代「純屬虛構」的幻想。對於今天的美國人來說，禪就是 iPhone 毫無特色的黑色矩形；禪可以在村上春樹散文式的描述裡找到；禪就是近藤麻理惠神奇的收納藝術所帶給我們的境界。

將文學大師村上春樹跟收納達人近藤麻理惠相提並論，似乎有些不敬。當然，沒有人是為了讀近藤的散文而看她的書；他們是為了向她尋求建議，以避免生活被堆積如山的物品所淹沒。然而當我們提到村上和近藤的作品時，我們會這樣說：其中一人的寫作風格經常被描述為「魔幻寫實」；另一個人所提供的文字，則充滿了「改變生活的魔法」。

所以，為什麼日本不應該是這個奇怪新時代的魔法師呢？我們活在注意力經濟的時代，這個時代的貨幣是目光跟手指點擊，它們全都被吸引到全天候提供內容的隨身聽和 Game Boy 的後代身上，這個後代就是：智慧型手機。網路世界的建造者為了吸引我們回流的工具和技術之中，有許多都是根基於日本街頭的科技文化先鋒所開創的：表情符號、交換自拍照、日常活動的影音遊戲化，例如運動或甚至簡單對話的影音。當我們渴望逃離時，我們會追隨早期御宅族的腳步，擁抱那些讓我們能繼續當個孩子的樂趣：漫畫英雄、電玩大展，甚至扮演我們的虛構偶像，或是親自拜訪他們，就像在《機動戰士鋼彈》的製作人於二〇〇九年在東京灣的岸上，揭開這個跟巨大機器人實際大小一樣的雕像時，有四百萬人前來朝聖那樣。每個人都需要一個英雄。

****

一九四二年，《生活》雜誌估計，精通日語的非日裔美人不到一百人。[11] 美國軍方為服役的男性和女性推出了一系列的語言速成課程，五十年後成為我日語老師的讓．莫登女士，就是其中一位。一九八七年秋天，我在馬里蘭郊區的一所高中上了她的日語課程。當時，一個美國孩子想要學習日語，似乎是件很奇怪的事。《華盛頓郵報》幾年前的一篇報導，就很驚訝於學生竟然有興趣學習「這種世界上較為困難，又較為沒用處的語言之一」。[12] 其他人則支持我們正在做的事情。有一天，成堆的大紙箱被送進我們的教室，是一位叫做手塚治虫的人送來的，裡面裝滿了他全部的漫畫作品。所有的經典之作都在裡頭：《原子小金剛》、《怪醫黑傑克》、《佛陀》、《火之鳥》，他還附上了一張親筆簽名的插畫和一封信，承諾他下次來美國時，一定會再來拜訪我們。

在那前一年，當時的皇太子明仁和皇太子妃美智子出人意料地造訪，給了我們一個驚喜。

莫登老師跟日本政府協調了好幾週，為了安全起見，一直保密到當天。但對我來說，手塚會再來看我們的承諾，其吸引力勝過跟真正的皇族實際見上一面。我在一本袖珍字典的幫助下，仔細閱讀了他的漫畫，花了更多的精力在解讀這些插畫，而不是應該用功準備的考試。但我們約定的會面並沒有成真。手塚一直守著一個祕密：他正在與胃癌奮戰。他於一九八九年二月去世，距離裕仁天皇的逝世僅僅數週：這是戰後時代令人震驚的結尾。皇太子和皇太子妃，現在成了上皇和上皇后。而我卻再也無緣見到我的英雄了。

****

自從 Kosuge 的第一台吉普車在寒冷的牛棚從一條臨時的裝配線生產出來以來，許多事情都改變了。

日本已不再是世界的玩具製造工廠，現在這個頭銜屬於：中國。它幾乎是世上所有各式產品的製造工廠。

卡拉 OK 在全世界依然是一個家喻戶曉的名詞，但它在自己的祖國則處於穩定下滑的狀態。二〇一八年的一項調查顯示，它已經從一九九五年擁有五千萬名 K 歌者的高峰期，流失了超過一千萬名的常客。[13]「我們把唱卡拉ＯＫ視為是一種有點庸俗，或甚至是魯蛇的活動。」[14]一名三十多歲的女性上班族對《今日日本》（*Japan Today*）這樣說。在那些還在繼續唱卡拉ＯＫ的人當中，有兩成到三成的人寧可自己一個人唱。而當你意識到現在有超過三分之一的日本家庭是由一個人組成的時候，你就不會那麼驚訝了。[15]

盛田昭夫在一場網球比賽中風之後，於一九九三年意外地退休，此後，Sony 便竭盡所能地在維持自己的地位。[16]盛田在一九九九年去世，享年七十八歲。儘管從攜帶式電子科技到擁有自己的唱片公司，Sony 確實涵蓋了它所需要的每一塊拼圖，但是卻錯過了數位音頻跟智慧型手機的革命。二〇一三年，一個事實顯露在眼前，這家公司在日本銷售人壽保險所賺的錢，超過向全世界銷售電子產品所賺的錢。[17]Sony 資產負債表上的一個亮點：是它的電玩部門，也就是 PlayStation 4 所屬的部門。

現年九十二歲的辻信太郎依然健在。雖然他已經不再掌管三麗鷗的日常運作，他仍然繼續擔任執行長的職務。Hello Kitty 依舊是他公司的財富寶庫，但近年來，隨著一些新角色的推出，公司也獲致了一連串的成功。這些新角色包括像是：「蛋黃哥」，一顆憂鬱的蛋黃；以及「烈子」，一隻紅色小貓熊，她經常藉著在卡拉ＯＫ唱死亡金屬搖滾樂來宣洩怒氣，當然，通常是一個人唱。

日本廠商亦不再主導全球的電玩產業。二〇一八年只有兩款日本遊戲擠身前十大；世界上最受歡迎的遊戲平台也不再是家庭遊戲機，而是智慧型手機。二〇〇一年，微軟的 Xbox 首次亮相，為西方的開發者破解了密碼，它的軍事和犯罪模擬情境遊戲，迅速壓倒了日本較為溫和的幻想體驗。另一方面，遊戲產業的規模比以往任何時候都更大。二〇一八年，僅僅在美國市場就達到四百三十四億美元，是好萊塢電影的四倍，事實上，比全球電影產業的規模還要大。[18]

日本的動漫工作室正在享受它們的興盛時期，這要歸功於有愈來愈多更好的方式可以將它們的內容提供給全世界的消費者，例如 Netflix 之類的影音串流服務。該產業的產值在二〇一七年突破了兩兆日圓（約一百九十億美元），創下了新紀錄。但是這些財富，卻很少流向那些真正創造這些藝術的人。二十至二十四歲動畫師的平均月收入僅有十二萬八千八百日圓（約一千一百美元），[19]遠低於東京等日本大城市的貧窮線。可以想見的是，那些曾經在動漫工作室工作的人，已經將自己的才華投入其他報酬較高的領域，例如電玩產業。「也許日本動畫產業最嚴重的問題，是不再有年輕的動畫師投入。」[20]動畫師原惠一嚴肅地表示。這種現況經常讓人感嘆，卻很少真正得到解決，為這個藝術形式的未來蒙上一層陰影。

而劇畫的風格已不復存在。在經濟泡沫破滅後，御宅族從嚮往具有男子氣概的幻想人物，轉而愈來愈嚮往更貼近身邊的人物：女學生。當地的粉絲稱呼這種風格為「萌」，這是一個雙關語，同時「燃燒」和「萌芽」同音，意指有如轉大人一般。在一九七〇和一九八〇年代，男生通常會消費跟男生有關的卡通，而女生則會消費跟女生有關的卡通。近來的調查則發現，[21]在那些自稱是御宅族的人之中，年輕男性最喜歡的節目是《K-ON! 輕音部》，這是一個關於高中女生組成搖滾樂團的系列卡通；第二名和第三名也是關於高中女生，事實上，在這份清單上有八成都是。至於日本的宅女喜歡看什麼節目？第一名由《機動戰士鋼彈》奪下，有些事就是不會改變。

日本有諸多難題。福島核意外的清理工作仍在持續進行；自殺率雖然在二〇一九年有所下降，但仍然是工業化國家中極高的國家之一；對職業婦女和年輕媽媽充滿敵意的工作文化依然讓人感到憤憤不平；跟中國和韓國永無寧日的區域緊張狀態；以及超高齡化社會的問題以令人心碎又離奇的方式表現出來。有愈來愈多的人孤獨地死去，長達數個月或數年沒被人發現；隨著年輕人移民到城市找尋財富，鄉村變得空洞化，依然留在鄉下的人渴望陪伴。四國地區一名七十歲的婦女，在她荒涼的家鄉到處都擺上了手工製的真人大小人偶。「我們這裡再也看不到孩子了，所以我做了它們。」[22]綾野月見向《紐約時報》解釋。

不過也有一些亮點。年輕人擺脫了上一代上班族那種一成不變的生活方式所帶來的束縛，表現出令人驚訝的滿足感。[23]公共設施和基礎建設依然保持在一流的狀態，為日本各大城市充滿活力的都會文化提供了許多連結。這些由火車連結起來的城市，它們的火車幾乎比任何地方都更準時、更快捷。日本的學校跟街道是全世界最乾淨、最安全的地方，即使是在世界上最大的都會區、東京的市中心也是如此。大街上不會有槍枝。幾乎人人都可以獲得高品質的健保醫療照顧。儘管仍然有街頭抗議活動，有時規模很大（二〇一七年四月的一場示威活動，吸引了三萬名安倍政府的批評者集結到立法機關），但幾乎很少以引起內鬨，或製造有毒黨派紛爭的方式來進行，而這些作法早已經充斥了美國的公共論述領域。

處於政治、經濟和人口持續的不確定性中，是什麼讓日本免於分崩離析？一個標準化的學校課程，以確保人民獲得基本的教育水平，這一定是有所幫助的。而較為平等的薪資報酬道德規範，經理人和員工之間的收入差距較小，也是原因之一（平均而言，日本CEO的薪水僅為美國高階主管薪水的九分之一）。[24]抑或是幻想裝置的舒緩力量所導致的結果？看著穿得像瑪利歐的遊客開著卡丁車在澀谷穿梭，或是目睹五十萬名參訪者定期湧入每半年舉辦一次的Comic Market的機庫式展覽大廳，讓人忍不住這麼想。

一方面，日本不再製造玩具，錯失了發展智慧型手機的大好良機，甚至不再唱卡拉OK

了。另一方面，二〇一五年，美國總統歐巴馬在白宮草坪上的演講中，感謝日本發明了漫畫、動漫和表情符號。日本不再處於領先地位，但也沒有落後。我們其他的已開發國家終於趕上了。從全球來看，電玩遊戲玩家的平均年齡是三十歲出頭；相較於近代歷史上的任何時期，現在有更多的美國成年人與父母同住（而不是自己一個人住，或跟伴侶同住）；西方玩具產業每年賣給成年人的產品數量愈來愈多；[25]而全世界的成年人則蜂擁觀看數十億美元票房的超級英雄電影，這些電影都是由當初原本設定給小孩子看的漫畫改編的。我們繭居在室內：在 Netflix 上築巢，從不覺得無聊，卻往往感到寂寞；正在讀著一本魔幻寫實小說，裡頭的主角沒有名字。但是我們知道，我們再也回不去了；未來取決於我們對這些科技的掌握，這些科技連結、撫慰了我們，也綑綁住了我們。如果說我們能從這些故事中的英雄學到任何東西的話，那就是從我們所身處的怪異後資本主義的科技政治地獄景象裡，開創出一條出路。

以新冠病毒（COVID-19）疫情為例，從二〇二〇年年初開始，疫情就嚴重擾亂了公眾生活。隨著「居家防疫」和「保持社交距離」的命令，把全世界各地的人都變成了非自願的繭居族。許多人求助於御宅族舊時的工具來排遣寂寞，這些工具包括：電玩、影音和玩具。Netflix 和 PlayStation Network 等串流服務的需求激增，迫使這些公司不得不降低伺服器的速度，因為龐大的娛樂數據流量開始讓歐洲的電信網路不堪負荷。[26]然後還有任天堂 Switch 一款叫做《集合啦！動物森友會》的奇怪案例。它在三月二十日推出，在全球疫情大流行、看似很糟糕的發表時機下，僅僅在日本，七十二小時之內就賣出了兩百萬套實體版本，在國外透過數位下載則賣出了更多的數量。[27]在這個可以量身打造的戶外模擬生活中，充滿了搖頭晃腦的卡哇伊動物角色，數百萬人藉由拜訪他們的朋友所建造的虛擬島嶼，以逃離社交封鎖的單調乏味。

我不認為未來會由日本製造。它將在其他各個地方，透過借鏡日本的價值觀念而被創造出來。這種見解，並非我一人獨創；它的歷史也一樣可以追溯到十九世紀，當時「和魂洋才」（wakon-yosai）這個術語，引領著這個長期封閉的國家努力不懈地超歐趕美。這句話已經是過眼雲煙了，但是這個概念以新的形式存活了下來。數以百萬計的美國人首次嘗試匿名政治活動，發生在一個由美國網民重新改造的日本意象看板平台上，這絕非偶然。第一個全球大流行的擴增實境應用程式，以《精靈寶可夢 GO》的形式問世，也並非巧合。擴增實境牽涉到要將電腦圖像疊加在實境的景觀上，這個技術在矽谷早已臻完善。這個潛在的革命性技術一直苟延殘喘在科技次文化的邊緣，直到《精靈寶可夢 GO》的創作者，想到了要用卡哇伊的怪獸來建構他們的平台。

自二〇一六年推出以來，僅僅在三十天之內，就有一億三千萬名粉絲下載了這款應用程式。[28]他們舉起智慧型手機，尋找並捕捉這些數位疊加在他們周圍世界的虛構精靈寶可夢，這個世界是真實的人生，而且比真實還要更好，這種體驗讓人興奮不已。今天，全球已經有超過十億支手機安裝了這個應用程式。我們不再用幻想來調解我們的現實，我們愈來愈常屏除它們之間的差異。上千名御宅族對著一名在舞台上唱著偶像歌曲的動漫女孩全像投影揮舞著螢光棒，這聽起來有點像科幻小說的情節，然而這已經是老套了：虛擬歌手「初音未來」現在會在日本定期表演。她在二〇一四年參加了美國脫口秀的巡迴演出。而美國也有我們的全像投影分身，例如已故的明星圖帕克（Tupac）、佛萊迪・默裘瑞（Freddie Mercury）、洛伊・奧比森（Roy Orbison）。談起「日本的光」，那可真的不得了。

在某種程度上，我們從未停止尋找過這些歡樂的火花，但我們已經不再需要這麼做了。現在，透過無數幻想裝置上的螢幕閃爍光點，「日本的光」就可以直接傳送給我們了。不論我們走到哪裡，小小的日本就在我們的手掌心。王爾德曾經說對了一半，西方世界對日本的概念也許只是純屬虛構，但是他完全沒有辦法預料到，這個國家將如何重新建構了我們所有的人。一個夢想家的星球，由日本製造。

致謝

我要給妻子以及我諸多計畫的夥伴依田寬子一個大大的擁抱，感謝她在這漫長的旅程中對我的理解與支持。同樣要感謝 Dado Derviskadic，一位非常傑出的經紀人，謝謝他為我爭取到這個機會，而且為我所做的遠遠超出我的預期。沒有你，我無法完成這一切。我還要感謝我的編輯 Meghan Houser，沒有他的見解，這本書將會大大不同，我強烈懷疑一定會遜色許多。讓我們一起擁抱一下吧！

我也要特別讚揚幾位我最早的忠實讀者。Andrew Szymanski 經歷了我許多早期初稿的折騰，他跟我分享關於遊戲產業的洞察，也端出許多專業調配的雞尾酒來舒緩我的壓力。David Marx 在這個過程的早期就跟一起我腦力激盪，並在一路上為我提供建議。Matthew Penney 對初步的章節架構提出了睿智的建議。

要感謝一路上幫助過我的許多機構，特別是 Sunrise 的保土田江美；片岡史朗和日本全國卡拉 OK 業者協會的工作人員；大津市歷史博物館的木津勝；Sony 歷史資料館的 Takanobu Kishi；水森亞土的劇團未來劇場；中村悅子和立命館大學遊戲研究中心的工作人員；手塚製作的志賀宏美；以及 Rune Co., Ltd. 的所裕子。

我非常感謝那些願意為這本書接受採訪的人，包括：阿爾佛雷德・伯恩鮑姆、Andy Hertzfeld、長谷川千里、麗貝卡・海涅曼、細川周平、伊藤瑞子、鐏三郎、Susan Kare、Gene Pelc、克莉絲塔・蘇、前田俊夫、上村雅之、植山周一郎、Larry Vine 和安友雄一。我要特別感謝 Sony 的退休工程師田村新吾，他為我安排了許多他的前同事，以及他姐姐 Setsuko Tamura 的採訪。Setsuko Tamura 是一位才華洋溢的插畫家，她在工作室接待了我一整個下午，跟我回憶起許多在卡哇伊文化前線工作的情形。

一路上幫助我的還有許多人，包括：Ana Arriola、Brian Ashcraft、Dale Beran、Ben Boas、Konami Chiba、Joshua Dale、Catherine DeSpira、Adam Fulford、Patrick Galbraith、Matt Gillan、Ryoichi Hasegawa、Michael Herman、氷川竜介、Dan Kanemitsu、James Karashima、Atsuko Kashiwagi、Shinya Kikuchi、Chris Kohler、Yutaka Kondo、栗田穣崇、Philippe de Lespinay、Patrick Macias、Jeremy Parish、Nozomi Naoi、Frederik Schodt、Don Smith、Noah Smith、信吉、Eisuke Takahashi、Jim Ulak、Andrew Vestal 和 Will Wolfslau。

我還要向那些為了這本書開過無數次機動會議、腦力激盪，以及做出其他各式各樣貢獻的老朋友們致敬，這些人包括：Robert Duban、Joshua Fraser、Roger Harkavy、Ryan Shepard、Alexander O. Smith、Greg Starr 和嚴逢豪。當然還要感謝我的家人，Fred、Carol 和 Allyson；強、典子、貴鶴和穗香；Lois 和 Ben、Eileen 和 G.G.，以及其他每一位一路上支持我的人。

17. **made more money selling life insurance:** Hiroko Tabuchi, "Sony's Bread and Butter? It's Not Electronics," *The New York Times*, May 27, 2013.
18. **The American marketplace alone hit $43.4 billion:** Jeff Grubb, "NPD 2018: The 20 Bestselling Games of the Year," Venturebeat.com, January 22, 2019, https://venturebeat.com/2019/01/22/npd-2018-the-20-best-selling-games-of-the-year/.
19. **The average monthly income for animators aged twenty to twenty-four:** Matt Schley, "Younger Animators Still Struggling Amid Anime Boom," *The Japan Times*, May 8, 2019, https://www.japantimes.co.jp/culture/2019/05/08/general/younger-animators-still-struggling-amid-anime-boom/.
20. **"Perhaps the biggest problem":** Sophie Laubie and Fiachra Gibbons, "Japan's Anime Industry in Crisis despite Its Popularity," *The Japan Times*, June 23, 2019, https://www.japantimes.co.jp/culture/2019/06/23/films/japans-anime-industry-crisis-despite-popularity/.
21. **In the late aughts it emerged in surveys:** Matt Alt, "Girls Who Like Boys (Who Drive Giant Robots)," AltJapan, November 6, 2009, https://altjapan.typepad.com/my_weblog/2009/11/girls-who-like-boys-who-drive-giant-robots.html.
22. **"We never see children here anymore":** Motoko Rich, "There Are No Children Here. Just Life-Sized Dolls," *The New York Times*, December 18, 2019, A4.
23. **surprising levels of contentment:** "Young Japanese Are Surprisingly Content," *The Economist*, February 17, 2018, https://www.economist.com/asia/2018/02/17/young-japanese-are-surprisingly-content.
24. **So too a more egalitarian pay ethic:** Koki Kubota, "Top Bosses in Japan Draw Record Pay but Gap with US Widens," *Nikkei Asian Review*, August 2, 2019, https://asia.nikkei.com/Business/Business-trends/Top-bosses-in-Japan-draw-record-pay-but-gap-with-US-widens.
25. **Western toy industry sells increasing quantities of its products to adults:** Harry Pettit, "The Rise of the Kidults: Growth in the Toy Market Is Being Driven by Millennials Playing with Children's Games," *Daily Mail*, April 11, 2017, https://www.dailymail.co.uk/sciencetech/article-4400708/1-11-toys-sold-bought-adult-themselves.html.
26. **A surge in demand at streaming services:** Jacob Kastrenakes, "Sony will slow down PlayStation downloads in Europe, but says multiplayer will remain 'robust,' " *The Verge*, March 24, 2020, https://www.theverge.com/2020/3/24/21192370/playstation-coronavirus-download-speeds-slowed-europe-multiplayer.
27. **It sold close to two million physical copies:** Christopher Dring, "Animal Crossing: New Horizons breaks Switch sales record in Japan," gameindustry.biz, March 25, 2020, https://www.gamesindustry.biz/articles/2020-03-25-animal-crossing-new-horizons-breaks-switch-sales-records-in-japan.
28. **One hundred thirty million fans downloaded the application in just thirty days:** " 'Pokemon Go' Sets 5 Guinness World Records," *Nikkei Asian Review*, August 17, 2016, https://asia.nikkei.com/Business/Pokemon-Go-sets-5-Guinness-World-Records.

Murakami, *Dance Dance Dance* (New York: Vintage, 1994), 85–87.

2. **Even through the veil of translation:**
Alfred Birnbaum, personal communication, October 2019.
Anna Zielińska-Elliott: Jingnan Peng, "Meet the Woman Who Brings Haruki Murakami Works to an Enthusiastic Poland," *The Christian Science Monitor*, August 2, 2017.
Ivan Sergeevich Logatchov, "What Russians See in Murakami," in *A Wild Haruki Chase*, comp. Japan Foundation (Berkeley, Calif.: Stone Bridge Press, 2008), 74.
Yang Eok-Kwan, "Haruki Murakami's Popularity in S. Korea," NHK World, December 9, 2015, https://www3.nhk.or.jp/nhkworld/en/news/editors/1/20151209/index.html.
3. **In 1999, the journalist Mary Roach journeyed to Tokyo:** Mary Roach, Cute, Inc., *Wired*, December 1, 1999, https://www.wired.com/1999/12/cute/.
4. **In 2005 *Fortune* reported:** Christine Yano, "Monstering the Japanese Cute: Pink Globalization and Its Critics Abroad," in *In Godzilla's Footsteps: Japanese Pop Culture Icons on the Global Stage*, ed. William M. Tsutsui and Michiko Ito, (New York: Palgrave Macmillan, 2006), 156.
5. **"I was practically raised in Sanrio shops":** Skype interview with Krista Suh, April 30, 2018.
6. **Variety dismissed animator Osamu Tezuka's:** "Cleopatra, Queen of Sex," *Variety*, Wednesday, May 10, 1972.
7. **Pornhub announced that "hentai":** Pornhub Insights, "2018 Year in Review," Pornhub, December 11, 2018, https://www.pornhub.com/insights/2018-year-in-review.
8. **"a schoolgirl busily, constantly messaging on her mobile phone":** William Gibson, "Modern Boys and Mobile Girls," in *Distrust That Particular Flavor* (New York: Berkley, 2012).
9. **"Japanese light":** Simon Schama, quoted by Graham Brown in *Eventscapes: Transforming Place, Space and Experiences* (New York: Routledge, 2020), 185.
10. **D. T. Suzuki:** Michael Oldenberg, *A Zen Life, D. T. Suzuki*, Dharma Documentaries, 2008.
11. **In 1942, Life magazine estimated:** James C. McNaughton, *Nisei Linguists: Japanese Americans in the Military Intelligence Service during World War II* (Washington, D.C.: Department of the Army, 2007), 63.
12. **"one of the world's more difficult and less useful languages":** Kathryn Tolbert, " 'Hai,' Japanese Enjoys New Popularity," *The Washington Post*, December 11, 1980.
13. **A 2018 survey revealed that it has shed more than ten million:** All-Japan Karaoke Industrialist Association, "Karaoke Gyokai no Gaiyo to Shijo Kibo Karaoke Hakusho 2019 Ichibu" ("Overview and Market Size of Karaoke Industry, Excerpted from Karaoke Whitepaper 2019"), undated, http://www.karaoke.or.jp/05hakusyo/2019/p1.php (accessed January 3, 2020).
14. **"We see karaoke-going as more of a kitsch, even loser, activity":** "What Killed the Karaoke Stars?," editorial letter, *Japan Today*, January 31, 2013, https://japantoday.com/category/features/opinions/what-killed-the-karaoke-stars.
15. **more than a third of all Japanese households now consist of just a single person:** Justin McCurry, "Karaoke for One: Japan's Surging Singles Give Rise to Solo Business Boom," *The Guardian*, December 25, 2018, https://www.theguardian.com/world/2018/dec/25/going-solo-japanese-businesses-target-customers-who-want-to-be-alone.
16. **surprise retirement of Akio Morita:** Kenichi Ohmae, "Akio Morita: Guru of Gadgets," *Time*, December 7, 1998.

buddhist-meet-the-alt-right.
70. **"It's an ethnostate":** Ibid.
71. **In 2017 and 2018, the politically conservative Abe administration:** Noah Smith, "Japan Begins Experiment of Opening to Immigration," Bloomberg, May 23, 2019, https://www.bloomberg.com/opinion/articles/2019-05-22/japan-begins-experiment-of-opening-to-immigration.
72. **"needed to work twice as hard to get half as much":** Gita Jackson, "Why Black Men Love *Dragon Ball Z*," Kotaku, July 5, 2018, https://kotaku.com/why-black-men-love-dragon-ball-z-1820481429.
73. **"the journey of the black man in America":** Emma Finamore, "From Kanye to Frank: Why Hip-Hop Loves Anime," i-D, *Vice*, February 21, 2018, https://www.vice.com/en_asia/article/zmwqy5/from-kanye-to-frank-why-hip-hop-loves-anime.
74. **Occupy Wall Street and the Arab Spring uprisings:** Quinn Norton, "2011: The Year Anonymous Took on Cops, Dictators and Existential Dread," *Wired*, January 11, 2012, https://www.wired.com/2012/01/anonymous-dicators-existential-dread/.
75. **Meanwhile, over on the mainland:** Elaine Yau, "Studio Ghibli Film Spirited Away sets China Box Office Record," *South China Morning Post*, June 25, 2019, https://www.scmp.com/lifestyle/entertainment/article/3016033/studio-ghibli-film-spirited-away-sets-china-box-office.

二〇二〇年代

1. **"Sony halted the manufacture":** Lauren Indvik, "Sony Retires the Cassette Walkman after 30 Years," Mashable, October 24, 2010, https://mashable.com/2010/10/24/sony-walkman-rip/.
2. **"These are for abnormal people, for perverts":** Hiroko Tabuchi, "In Tokyo, a Crackdown on Sexual Images of Minors," *The New York Times*, February 9, 2011, https://www.nytimes.com/2011/02/10/business/global/10manga.html.
3. **"things we love from Japan,":** Jose A. DelReal, "President Obama Thanks Japanese Leader for Karaoke, Emoji," *The Washington Post*, April 28, 2015, https://www.washingtonpost.com/news/post-politics/wp/2015/04/28/president-obama-thanks-japanese-leader-for-karaoke-emojis/.
4. **"The movement's called #CosplayIsNotConsent":** Andrew McKirdy, "Cosplay Conquers the World," *The Japan Times*, undated, https://features.japantimes.co.jp/cosplay/(accessed January 3, 2020).
5. **"Pokémon GO caused hundreds of deaths":** Simon Sharwood, "Pokémon GO Caused Hundreds of Deaths, Increased Crashes," *The Register*, November 27, 2017, https://www.theregister.co.uk/2017/11/27/pokemon_go_caused_car_accidents_and_deaths/.
6. **"In May, the World Health Organization":** Ferris Jabr, "Can You Really Be Addicted to Video Games?," *The New York Times Magazine*, October 22, 2019, https://www.nytimes.com/2019/10/22/magazine/can-you-really-be-addicted-to-video-games.html.
7. **"She refused an invitation to her only son's wedding":** Gary Boyle, "Japanese Man Marries Hologram," *Bangkok Post*, November 12, 2018, https://www.bangkokpost.com/learning/advanced/1574554/japanese-man-marries-hologram.

結語

1. **"Somebody's got to write these things":** This and subsequent quotes were taken from Haruki

Meme, January 18, 2010, https://knowyourmeme.com/memes/fag-suffix.

55. **"You can activate that army,"** Green, *Devil's Bargain*, 147.
56. **He dreamed of turning Breitbart into what he called "a killing machine":** James Oliphant, "After Firing, Bannon Returns to His 'Killing Machine'," Reuters, August 19, 2017, https://www.reuters.com/article/us-usa-trump-bannon-right/after-firing-bannon-returns-to-his-killing-machine.
57. **penned a spirited defense of Gamergaters "striking fear":** Milo Yiannopoulos, "Sneaky Little Hobbitses: How Gamers Transformed the Culture Wars," Breitbart, September 1, 2015, https://www.breitbart.com/politics/2015/09/01/sneaky-little-hobbitses-how-gamers-transformed-the-culture-wars/.
58. **"emerging racist ideology":** Abby Ohlheiser and Caitlin Dewey, "Hillary Clinton's Alt-Right Speech, Annotated," *The Washington Post*, August 26, 2016, https://www.washingtonpost.com/news/the-fix/wp/2016/08/25/hillary-clintons-alt-right-speech-annotated/.
59. **"They come in through Gamergate or whatever":** Green, *Devil's Bargain*, 147.
60. **"How Anime Avatars":** Max Read, "How Anime Avatars on Twitter Help Explain Politics Online in 2015," *New York*, November 5, 2015, http://nymag.com/intelligencer/2015/11/dreaded-anime-avatar-explained.html.
61. **"The screamers and the crazy people":** Cameron Joseph, "Racist Trump Supporters 'Masturbate to Anime,' Says GOP Strategist," Mashable, January 20, 2016, https://mashable.com/2016/01/19/trump-supporters-anime-gop-strategist/.
62. **"Anime—indeed, even anime porn":** Richard Spencer (@TheRickWilson), "Anime—indeed, even anime porn—has done more to advance European civilization than the Republican Party," January 19, 2016, 10:13 p.m., https://twitter.com/richardbspencer/status/689692099009097729?lang=en.
63. **Things didn't play out so well for Yiannopoulos:** Dorian Lynskey, "The Rise and Fall of Milo Yiannopoulos—How a Shallow Actor Played the Bad Guy for Money," *The Guardian*, February 21, 2017, https://www.theguardian.com/world/2017/feb/21/milo-yiannopoulos-rise-and-fall-shallow-actor-bad-guy-hate-speech.
64. **One captured him belting out:** Joseph Bernstein, "Here's How Breitbart and Milo Smuggled White Nationalism into the Mainstream," BuzzFeed, October 5, 2017, https://www.buzzfeednews.com/article/josephbernstein/heres-how-breitbart-and-milo-smuggled-white-nationalism.
65. **pedophilia could be "perfectly consensual":** EJ Dickson, "Furries Got an Alt-Right Troll Banned from Their Convention," *Rolling Stone*, September 16, 2019, https://www.rollingstone.com/culture/culture-news/milo-yiannopolous-furry-convention-884960/.
66. **Simon & Schuster killed:** Lynskey, "The Rise and Fall of Milo Yiannopoulos."
67. **Deeply in debt:** David Uberti, "Milo Yiannopoulos Says He's Broke," *Vice*, September 10, 2019, https://www.vice.com/en_us/article/59n99q/milo-yiannopoulos-says-hes-broke.
68. **"Anime's supersized U.S. audience":** Mark Trainer, "Anime's supersized U.S. audience," ShareAmerica (U.S. Department of State), June 28, 2017, https://share.america.gov/animes-supersized-u-s-audience/.
69. **"a self-consciously European, majority white nation":** Sanjiv Bhattacharya, " 'Call Me a Racist, but Don't Say I'm a Buddhist': Meet America's Alt Right," *Guardian*, October 9, 2016, https://www.theguardian.com/world/2016/oct/09/call-me-a-racist-but-dont-say-im-a-

"Timeline of Gamergate," RationalWiki, October 24, 2019, https://rational wiki.org/wiki/Timeline_of_Gamergate.

Eron Gjoni, "Act 0: Whereof One Cannot Speak, Thereof One Must Be Silent," *thezoepost* (blog), August 8, 2014, https://thezoepost.wordpress.com/2014/08/16/act-0-whereof-one-cannot-speak-thereof-one-must-be-silent/(last accessed January 3, 2020.)

Zachary Jason, "Game of Fear," *Boston Magazine*, April 28, 2015, https://www.bostonmagazine.com/news/2015/04/28/gamergate/2/.

40. **"psychopathic helldump":** James Giuran, "How Message-Board Culture Remade the Left," Jacobite, August 12, 2017, https://jacobitemag.com/2017/08/12/how-message-board-culture-remade-the-left/.
41. **"semantic pipe bomb":** Jason, "Game of Fear."
42. **Gjoni even amended his missive:** Eron Gjoni, "TL;DR," thezoepost (blog), August 16, 2014, https://thezoepost.wordpress.com/2014/08/16/tldr-2/(accessed January 3, 2020).
43. **"WE'RE CRASHING HER CAREER":** A log of the August 2014 chat room discussion can be found at http://puu.sh/boAEC/f072f259b6.txt.
44. **Close to 50 percent of gamers are female:** Tom Risen, "Study: Adult Women Gamers Outnumber Teenage Boys," US News & World Report, August 25, 2014.
45. **Take, for example, the 2014 San Diego Comic-Con:** Rob Salkowitz, "New Eventbrite Survey Reveals Convention Demographics, Spending Patterns," ICv2, June 28, 2015, https://icv2.com/articles/columns/view/31899/new-eventbrite-survey-reveals-convention-demographics-spending-patterns.
46. **Citing long-standing rules against harassment:** moot, "Regarding Recent Events," 4chan, September 18, 2014. An image of the post is archived at https://imgur.com/snmdgRT.
47. **In September he sold it outright:** Klint Finley, "4chan Just Sold to the Founder of the Original 'Chan,' " *Wired*, September 21, 2015, https://www.wired.com/2015/09/4chan-sold/.
48. **Hiroyuki had been forced out of 2channel:** Akky Akimoto, "Who Holds the Deeds to Gossip Bulletin Board 2channel?," *The Japan Times*, March 20, 2014, https://www.japantimes.co.jp/life/2014/03/20/digital/who-holds-the-deeds-to-gossip-bulletin-board-2channel/.
49. **"moot came to Tokyo and we [got] drunk":** Lauren Orsini, " 'Welcome to 4chan, B***h': Site's Users Greet Their New Overlord," *Forbes*, September 23, 2015, https://www.forbes.com/sites/laurenorsini/2015/09/23/4chan-sold-hiroyuki-nishimura-qa-christoper-poole-moot-new-owner/.
50. **"He is one of few":** Finley, "4chan Just Sold."
51. **"Japanese culture enjoyed unique purchase":** Milo Yiannopoulos, "The Lost Franchise: Why *Digimon* Deserves a Glorious Renaissance," Breitbart, November 20, 2014, https://www.breitbart.com/europe/2014/11/20/the-lost-franchise-why-digimon-deserves-a-glorious-renaissance/.
52. **"Rootless white males":** Joshua Green, *Devil's Bargain: Steve Bannon, Donald Trump, and the Nationalist Uprising* (New York: Penguin, 2017), 145.
53. **A Pew study:** Richard Fry, "For First Time in Modern Era, Living with Parents Edges Out Other Living Arrangements for 18-to 34-Year-Olds," Pew Research Center, May 24, 2016, https://www.pewsocialtrends.org/2016/05/24/for-first-time-in-modern-era-living-with-parents-edges-out-other-living-arrangements-for-18-to-34-year-olds/.
54. **"Fag" was an endlessly productive morpheme:** Eric (username), "-fag (Suffix)," Know Your

Bad Boy of the Japanese Internet," *Wired*, May 19, 2008, https://www.wired.com/2008/05/mf-hiroyuki/.

24. **Futaba Channel started life as little more than a clone of its predecessor:** It was commonly described as a refuge for 2channel users when that site's servers went down. See, for example, Ndee "Jkid" Okeh, "A Briefing on Futaba Channel," Yotsuba Society, August 18, 2011, http://yotsubasociety.org/Futaba_Channel_briefing/.
25. **Comic Market festival swelled:** "What Is the Comic Market? A Presentation by the Comic Market Preparations Committee," Comiket, February 2008, https://www.comiket.co.jp/info-a/WhatIsEng080225.pdf.
26. **He discovered anime in the summer of 2003:** koutaku003, "moot and Hiroyuki," July 11, 2012, 1:23:05, https://www.youtube.com/watch?v=0vf5lhPkfYo.
27. **In the years before sites like Twitter, Reddit, Facebook:** Taylor Wofford, "Fuck You and Die: An Oral History of Something Awful," Vice, April 6, 2017, https://www.vice.com/en_us/article/nzg4yw/fuck-you-and-die-an-oral-history-of-something-awful.
28. **Kyanka disliked anime so intensely:** Beran, *It Came from Something Awful*, 49.
29. **Article 175 of the Japanese Penal code:** Anne Allison, "Cutting the Fringes: Pubic Hair at the Margins of Japanese Obscenity Laws," in *Hair in Asian Cultures: Context and Change*, ed. Alf Hiltebeitel and Barbara D. Miller (Albany: State University of New York Press, 1997), 198.
30. **Many have tried and failed to challenge its scope:** Suzannah Weiss, "Meet Rokudenashiko, the Artist Arrested for Making a Boat Out of Her Vagina," *Glamour*, June 19, 2017, https://www.glamour.com/story/rokudenashiko-japanese-artist-arrested-for-vagina-art.
31. **"I couldn't even so much as show two people":** Personal interview with Toshio Maeda, June 25, 2019.
32. **3chan was already taken:** Nishimura, 2012.
33. **Within twenty-four hours, so much hentai content:** The "/h/hentai" board appeared on October 2, the second day of the site's existence; "/c/Anime/Cute" appeared on day five. And on the seventh day launched "/l/lolicon." See vestrideus (username), "4chan History Timeline," GitHub, March 23, 2017, https://github.com/bibanon/bibanon/wiki/4chan-History-Timeline.
34. **"I'm gonna teach you a special word today":** 4chan, "4chan: The Otakon 2005 Panel," September 24, 2013, 51:45, https://www.youtube.com/watch?v=2mRp3QNkhrc.
35. **Take, for example, "All your base are belong to us":** There is some debate as to whether Something Awful users actually created the meme, but there is consensus that the site was instrumental in spreading and popularizing it. See, for example, Matt (username), "Something Awful," Know Your Meme, 2011, https://knowyourmeme.com/memes/sites/something-awful (accessed December 19, 2019).
36. **4chan's first real-world action:** Julian Dibbell, "The Assclown Offensive: How to Enrage the Church of Scientology," *Wired*, September 21, 2009, https://www.wired.com/2009/09/mf-chanology/.
37. **"In a stunning result," announced the magazine:** Time Staff, "The World's Most Influential Person Is... ," *Time*, April 27, 2009, http://content.time.com/time/arts/article/0,8599,1894028,00.html.
38. **"People deserve a place to be wrong":** Julian Dibbell, "Radical Opacity," *MIT Technology Review*, August 23, 2010, https://www.technologyreview.com/s/420323/radical-opacity/.
39. **Gamergate's roots:**

History for 11 Years," Traffic and Alexa Rank History, https://www.rank2traffic.com/4chan.org (accessed January 3, 2020).

11. **Hiroyuki Nishimura was once a lonely man, too:** This section was based on reporting from a number of sources, including:
Dale Beran, *It Came from Something Awful: How a Toxic Troll Army Memed Donald Trump into Office* (New York: St Martin's Press, 2019).
Norimitsu Onishi, "Japanese Find a Forum to Vent Most-Secret Feelings," *The New York Times*, May 9, 2004, https://www.nytimes.com/2004/05/09/world/japanese-find-a-forum-to-vent-most-secret-feelings.html.
Shii, "2channel," *Everything Shii Knows*, August 2004, http://shii.bibanon.org/shii.org/knows/2channel.html.
12. **"Otaku of all types," evangelized one early chronicler:** "The Second Channel: 2channel—Part I," Yotsuba Society, July 5, 2011, http://yotsubasociety.org/the2ndchannel_pti/.
13. **A user calling himself Akky:** Mutsuko Murakami, "Playing to the Cowed: A Japanese Consumer Incites a Web Revolt," Asiaweek, 2001, http://web.archive.org/web/20010713214149/http://www.asiaweek.com/asiaweek/technology/990806/web_revolt.html (accessed January 20, 2020).
14. **The R&B vocalist was having a very bad 2001:** "TV Comedian Indicted over Drug Use," *The Japan Times*, December 29, 2001, https://www.japantimes.co.jp/news/2001/12/29/national/tv-comedian-indicted-over-drug-use/. See also Mark D. West, *Secrets, Sex and Spectacle: The Rules of Scandal in Japan and the United States* (Chicago: University of Chicago Press, 2006), 189; 203.
15. **Mega-particle Tashiro Cannon:** Dojin Yogo no Kiso Chishiki (A Primer of Fanzine Slang), "Tashiroho/Chotashiroho" ("Tashiro Cannon/Super Tashiro Cannon"), Paradise Army, May 26, 2002, http://www.paradisearmy.com/doujin/pasok7s.htm.
16. **They called it matsuri:** Tsunehira Furuya, *Intanetto ha Eien ni Riaru Shakai wo Koerarenai (The Internet Will Never Conquer Real Society)* (Tokyo: Discover 21, 2015).
17. **It was a contentious event:** Jeremy Yi, "The Controversy of South Korea: 2002 World Cup," *Soccer Politics*, April 29, 2019, https://sites.duke.edu/wcwp/2019/04/29/the-controversy-of-south-korea-2002-world-cup/.
18. **One poster half-jokingly suggested disrupting:** Mizuko Ito, Daisuke Okabe, and Izumi Tsuji, eds., *Fandom Unbound: Otaku Culture in a Connected World* (New Haven, Conn.: Yale University Press, 2012), 76.
19. **"Fake news?":** Seiji Takeda, "Natsu ga koreba omoidasu: 2channeru no natsukashii matsuri: Shonan gomi hiroi ofu" ("Summer Reminds Me of 2channel's Nostalgic Festival: Shonan Garbage Pick-Up Event"), July 20, 2016, Hitotsubashi Sotsu Hosuto Takeda Seiji no Burogu Ppoi (Hitotsubashi Grad Seiji Takeda's Blog or Something), https://ameblo.jp/stakedadada/entry-12181991273.html.
20. **"I was lonely and had nothing to do":** Izumi Mihashi, "Confessions of Former Japanese 'Netto-Uyoku' Internet Racists," Global Voices, March 23, 2015, https://globalvoices.org/2015/03/23/confessions-of-former-japanese-netto-uyo-internet-racists/.
21. **an unemployment rate unprecedented:** Ibid.
22. **"I thought of myself as a total dropout from society":** Ibid.
23. **Although he later introduced advertising:** Lisa Katayama, "Meet Hiroyuki Nishimura, the

55. **"That cable really got me interested":** "The Ultimate Game Freak."

第九章　反社會網路

1. **Train Man is your stereotypical otaku:** The descriptions here are gathered from a variety of sources, including an archive of the original thread on the topic.
   Densha Otoko, "Sure Keitai 2channeru" ("Train Man Thread, 2channel Mobile"), Densyaotoko.3.tool.ms, November 7, 2007, http://densyaotoko.3.tool.ms.
   Brian Ashcraft, "Train Man's Love Train," *Wired*, January 12, 2007, https://www.wired.com/2007/01/train-mans-love/.
   Alisa Freedman, "Train Man and the Gender Politics of Japanese 'Otaku' Culture: The Rise of New Media, Nerd Heroes and Consumer Communities," *Intersections: Gender and Sexuality in Asia and the Pacific* 20 (April 2009), http://intersections.anu.edu.au/issue20/freedman.htm.
2. **"Young People, Don't Hate Sex":** Paul Wiseman, "No Sex Please—We're Japanese," *USA Today*, June 2, 2004, http://www.usatoday.com/news/world/2004-06-02-japan-women-usat_x.htm.
3. **It sells a quarter of a million copies:** Ashcraft, "Train Man."
4. **To this very day, even after a great deal of digging:** See, for example, Atsushi Suzuki, *Densha Otoko ha Darenanoka Netaka Suru Komyunikeshon (Who Is Train Man? The Meme-ification of Communication)* (Tokyo: Chuo Koronsha, 2005).
5. **"All of a sudden":** Hiroki Azuma, *Otaku: Japan's Database Animals* (Minneapolis: University of Minnesota Press, 2009), 117.
6. **Politicians court the Akihabara vote:** Jean Snow, "Akihabara Nerds Rally Behind Likely Japan PM," *Wired*, September 15, 2000, https://www.wired.com/2008/09/japan-pm-candid/000.
7. **Even staid organizations:** See, for example:
   Matt Alt, "MBA? CPA? LOL!," AltJapan.typepad.com, October 6, 2012, https://altjapan.typepad.com/my_weblog/2012/10/accounting-moé.html.
   Matt Alt, "Yokohama Police Mascots More Cute Than Cop," CNN Travel, September 7, 2010, http://travel.cnn.com/tokyo/life/yokohamas-cop-character-caper-724032/.
   Matt Alt, "Japan's Cute Army," *The New Yorker*, November 30, 2015, https://www.newyorker.com/culture/culture-desk/japans-cute-army.
8. **"We wanna do that for real":** Steve Rose, "Hollywood Is Haunted by *Ghost in the Shell*," *The Guardian*, October 19, 2009, https://www.theguardian.com/film/2009/oct/19/hollywood-ghost-in-the-shell.
9. **website called 4chan:** The basic details of 4chan's launch, structure, and early years are gleaned from a variety of sources, including:
   Nick Bilton, "One on One: Christopher Poole, Founder of 4chan," *The New York Times*, March 19, 2010.
   Caitlin Dewey, "Absolutely Everything You Need to Know to Understand 4chan, the Internet's Own Bogeyman," The Washington Post, September 26, 2014.
   Christopher Poole, "IAM Christopher Poole, aka 'moot,' founder of 4chan & Canvas. AMA!" Reddit, March 29, 2011, https://www.reddit.com/r/IAmA/comments/gdzfi/iam_christopher_poole_aka_moot_founder_of_4chan/.
10. **In 2019, it was visited by forty to sixty million:** "4chan.org: Web Analysis and Traffic

Best-Selling... Book?" Kotaku, May 18, 2011, https://kotaku.com/when-mario-had-a-best-selling-book-5802916.

38. **That video games might have the potential to transcend:** The mania surrounding *Dragon Quest III*, including scenes of huge queues and reports of children skipping school, was widely covered by newspapers and mainstream television news programs such as FNN Date Line in early February of 1988.
39. **By 1993, Nintendo was making more money than all of Hollywood's:** Sheff, *Game Over*, 9; 439.
40. **In the States, for example, more children were playing Nintendo:** Ibid., 8.
41. **Echoing Nintendo of America's initial reaction:** Michael Katz, "Interview: Michael Katz (2006-04-28) by Sega-16," Segaretro.com, April 4, 2006, https://segaretro.org/Interview:_Michael_Katz_(2006-04-28)_by_Sega-16.
42. **Sega did everything they could:** Sheff, *Game Over*, 445.
43. **Never a company at the forefront of technological innovation:** Gunpei Yokoi, *Monotsukuri no Inobeshon Kareta Gijutsu no Suihei Shiko to ha Nanika? (Creation and Innovation: What Is "Lateral Thinking with Withered Technology"?)* (Tokyo: P-Vine Books, 2012).
44. **"We called it the Lameboy":** Personal interview with Rebecca Heineman, April 3, 2019.
45. **One specimen, carried into Kuwait:** Cameron Sherrill, "This Game Boy Survived a Bombing in the Gulf War," *Esquire*, April 21, 2019, https://www.esquire.com/lifestyle/a27183316/nintendo-game-boy-survived-gulf-war/.
46. **It also proved incredibly popular among girls:** Keith Stuart, "Nintendo Game Boy—25 Facts for Its 25th Anniversary," *The Guardian*, April 21, 2014, https://www.theguardian.com/technology/2014/apr/21/nintendo-game-boy-25-facts-for-its-25th-anniversary.
47. **"I have become quite a fan," admitted Hillary Clinton:** Phil Edwards, "The Sad Story of How Hillary Clinton Got Addicted to Game Boy," Vox, April 20, 2015, https://www.vox.com/2015/4/20/8459219/hillary-clinton-gameboy.
48. **"The combination of portability and kawaii design sensibilities":** Keith Stuart, "Why Only Nintendo Understands Handheld Gaming," *The Guardian*, September 29, 2015, https://www.theguardian.com/technology/2015/sep/29/nintendo-handheld-gaming-sony-playstation-vita.
49. **A Childhood in Solitude:** Fumio Nakamura, *Kodomo-beya no Kodoku Terebi Geemu Daicichi Sedai no Yuke (A Childhood in Solitude: The Fate of the First Generation of Home Gamers)* (Tokyo: Gakuyo Shobo, 1989).
50. **"There was still so much nature then":** Satoshi Tajiri and Tsunekazu Ishihara, "Pokemon Supesharu Taidan Tajiri Satoshi vs. Ishihara Tsunekazu" ("Pokémon: A Special Talk between Satoshi Tajiri and Tsunekazu Ishihara"), Nintendo.co.jp, undated, https://www.nintendo.co.jp/nom/0007/taidan1/index.html (accessed January 20, 2020).
51. **"I couldn't catch bugs anymore":** Ibid.
52. **"Ever since I was a teenager":** "The Ultimate Game Freak," *Time*, November 22, 1999, http://content.time.com/time/magazine/article/0,9171,20400 95,00.html.
53. **"It *is* my childhood":** Tajiri and Ishihara, "Pokémon: A Special Talk."
54. **The Game Boy wasn't the first handheld:** The Lynx beat the Game Boy to market as the first cartridge-based networkable game system, but Yokoi actually created the first commercially available networkable gaming device: Nintendo's 1983 Yakuman, a mah-jongg machine that could be connected to opponents' Yakumans with a cable for multiplayer matches.

Newsreel n.o. 696-1, May 1967, https://www.youtube.com/watch?v=x41SCa-1ydU.

19. **The postwar fiction writer Yukio Mishima penned:** Yukio Mishima, *Ketteiban Mishimi Yukio Zenshu* (*The Collected Works of Yukio Mishima*, vol. 35), (Tokyo: Shinchosha, 2003), 288.
20. **In 1990, when Satoshi Tajiri drafted the proposal for *Capsule Monsters*:** "A History of Pokémon through the Internal List—Lost Pokémon," Helix chamber.com, August 24, 2018, https://helixchamber.com/2018/08/24/lostpokemon/. The same website has archived the proposal document in its entirety at https://helixchamber.com/media/capsule-monsters/.
21. **derived from the Japanese word paku-paku:** Kohler, *Power-Up*, 22.
22. **Namco only changed the title:** Ibid., 200.
23. **Donkey... what? Donkey Hong? Konkey Hong?:** Sheff, *Game Over*, 49.
24. ***Donkey Kong's* origins could actually be traced back to a cartoon:** Ibid., 47. While Yokoi never specified the cartoon in question, it seems to be the Fleischer Brothers' 1934 short "A Dream Walking."
25. **Introduced to Yamauchi by a family friend:** Ibid., 46.
26. **Miyamoto's manager, Gunpei Yokoi, came up with the core idea:** Yokoi and Makino, *Yokoi Gunpei Game Kan (Yokoi Gunpei's House of Games)* (Tokyo: Chikuma Shobo, 2015), 119–21.
27. **This classic trope, incidentally, also inspired:** Toru Iwatani, *Pakku Man no Gemu Nyumon (An Introduction to Pac-Man's Methodology)* (Tokyo: Kadokawa, 2009), 45.
28. **Miyamoto originally wanted to call him Mister Video:** Satoru Iwata, "2: Obaoru wo Kiteu Riyu" ("2: The Reason He Wears Overalls"), Shacho ga Kiku: New Supa Mario Burazazu Wii (The President Asks: New Super Mario Brothers Wii), November 13, 2009.
29. **"It's a good game" was Yamauchi's curt response:** Sheff, *Game Over*, 49.
30. **For years to come, Nintendo of America employees:** Jake Rossen, "How Nintendo Conquered Manhattan in 1985," Mental Floss, March 20, 2015, retrieved from https://www.mentalfloss.com/article/62232/how-nintendo-conquered-manhattan-1985.
31. **After a catastrophically oversize investment:** Richard Hooper, "The Man Who Made 'The Worst Video Game in History,' " BBC News, February 22, 2016, https://www.bbc.com/news/magazine-35560458.
32. **Masayuki Uemura is the architect of Nintendo's "Family Computer":** The discussion that follows, and the quotes within, are from a personal interview conducted with Uemura at Ritsumeikan University on March 18, 2019.
33. **It arrived seven months after the enactment of a new law:** Kenjiro Ishikawa, *Randomaku Shohin no Kenkyu 3 (Landmark Product Research 3)* (Tokyo: Dobunkan, 2008), 219.
34. **twenty-six thousand video game arcades:** Yasunori Nakafuji, "Supesu Inbeda Daibakuhatsu, Soshite Reja Kakumei e" ("Space Invaders Blows Up, Revolutionizes Leisure"), CESA, June 6, 2013, http://www.cesa.or.jp/efforts/keifu/nakafuji/nakafuji03.html.
35. **greatly alarmed authorities:** Masayuki Uemura, Koichi Hosoi, and Akinori Nakamura, *Famicom to Sono Jidai (The Famicom and Its Era)* (Tokyo: NTT Shuppan, 2013), 197–99.
36. **Critics of arcades had pushed for similar ordinances in the United States:** Carly A. Kocurek, *Coin-Operated Americans: Rebooting Boyhood at the Video Game Arcade* (Minneapolis: University of Minnesota Press, 2015), 67.
37. **The pull of this newfound pastime of home gaming:** Luke Plunkett, "When Mario Had a

Games_Are_Evil.php.

2. **Video games are bad for you?:** David Sheff, *Game Over: How Nintendo Conquered the World* (Wilton, Conn.: GamePress, 1999), 208.
3. **It is July of 1999 at the Mall of America:** This scene is a composite compiled from several sources:
   Justin Berube, "Poke Memories," Nintendo World Report, February 27, 2016, http://www.nintendoworldreport.com/feature/41952/poke-memories-justin-berube-features-editor.
   John Lippmann, "Creating the Craze for Pokémon: Licensing Agent Bet on U.S. Kids," *The Wall Street Journal*, August 16, 1999, https://www.wsj.com/articles/SB934753154504300864.
   Mary Roach, "Cute Inc.," *Wired*, December 1, 1999, https://www.wired.com/1999/12/cute/.
4. Andrew Vestal, "Pokémon League Summer Training Tour 1999," The Gaming Intelligence Agency, undated, http://archive.thegia.com/features/f990814.html (accessed December 10, 2019).
   Andrew Vestal, email interview, October 2019.
5. **Truth be told, Nintendo didn't have particularly high expectations:** Howard Chua-Eoan and Tim Larimer, "Beware of the Pokemania," *Time*, November 14, 1999, https://content.time.com/time/magazine/article/0,9171,34342-3,00.html.
6. **Its creator, the veteran engineer Gunpei Yokoi:** Gunpei Yokoi and Takefumi Makino, *Yokoi Gunpei Game Kan (Yokoi Gunpei's House of Games)* (Tokyo: Chikuma Bunko, 2015), 151.
7. **"I was told":** Kohler, *Power-Up*, 225.
8. **Just twelve months later, at the end of 1999, Nintendo announced:** "Pokemon Red Version History," IGN Entertainment, April 3, 2012, https://www.ign.com/wikis/pokemon-red-blue-yellow-version/History.
9. **"Pokemania," *Time* declared it:** "Pokemania! Crazy for Pokemon," *Time*, November 22, 1999, http://content.time.com/time/world/article/0,8599,2054246,00.html.
10. ***Time's* breathless coverage:** Ibid.
11. **The monsters that paraded through its virtual world:** Ibid.
12. **It proved so popular in America that when Warner Bros.:** Fred Ladd and Harvey Deneroff, *Astro Boy and Anime Come to the Americas* (Jefferson, N.C.: McFarland, 2009), 120. See also David Plotz, "Pokémon: Little. Yellow. Different. Better," *Slate*, November 12, 1999, https://slate.com/news-and-politics/1999/11/pokemon.html.
13. **"Tajiri is the kind of person the Japanese call *otaku*":** Chua-Eoan and Larimer, "Beware of the Pokemania."
14. **Tajiri's first exposure to video games:** Kohler, *Power-Up*, 225.
15. **What seemed a narrative device:** "Urutoraman ga henshin suru toki ni" ("When Ultraman Transforms") M-78shop, undated, https://www.m-78shop.jp/ultra/(accessed January 20, 2020).
16. **An early Marusan hire with a keen eye for new trends:** Personal interview with Saburo Ishizuki, June 14, 2018.
17. **A decade before George Lucas realized of Star Wars:** Kevin Jagernauth, " 'All the Money Is in the Action Figures': George Lucas Slams Empty Hollywood Blockbusters," IndieWire, January 30, 2015, https://www.indiewire.com/2015/01/all-the-money-is-in-the-action-figures-george-lucas-slams-empty-hollywood-blockbusters-267636/.
18. **Reporters shadowing the imperial family:** "Master Hiromiya's Shopping Trip," Chunichi

Information," https://animecons.com/events/info/150/anime-expo-1996 (accessed January 20, 2020).

37. **A respectable showing:** Comic Market Preparations Committee, "What Is the Comic Market?," Comiket.co.jp, February 6, 2008, https://www.comiket.co.jp/info-a/WhatIsEng080225.pdf.

38. **Reveling in the attention, Anno gleefully teased:** Lawrence Eng, "In the Eyes of Hideaki Anno, Writer and Director of *Evangelion*," Evaotaku.com, undated, http://www.evaotaku.com/omake/anno.html (accessed January 20, 2020).

39. **"Anno wanted his characters":** Personal communication with Michael House, January 27, 2020.

40. **There is anime for the very young:** Hiroko Tabuchi, "In Search of Adorable, as Hello Kitty Gets Closer to Goodbye," *The New York Times*, May 14, 2010, https://www.nytimes.com/2010/05/15/business/global/15kitty.html.

41. **In Japan, anime is so widely accepted:** CINEMA Rankingu Tsushin, "Rekidai Rankingu: Rekidai Koshu Besto 100" ("Historic Rankings: Top 100 Earners"), Kogyotsushin.com, January 19, 2020, http://www.kogyotsushin.com/archives/alltime/.

42. **The Academy only reluctantly:** Robert Osbourne, *85 Years of the Oscar: The Official History of the Academy Awards* (New York: Abbeville Press, 2013), 357.

43. **This was a seriously strange turn of events:** "Miyazaki Mum on Oscar, Citing War," *The Japan Times*, March 25, 2003, https://www.japantimes.co.jp/news/2003/03/25/national/miyazaki-mum-on-oscar-citing-war.

44. **"It is regrettable that I cannot rejoice":** Ibid.

45. **in the wake of the meltdowns:** Egan Loo, "Ghibli Hangs Anti-Nuclear Power Banner on Rooftop," Anime News Network, June 17, 2011, https://www.animenewsnetwork.com/interest/2011-06-17/ghibli-hangs-anti-nuclear-power-banner-on-rooftop.

46. **"When I first saw Totoro,"** Roger Ebert, "My Neighbor Totoro," RogerEbert.com, December 23, 2001, https://www.rogerebert.com/reviews/great-movie-my-neighbor-totoro-1993.

47. **For his part, Miyazaki claims to be baffled:** Bill Higgins, "Hollywood Flashback: 13 Years Ago, 'Spirited Away' Was an Anime Smash," *The Hollywood Reporter*, December 15, 2016, https://www.hollywoodreporter.com/news/hollywood-flashback-13-years-spirited-away-was-an-anime-smash-955244.

48. **Tellingly, Studio Ghibli chose to shutter:** Brian Ashcraft, "Studio Ghibli Is Not Dead Yet," Kotaku, August 4, 2014, https://kotaku.com/studio-ghibli-is-not-dead-yet-1615520289.

49. **James Franco's character:** W. David Marx, " '30 Rock' Features the Japanese Body Pillow Meme," CNN Travel, January 19, 2010, http://travel.cnn.com/tokyo/none/30-rock-plays-japanese-body-pillow-meme-989189/.

50. **American anime fans remain defensive enough:** Gita Jackson, "It's Time to Stop Acting Like Nobody Watches Anime," Kotaku, March 12, 2015, https://kotaku.com/it-s-time-to-stop-acting-like-nobody-watches-anime-1823713450.

第八章　電玩世界

1. **I think video games are evil:** Christian Nutt and Yoshi Sato, "CEDEC 09: Keynote—Gundam Creator: 'Video Games Are Evil'," *Gamasutra*, September 7, 2009. https://www.gamasutra.com/view/news/116062/CEDEC_09_Key note__Gundam_Creator_Video_

Cosplay—Origins," FutureLearn, undated, https://www.futurelearn.com/courses/intro-to-japanese-subculture/0/steps/23609 (accessed January 20, 2020).

19. **"I want to see the movie":** "Yangu Datte Shinbo Tsuyoiyo: Anime Eiga ni 600nin Gyoretsu" ("Youth Sure Are Patient: 600 Line Up for Anime Film"), *Asahi Shimbun*, March 14, 1981, 23.
20. **The movie went on to gross:** "Gandamu de Eigaka Sareta Sakuhin wo Furukaeru" ("Looking Back at the Making of the *Gundam* Movies"), Datagundam.com, October 11, 2018, https://datagundam.com/memo/gundam-movies/.
21. **sell an astounding thirty million:** Ibid.
22. **Supply ran so low and demand so high:** "Ijo Ninki no Puramoderu" ("Insanely Popular Plastic Models"), *Asahi Shimbun*, March 1, 1982, 3.
23. **One of them was a young Hayao Miyazaki:** Yoshiyuki Tomino, "Jidai wo Kakeru Tomino Yoshiyuki 4 Miyazaki Hayao Kantoku ni Chikazukitai" ("Driving the Era: Tomino Yoshiyuki 4: I Wanted to Get Close to Director Hayao Miyazaki"), *Mainichi Shimbun*, November 10, 2009, https://web.archive.org/web/20091124041900/http://mainichi.jp/select/opinion/kakeru/news/20091110ddm004070227000c.html.
24. **Most fans referred to themselves:** Matt Alt, "What Kind of Otaku Are You?" *Néojaponisme*, April 2, 2008, https://neojaponisme.com/2008/04/02/what-kind-of-otaku-are-you/.
25. **The bestselling fantasy novelist Sumiyo Imaoka:** Parissa Haghirian, *Japanese Consumer Dynamics* (New York: Palgrave Macmillan, 2011), 147.
26. **It was 1983 when a young journalist:** Personal interview with Akio Nakamori, conducted May 28, 2014, Tokyo, Japan.
27. **"Tomino did not realize the impact":** Patrick W. Galbraith, *The Moé Manifesto: An Insider's Look at the Worlds of Manga, Anime, and Gaming* (Singapore: Tuttle Publishing, 2014), 181.
28. **"It was like, finally, we had a word for them":** Personal interview, Tomohiro Machiyama, conducted April 5, 2014, via Skype.
29. **In 1989, a young man by the name of Tsutomu Miyazaki:** Ibid.
30. **There was pre-Otomo and post-Otomo:** Nobunaga Minami, *Gendai Manga no Bokentachi: Otomo Katsuhiro Kara Ono Natsume Made (Adventurers of Modern Comics: From Otomo Katsuhiro to Natsume Ono)* (Tokyo: NTT Shuppan, 2008), 32–38.
31. **Upon meeting Otomo around this time:** Kei Ishizaka, *Suntory Saturday Waiting Bar Avanti*, "Vol. 132," Tokyo FM Podcast, October 4, 2008, https://podcasts.tfm.co.jp/podcasts/tokyo/avanti/avanti_vol132.mp3.
32. **Tellingly, some film critics invoked comparisons:** Dave Kehr, "Japanese Cartoon 'Akira' Isn't One for the Kids," *Chicago Tribune*, March 30, 1990.
33. **In 1982, President Reagan's staunchly anti-regulation:** James B. Twitchell, *Adcult USA* (New York: Columbia University Press, 1997), 103–4.
34. **"We knew they would appeal to kids in America, just as they did in Japan":** Gary Cross and Gregory Smits, "Japan, the U.S. and the Globalization of Children's Consumer Culture," *Journal of Social History* 38, no. 4 (2005): 873.
35. **the "media mix":** Marc Steinberg, *Anime's Media Mix: Franchising Toys and Characters in Japan* (Minneapolis: University of Minnesota Press, 2012).
36. **1996 Anime Expo in Anaheim:** As reported on Animecons.com, "Anime Expo 1996

3. **The End of Evangelion would go on:** Motion Picture Producers Association of Japan, Inc., "Kako Haikyu Shunyu Joi Sakuhin 1997 1gatsu—12gatsu" ("Past Works Ranked by Earnings: 1997 January–December"), Eiren.org, undated, http://www.eiren.org/toukei/1997.html.
4. **Later, The End of Evangelion would win:** "Eva ga Goruden Gurosu Wadai Sho wo Jusho" ("Eva Wins Golden Gross Most Talked about Award"), Evangelion.co.jp, December 6, 2007, https://www.evangelion.co.jp/1_0/news/det_10641.html.
5. **As *Evangelion's* dark fantasy gripped the nation:** *Asahi Shimbun*, "Bumu ga Utsusu Yanda Sedai" ("Boom Reflects Sick Generaion"), July 19, 1997.
6. ***Evangelion* was the latest creation of an animation studio:** Yasuhiro Takeda, *The Notenki Memoirs: Studio Gainax and the Men Who Created "Evangelion"* (Houston: ADVManga, 2005), 167–71.
7. **It looked startlingly professional:** Ibid., 50–54.
8. **The staff was so perpetually behind schedule:** Dani Cavallaro, *The Art of Studio Gainax: Experimentation, Style and Innovation at the Leading Edge of Anime* (Jefferson, N.C.: McFarland, 2009), 59.
9. ***Evangelion's* creator and director:** Aaron Stewart-Ahn, "Neverending *Evangelion*: How Hideaki Anno Turned Obsessions and Depression into an Anime Phenomenon," Polygon, June 19, 2019, https://www.polygon.com/2019/6/19/18683634/neon-genesis-evangelion-hideaki-anno-depression-shinji-anime-characters-movies.
10. **When the first rays of the sun crept over Tokyo's business district:** The descriptions, statistics, and quotes in this section were compiled and sourced from:
    Masanobu Komaki, *Kido Senshi Gandamu no Jidai 1981.2.22 Anime Shin Seiki Senngen (The Era of "Mobile Suit Gundam": 2.22.1981 Anime New Century Declaration)* (Tokyo: Takeda Random House Japan, 2009), 23–37.
    "Ano Toki Anime ga Kawatta: 1981 nen Anime Shin Seiki Sengen" ("The Moment Anime Changed: The 1981 Anime New Century Declaration"), *Asahi Shimbun*, October 17, 2009, 29.
    "Dokyumento Anime Shin Seiki Sengen" ("A Documentary of the Anime New Century Declaration"), NHK, aired July 27, 2009.
11. **The show was designed:** "Gandamu Tanjo Hiwa" ("Secrets of Gundam's Creation"), NHK BS1, aired December 6, 2018.
12. **This wasn't uncommon; unable to find "normal" jobs:** Eiji Otsuka, "Otaku Culture as 'Conversion Literature,' " in *Debating Otaku in Contemporary Japan*, ed. Patrick Galbraith, Thiam Huat Kam, and Björn-Ole Kamm (New York: Bloomsbury, 2015), xiv.
13. **"The true theme of Gundam is a renaissance for humanity!":** Osamu Isawa, "*Gandamu* no Tema ha Saisei da" ("The True Theme of Gundam Is a Renaissance for Humanity"), *Asahi Shimbun*, March 25, 1981, 16.
14. **"Everyone, take it easy!":** Komaki, *The Era of "Mobile Suit Gundam,"* 32.
15. **"This is more than an event. It's a *matsuri*":** Ibid.
16. **In the sixties the psychoanalyst:** Takeo Doi and John Bester, trans., *The Anatomy of Dependence* (New York: Kodansha America, 2014).
17. **"Society embraces an increasing number of people":** Lise Skov and Brian Moeran, eds., *Women, Media, and Consumption in Japan* (New York: Routledge, 1995), 250.
18. **The very first known Japanese cosplayer:** Mari Kotani, "Mari Kotani, Pioneer of Japanese

2016. "We didn't have streaming karaoke at the time." See Shigeo Murayama and Nobuo Kawakami, "Kutaragi ga omoshirokatta kara yatteita dake: Pureisuteshon no tateyakusha ni kiku sono hiwa" (" 'I Only Did It Because Kutaragi Thought It Was Interesting': Secrets from a Driving Force of the PlayStation"), Denfaminicogamer, October 25, 2016, 2, https://news.denfaminicogamer.jp/interview/ps_history/.

23. **So it happened that Yasutomo accidentally invented:** Personal email correspondence, December 10, 2018.
24. **They used it to guide them in everything:** Hiromichi Ugaya, *J-poppu to ha Nanika? (What Is J-pop?)* (Tokyo: Iwanami Shinsho, 2005), 191.
25. **The government so thoroughly dithered its response:** James Sterngold, "Gang in Kobe Organizes Aid for People in Quake," *The New York Times*, January 22, 1995, 9.
26. **College grads, both male and female, desperately cast about for jobs:** Genda Yuji, "The Lingering Effects of Japan's 'Employment Ice Age,' " Nippon.com, May 23, 2018, https://www.nippon.com/en/currents/d00406/the-lingering-effects-of-japan's-employment-ice-age.html.
27. **But entrepreneur Akihiro Yokoi:** Akihiro Yokoi, *Tamagocchi Tanjoki (A Record of the Birth of Tamagotchi)* (Tokyo: KK Bestsellers, 1997), 36.
28. **Aki Maita:** Ibid., 109.
29. **Flipping through girls' fashion magazines:** Ibid., 48.
30. **Then twenty-five, she was only a little older:** Ibid., 51.
31. **For this, Maita and her co-workers:** Ibid., 185.
32. **By the peak of the phenomenon, in 1996, ten million beepers:** Jyoji Meguro, "0840, 724106, 14106: pokeberu ga 39nen no rekishi ni maku" ("0840, 724106, 14106: Curtain Falls on 39 Years of Pager History"), *Cnet Japan*, March 13, 2007, https://japan.cnet.com/article/20345133/.
33. **Emma Miyazawa:** This scene was assembled from recollections on several blogs, including: Tsukiyono, "SP Tsurete Tamagocchi wo Kudasai (warai)" ("Special: One Tamagotchi Please LOL"), Tsukiyono no Burogu, April 21, 2016, https://ameblo.jp/tsukiyono-kd/entry-12152623726.html.
    Unsigned, "Miyazawa Keiichi no Mago ga Kataru: Ojisan no Sugosugi Hiwa" ("Keiichi Miyazawa's Granddaughter Speaks: Incredible Behind the Scenes Talk about Her Grandfather") Josei Jishin, February 2, 2015, https://jisin.jp/domestic/1622622/.
    Merenge, "Miyazawa Keiichi no Magomusume Merenge no Kimochi Rafura Miyazawa Ema 8gatsu 22nichi" ("Merenge's Thoughts on Keiichi Miyazawa's Granddaughter Emma Miyazawa La Fleur, 8/22"), Merenge no Kimochi Hatsu: Geino Joho, August 22, 2015, https://meringue4c.blog.ss-blog.jp/2015-08-22-2.
34. **When Apple launched the iPhone in 2007:** Yukari Iwatani Kane, "Apple's Latest iPhone Sees Slow Japan Sales," *The Wall Street Journal*, September 15, 2009, https://www.wsj.com/articles/SB122143317323034023.

第七章　新動漫世紀

1. **"The vast majority of Japanese animation is made":** Mami Sunada, dir., *The Kingdom of Dreams and Madness*, Toho Company, 2013.
2. **On July 18, 1997, a strange advertisement:** *Asahi Shimbun*, July 18, 1997, archived from https://evacollector.com/matome-newspaper/.

2010. https://www.theatlantic.com/magazine/archive/2010/04/inside-man/307992/.

2. **The author of The Hunger Games swears:** Akiko Fujita, " 'The Hunger Games,' a Japanese Original?," ABC News, March 22, 2012, https://abcnews.go.com/blogs/headlines/2012/03/the-hunger-games-a-japanese-original.
3. **Kuriyama went on to play a similarly shocking role:** Lewis Wallace, "Tarantino Names Top 20 Movies Since *Reservoir Dogs*," *Wired*, August 17, 2009, https://www.wired.com/2009/08/tarantino-names-top-20-movies-since-reservoir-dogs/.
4. **Paper baron Ryoei Saito:** Doug Struck, "Van Gogh's Portrait in Intrigue," *The Washington Post*, July 29, 1999, https://www.washingtonpost.com/archive/lifestyle/1999/07/29/van-goghs-portrait-in-intrigue.
5. **$500 cups of coffee:** Eric Johnston, "Lessons from When the Bubble Burst," *The Japan Times*, January 6, 2009, https://www.japantimes.co.jp/news/2009/01/06/reference/lessons-from-when-the-bubble-burst.
6. **all of the land in Japan to $18 trillion:** Martin Fackler, "Take It from Japan: Bubbles Hurt," *The New York Times*, December 25, 2005, https://www.ny times.com/2005/12/25/business/yourmoney/take-it-from-japan-bubbles-hurt.html.
7. **"Stock-Crazed Rogue CEO":** "Kabukurui Wanman Keiei de Sanrio ga Daiakaji ni Tenraku" ("Stock-Crazed Rogue CEO Drives Sanrio Deep into Red"), *Shukan Tiimisu*, November 7, 1990, 159.
8. **"I couldn't sleep without sleeping pills":** Tsuji, *These Are Sanrio's Secrets*, 13.
9. **she marched into a managing director's office:** Yamaguchi, *Tears of Kitty*, 148.
10. **Her destination was:** Ozaki, *MY KITTY*, 56.
11. **one of Sanrio's Gift Gates:** Ibid., 106.
12. **Thanks to these events:** Yamaguchi, *Tears of Kitty*, 161.
13. **The word was all anyone was talking about that year:** Katsushi Kuronuma later compiled his reporting into a book entitled *Enjo Kosai Joshi Kokosei no Kiken na Hokago (Compensated Dating: High School Girls in Danger after School)* (Tokyo: Bungeishunju, 1996).
14. **"Why do you sell yourself to men?":** Yamaguchi, Tears of Kitty, 162.
15. **So many of Yamaguchi's grown-up Kitty accessories sold:** Mark I. West, ed., *The Japanification of Children's Popular Culture: From Godzilla to Miyazaki* (Lanham, Md.: Scarecrow Press, 2009), 33.
16. **"communication cosmetics":** Yamane, *Structure*, 151.
17. **the king and queen of Japanese pop are on a date:** ASAYAN, "Komuro Gyaruson Tokushu Tomomi Kahara" ("Komuro Gal Song Special: Tomomi Kahara"), *TV Tokyo*, June 2, 1996, https://www.youtube.com/watch?v=EO3hDXsWl2s.
18. **"an expensive box":** Ken Belson and Brian Bremner, *Hello Kitty: The Remarkable Story of Sanrio and the Billion Dollar Feline Phenomenon* (Singapore: Wiley, 2004), 47.
19. **"If the dancers aren't sexy, fathers won't come":** Ibid., 49.
20. **"I never, ever sing":** Yuichi Yasutomo, personal interview conducted by the author, December 7, 2018.
21. **pornography spurred the development:** Jonathan Coopersmith, "Pornography, Technology, and Progress," Icon 4 (1998): 94–95.
22. **Sony's executives, reluctant to commit:** "In fact, the only reason I got involved was because I wanted to do home karaoke," said the retired Sony executive Shigeo Maruyama in

Jokes or Veiled Racism?" *The New York Times*, July 11, 1990.

62. **Part of this was because the Walkman represented such a breakthrough:** In fact a German-born, Brazil-raised inventor by the name of Andreas Pavel created what he called a "Stereobelt" in 1972 and patented it in Italy in 1977, a year before the Walkman's debut. Pavel shopped the idea around to several manufacturers but had yet to produce a product based on the idea when the Walkman came out, and there is no indication that anyone at Sony was aware of his work. Pavel sued Sony in 1990 and after many years of legal twists and turns, the company agreed to pay him an undisclosed amount of royalties in 2004. See Rebecca Tuhus-Dubrow, *Personal Stereo* (New York: Bloomsbury, 2017), 24, 34.
63. **The Walkman's marketing whiz, Kuroki, lamented:** Yasushi Watanabe and David L. McConnell, eds., *Soft Power Superpowers: Cultural and National Assets of Japan and the United States* (New York: Routledge, 2015), 104.
64. **In 1989, for a festive celebration of its fortieth anniversary:** Matt Alt, "Japan's Forgotten First Astronaut," Néojaponisme, June 7, 2011, https://neojaponisme.com/2011/06/07/japans-forgotten-first-astronaut/.

一九九〇年代

1. **"GOODBYE, JAPAN INC.":** Unsigned editorial, "GOODBYE, JAPAN INC.," *The Washington Post*, November 25, 1997, https://www.washingtonpost.com/archive/opinions/1997/11/25/goodbye-japan-inc/.
2. **"It is the United States, not Japan, that is the master":** Sylvia Nasar, "The American Economy, Back on Top," *The New York Times*, February 27, 1994, https://www.nytimes.com/1994/02/27/business/the-american-economy-back-on-top.html.
3. **"There's a lot of interest in Japanese pop culture in America":** J. C. Herz, "GAME THEORY; The Japanese Embrace Hip-Hop, and Parappa Is Born," *The New York Times*, March 12, 1998, https://www.nytimes.com/1998/03/12/technology/game-theory-the-japanese-embrace-hip-hop-and-parappa-is-born.html.
4. **"Virtual Idol is just the right kind of magazine":** Andrew Pollack, "Japan's Newest Young Heartthrobs Are Sexy, Talented and Virtual," *The New York Times*, November 25, 1996, https://www.nytimes.com/1996/11/25/business/japan-s-newest-young-heartthrobs-are-sexy-talented-and-virtual.html.
5. **"She is twenty-six years old, beautiful, drives a BMW":** Kathryn Tolbert, "Japan's New Material Girls 'Parasite Singles' Put Off Marriage for Good Life," *The Washington Post*, February 10, 2000, https://www.washingtonpost.com/wp-srv/WPcap/2000-02/10/101r-021000-idx.html.
6. **"Japanese animation unleashes the mind":** Roger Ebert, "Japanese Animation Unleashes the Mind," Roger Ebert's Journal, October 7, 1999, https://www.rogerebert.com/rogers-journal/japanese-animation-unleashes-the-mind.
7. **"Maybe Japan's socially withdrawn kids":** Ryu Murakami, "Japan's Lost Generation," *AsiaNow*, May 1, 2000, https:/edition.cnn.com/ASIANOW/time/magazine/2000/0501/japan.essaymurakami.html.

第六章　女學生帝國

1. **"You learn much more about a country":** Joshua Green, "Inside Man," *The Atlantic*, April

time-1978/.

43. **The first hit arcade game, Pong:** Steven L. Kent, *The Ultimate History of Video Games* (New York: Three Rivers Press, 2010), chapters 4–6.
44. **In a story now enshrined in Silicon Valley lore:** Owen W. Linzmayer, *Apple Confidential 2.0: The Definitive History of the World's Most Colorful Company* (San Francisco: No Starch Press, 2004), 3–4.
45. **"I knew that Jobs and Woz were fast friends":** Nolan Bushnell, "I'm Apple Co-founder Steve Wozniak, Ask Me Anything!" Reddit, undated, https://www.reddit.com/r/IAmA/comments/2e7z17/i_am_nolan_bushnell_founder_of_atari_chuck_e/(accessed January 23, 2020).
46. **Pachinko, which was invented in Japan in the thirties:** Wolfram Manzenreiter, "Time, Space, and Money: The Cultural Dimensions of the 'Pachinko' Game," in *The Culture of Japan as Seen through Its Leisure*, ed. Sepp Linhart and Sabine Fruhstruck (Albany: State University of New York Press, 1998), 363.
47. **According to one estimate, so many Japanese adults play:** "Even without Casinos, Pachinko-Related Gambling Accounts for 4% of Japan's GDP," *The Japan Times*, February 7, 2017, https://www.japantimes.co.jp/news/2017/02/07/national/even-without-casinos-pachinko-related-gambling-accounts-4-japans-gdp/.
48. **Nakamura was quick to realize the value:** Steven L. Kent, *The Ultimate History of Video Games*, vol. 2: *From Pong to Pokémon and Beyond* (New York: Three Rivers Press, 2010), chapter 6.
49. **The machines sucked in so much money:** Isao Yamazaki, *Nintendo Konpurito Gaido Gangu Hen (Nintendo Complete Guide: Toy Edition)* (Tokyo: Shufunotomo-sha, 2014), 135.
50. **"Critics say noisy space invaders":** Shiro Kunimitsu, "Inbeda Sakusen" ("Invader Invasion"), Rupotaju Nippon (Japanese Reportage), NHK, aired June 23, 1979.
51. **abroad they began to proliferate:** Mark J. P. Wolf, *The Medium of the Video Game* (Austin: University of Texas Press, 2010), 44.
52. **"We just got back from Paris":** Tom Zito, "Stepping to the Stereo Strut," *The Washington Post*, May 12, 1981, https://www.washingtonpost.com/archive/lifestyle/1981/05/12/stepping-to-the-stereo-strut.
53. **Now Sony did something similar:** Ibid.
54. **"One day, nobody in Tokyo had a Walkman":** Peter Barakan in personal discussion with the author, April 2018.
55. **Vitas Gerulaitis and Björn Borg picked them up on the tennis circuit:** Zito, "Stepping."
56. **"the disease of the eighties":** Ibid.
57. **"the middle-and upper-class answer to the [boom] box":** Matthew Lasar, *Radio 2.0: Uploading the First Broadcast Medium* (Santa Barbara, Calif.: Praeger, 2016), 23.
58. **"It gave Vancouver a kind of weird totalitarian grandeur":** Bruce Headlam, "Origins; Walkman Sounded Bell for Cyberspace," *The New York Times*, July 29, 1999, https://www.nytimes.com/1999/07/29/technology/origins-walkman-sounded-bell-for-cyberspace.html.
59. **"It's nice to hear Pavarotti":** Zito, "Stepping."
60. **A Japanese musicologist named Shuhei Hosokawa:** Personal interview conducted by the author with Shuhei Hosokawa in Kyoto, March 28, 2019.
61. **"Imagine a few years from now":** Randall Rothenberg, "Ads That Bash the Japanese: Just

Abrams, 2010), 26.

27. **In fact, the story is more nuanced:** The engineer Kozo Ohsone, who is generally credited as the head of the Walkman development effort, spoke about this at length to Seiji Munakata, "Kanrishitsu no Bakko de Sonii Kara Hitto ga Kieta" ("Too Many Managers Are Why Sony's Hits Dried Up"), *Nikkei Business*, May 30, 2016, https://business.nikkei.com/atcl/interview/16/031800001/052700007/. See also Yasuo Kuroki, *Uookuman Kakutatakaeri (Walkman Struggles)* (Tokyo: Chikuma Shobo, 1990), 46.
28. **Apollo astronauts:** David Kamp, "Music on the Moon: Meet Mickey Kapp, Master of Apollo 11's Astro-Mixtapes," *Vanity Fair*, December 14, 2018, https://www.vanityfair.com/hollywood/2018/12/mickey-kapp-apollo-11-astro-mixtapes.
29. **This caused a great deal of consternation:** Morita, *Made in Japan*, 79–80.
30. **anything you put in your ears to hear with:** Nathan, *Sony*, 154.
31. **Perhaps this was true abroad, too:** *Life*, October 24, 1960, 43.
32. **Today, headphones represent a ten-billion-dollar-a-year industry:** Grand View Research, "Earphones & Headphones Market Size, Share & Trends Analysis Report by Product," June 2019, https://www.grandviewresearch.com/industry-analysis/earphone-and-headphone-market.
33. **iPod sales have dwindled:** Mark Gurman, "Apple to Stop Reporting Unit Sales of iPhones, iPads and Macs," Bloomberg, November 1, 2018, https://www.bloomberg.com/news/articles/2018-11-01/apple-to-stop-reporting-unit-sales-of-iphones-ipads-and-macs.
34. **purchased the headphone company Beats by Dre:** Heidi Moore, "Apple Buys Dr Dre's Beats for $3bn as Company Returns to Music Industry," *The Guardian*, May 28, 2014, https://www.theguardian.com/technology/2014/may/28/apple-buys-beats-dr-dre-music-streaming.
35. **another Sony division already had a pair of lightweight headphones:** Personal interview with the retired Sony engineer Shingo Tamura, conducted in Tokyo on January 29, 2019. Tamura played the role of matchmaker between Ohsone's tape recorder division and the hi-fi audio division, which developed headphones. "Mr. Ohsone was, how to put it, not a people person," Tamura told me. "He was someone who worked on his own timetable. Now, the man in charge of design and marketing for the Walkman, Yasuo Kuroki, knew he had to get the teams talking. So he called me." Tamura made the introduction and was in the room when the pair agreed to collaborate.
36. **"I was shocked the first time I heard it":** Kuroki, *Walkman Struggles*, 46.
37. **In an effort to offset the isolating nature:** Morita, *Made in Japan*, 81.
38. **"The public does not know what is possible":** Ibid.
39. **Five prototypes were loaded up:** Kuroki, *Walkman Struggles*, 61.
40. **"That's a function, not a product name":** This and subsequent quotes are from a personal interview with Tohru Kohno, conducted in Tokyo on March 12, 2019.
41. **Walkman it would be:** In fact, Morita briefly allowed Sony branches abroad to bestow their own names on the device. In a sign of the times the Americans suggested "Disco Jogger," then "Soundabout"; the British, "Stowaway"; and the Australians, "Freestyle." Morita finally put his foot down and standardized the name after getting numerous phone calls from foreign acquaintances asking for a "Walkman" instead of the other brand names. (Nathan, Sony, 154.)
42. **Citizens enjoyed an enviable combination of rapid economic growth, low inflation:** Tim McMahon, "Japanese Inflation Higher than U.S.—First Time Since 1978," Inflation Data Blog, June 28, 2014, https://inflationdata.com/articles/2014/06/28/japanese-inflation-higer-

2. **Steve Jobs was on his worst behavior:** Walter Isaacson, *Steve Jobs* (New York: Simon & Schuster, 2011), 146.
3. **Jobs was, to put it mildly, a Sony fanboy:** Alan Deutschman, *The Second Coming of Steve Jobs* (New York: Broadway Books, 2000), 29.
4. **He took it apart piece by piece:** George Beahm, *Steve Jobs's Life by Design: Lessons to Be Learned from His Last Lecture* (New York: St. Martin's Press, 2014), 29.
5. **"He didn't want to be IBM":** Ibid., 29.
6. **"4,000 Tiny Radios Stolen":** "4,000 Tiny Radios Stolen in Queens," *The New York Times*, January 24, 1958, 17.
7. **You'd naturally expect the victims to be outraged:** "How to Succeed by Being Robbed," Sony.net (page on company website), https://www.sony.net/SonyInfo/CorporateInfo/History/SonyHistory/1-07.html#block5 (accessed October 9, 2019).
8. **"Everybody in America wants big radios!":** Akio Morita, *Made in Japan* (New York: E. P. Dutton, 1986), 83.
9. **Morita met Masaru Ibuka, the man who would found Sony:** Ibid., 4, 30–32.
10. **Morita and Ibuka invented the word:** John Nathan, *Sony: The Private Life* (New York: Houghton Mifflin, 1999), 52.
11. **Through years of trial and error:** Martin Fransman, *Innovation Ecosystems: Increasing Competitiveness* (Cambridge: Cambridge University Press: 2018), 126–27.
12. **Sony wasn't first to get a transistor radio to market:** Michael B. Schiffer, *The Portable Radio in American Life* (Tucson: University of Arizona Press, 1992), 225.
13. **In Japan, Morita had special dress shirts:** Nathan, *Sony*, 35.
14. **At the peak of the phenomenon in 1969:** Schiffer, *The Portable Radio*, 223.
15. **The semiconductor industry analyst Jim Handy estimates:** David Laws, "13 Sextillion & Counting: The Long & Winding Road to the Most Frequently Manufactured Human Artifact in History," CHM Blog, April 2, 2018, https://computerhistory.org/blog/13-sextillion-counting-the-long-winding-road-to-the-most-frequently-manufactured-human-artifact-in-history/.
16. **Morita was far from the only Japanese:** Morita, *Made in Japan*, 86.
17. **Better to eat in fancy restauraunts:** Ibid., 89.
18. **When thirty thousand of the latest transistor radios:** Ibid., 91.
19. **In spite of it all:** Ibid., 88.
20. **Opening day on Fifth Avenue was pandemonium:** "Chapter 13: Up through Trinitron—The Find at the IRE Show," Sony.net, undated, https://www.sony.net/SonyInfo/CorporateInfo/History/SonyHistory/1-13.html #block6 (accessed October 9, 2019).
21. **Behind the scenes, Morita ensured:** Ibid.
22. **Forging friendships with movers and shakers:** Nathan, Sony, 71.
23. **He shot footage of the glorious signage:** "Chapter 7 is 'Pocketable' Japanese-English?/ The Neon Lights of Sukiyabashi," Sony.net, undated, https://www.sony.net/SonyInfo/CorporateInfo/History/SonyHistory/1-07.html#block3.
24. **after catching one of Doyle Dane Bernbach's:** Nathan, *Sony*, 71.
25. **"The idea took shape":** Morita, *Made in Japan*, 79.
26. **"Back then, the black man wasn't being heard in society":** Lyle Owerko, *The Boombox Project: The Machines, the Music, and the Urban Underground* (New York: Harry N.

51. **"It was selling way more than expected":** Shimizu, "Transitions," 103.
52. **"image as a purveyor of dreams and happiness":** "Patty & Jimmy's Sanrio."
53. **A minor backlash ensued:** Ibid.
54. **She introduced incremental innovations:** Yuko Yamaguchi, *Kiti no Namida (Tears of Kitty)* (Tokyo: Shueisha, 2009), 19–20.
55. **Shigeru Miyamoto was naked when the idea hit him:** Akinori Sao, "Nintendo Kurashikku Mini Famiri Konpyuta Kaihatsu Kinen Intabyu Daiikai Donki Kongu Hen" ("First Interview Commemorating the Development of the Family Computer Mini: Donkey Kong Chapter"), Nintendo.co.jp, October 14, 2016, https://topics.nintendo.co.jp/c/article/cb4c1aca-88fb-11e6-9b38-063b7ac45a6d.html.
56. **Miyamoto didn't have a lick of programming experience:** Chris Kohler, *Power-Up: How Japanese Video Games Gave the World an Extra Life* (New York: Dover, 2016), 33.
57. **For example, his game's hero would need to fit:** Satoru Iwata, "2: Obaoru wo Kiteu Riyu" (2: The Reason He Wears Overalls), "Shacho ga Kiku: New Supa Mario Burazazu Wii" ("The President Asks: New Super Mario Brothers Wii"), November 13, 2009, https://www.nintendo.co.jp/wii/interview/smnj/vol1/index2.html#list.
58. **"He was the first to bring that kawaii perspective to game characters":** Masayuki Uemura, personal interview, March 18, 2019.
59. **Gamers in the West dubbed *Donkey Kong* and other kawaii-style fare:** See, for example, the cover of the May 1983 issue of the magazine *Electronic Games* (Reese Publishing), which billed itself as "The PLAYERS GUIDE to THOSE 'CUTE' GAMES."
60. **"Their games don't cut it here":** Steve Bloom, *Video Invaders,* (New York: Arco, 1982), 42–43.
61. **"She's a symbol of friendship":** Ibid., 20, 101.
62. **"Even after they told me, 'Kitty's yours now' ":** Ibid., 102.
63. **The word entered the lexicon in 1979:** Kazuma Yamane, *Gyaru no Kozo (The Structure of the Gal)* (Tokyo: Kodansha, 1993), 25.
64. **"If a 'gal' were an animal, she'd be a cat":** Ibid., 29.
65. **"gals embodied everything a proper young lady did not":** Koji Namba, "Concerning Youth Subcultures in the Postwar Era, vol. 5: 'Ko-gal' and 'Urahara-kei,' " Kwansei Gakuin University Sociology Department #100, March 2006.
66. **a concerted effort:** Shintaro Tsuji, *Sanrio Omoshiro Zukan: Daisuki! Haro Kiti (Sanrio Fun Visual Guide: We Love Hello Kitty!)*, Sanrio Video, November 1993, 30:00.
67. **Then, a miracle:** Apperosa Fukuoka, "Haro Kiti Ato Ten in Fukuoka" ("Hello Kitty Exhibit in Fukuoka"), Apperosa Fukuoka blog, October 7, 2011, http://apefukuoka.blog55.fc2.com/blog-entry-24.html.
68. **It remains the only 1975-vintage Petit Purse:** Aaron Marcus, Masaaki Kurosu, Xiaojuan Ma, and Ayako Hashizume, Cuteness Engineering: Designing Adorable Products and Services (Switzerland: Springer, 2017), 134.
69. **By 1979, 70 percent of Sanrio's new hires were female:** Uemae, *Sanrio's Miracle*, 113.
70. **Tsuji's Tokyo home in the late seventies:** Ibid., 87.

第五章 插入與拔出

1. **"The Sony Walkman has done more":** William Gibson, *Time Out*, October 6, 1993, 49.

28. **A ceramic figurine of Mii-tan:** Masafumi Nishizawa, *Sanrio Monogatari: Koshite Hitotsu no Kigyo ga Umareta (Sanrio Story: How an Industry Was Born)* (Tokyo: Sanrio, 1990), 43.
29. **He tried collaborating:** Tsuji, *These are Sanrio's Secrets*, 92–93.
30. **His name was Konrad Lorenz, and he was a Nazi:** Joshua Paul Dale, Joyce Goggin, Julia Leyda, Anthony P. McIntyre, and Diane Negra, eds., *The Aesthetics and Affects of Cuteness* (New York: Routledge, 2016), 44.
31. **Years later, the evolutionary biologist:** Stephen Jay Gould, "A Biological Homage to Mickey Mouse," *Ecotone* 4, no. 1–2 (Winter 2008): 333–40.
32. **"good mean little bastards":** Charles Schulz, *The Complete Peanuts*, vol. 1: 1950–1952 (Seattle: Fantagraphics, 2014), 294.
33. **"excited by the casual cruelty":** Matt Groening, "Oh Boy, Charlie Brown," *The Guardian*, October 11, 2008, https://www.theguardian.com/books/2008/oct/11/peanuts-matt-groening-jonathan-franzen.
34. **"vibrated with fifties alienation":** Schulz, *The Complete Peanuts*, 1:293.
35. **In an exploration of the history of the character:** Sarah Boxer, "The Exemplary Narcissism of Snoopy," *The Atlantic*, November 2015.
36. **Tsuji knew it was only a matter of time:** Tsuji, *These Are Sanrio's Secrets*, 96–97.
37. **"Draw cats and bears. If a dog hit this big, one of those two is sure to follow":** Uemae, *Sanrio's Miracle*, 132.
38. **Tsuji called it a Gift Gate:** Nishizawa, *Sanrio Story*, 122–25.
39. **" 'Sanrio' is a contraction of the Spanish 'san rio' ":** Tsuji, *These Are Sanrio's Secrets*, 105.
40. **"Companies need their inside jokes":** Uemae, *Sanrio's Miracle*, 42.
41. **"Ultimate beauty. Life eternal":** Moto Hagio, *The Poe Clan*, vol. 1 (Seattle: Fantagraphics Books, 2019), 40.
42. **As an artist she was entirely self-taught:** Moto Hagio, "The Moto Hagio Interview conducted by Matt Thorn," *The Comics Journal*, March 9, 2010, https://web.archive.org/web/20100510033709/http://www.tcj.com/history/the-moto-hagio-interview-conducted-by-matt-thorn-part-one-of-four/.
43. **Upon seeing the first pages of The Heart of Thomas:** Frenchy Lunning, "Moto Hagio," in *She Changed Comics* (Portland, Ore.: Image Comics, 2016), 102.
44. **Comic Market was dreamed up:** Takanaka Shimonotsuki, *Komikku Maaketo Soseiki (A Record of Comic Market's Creation)* (Tokyo: Asahi Shinsho, 2008), 95–96.
45. **They were shocked when their event was besieged:** Comic Market Committee, eds., *Comiket 30's File* (Tokyo: Comiket Publishing, 2005), 31–35.
46. **Working for Sanrio was Maeda's first job:** Uemae, *Sanrio's Miracle*, 118–19.
47. **"Honestly, I told everyone I thought it was no good":** Ibid.
48. **a 1977 article in the *Asahi Shimbun*:** "Pati to Jimi no Sanrio: Aidia de Shobu Uriagedaka Rieki Toshi Goto Bai ni" ("Patty & Jimmy's Sanrio: Competing with Ideas: Sales, Profits Double Every Year"), *Asahi Shimbun*, July 16, 1977, 8.
49. **"What I was thinking was, *Wouldn't it be really fun*":** As quoted in Michiko Shimizu, "Ichigo Shimbun ni Miru Haro Kiti Zo no Hensen" ("Transitions in the Portrayal of Hello Kitty in the *Strawberry News*"), *Kansai Kokusai Daigaku Kenkyu Kiyo (Research Bulletin of Kansai International University)* 10 (March 31, 2009): 103.
50. **"I only thought it was okay":** Tsuji, *These Are Sanrio's Secrets*, 100.

4. **The word "cute" derives from "acute":** Joshua Paul Dale, Joyce Goggin, Julia Leyda, Anthony P. McIntyre, and Diane Negra, eds., *The Aesthetics and Affects of Cuteness* (New York: Routledge, 2016), 37.
5. **The first known modern use of kawaii dates to 1914:** Masanobu Hosono, *Takehisa Yumeji (Yumeji Takehisa)* (Tokyo: Hoikusha, 1972), 123.
6. **His art proved so popular in Japan's roaring twenties:** Nozomi Naoi, "Beauties and Beyond: Situating Takehisa Yumeji and the Yumeji-shiki," *Andon* 98 (December 2014): 29.
7. **"the most widely used, widely loved, habitual word":** Osamu Kogure, "Kawaii no Judan Katsuyo" ("The Ten Uses of Kawaii"), *Crea* (November 1992): 58–59.
8. **Long before Kitty, long before Sanrio:** Junichiro Uemae, *Sanrio no Kiseki (Sanrio's Miracle)* (Tokyo: PHP Kenkyujo, 1979), 19.
9. **"The birthday parties":** Tomoko Otake, "Shintaro Tsuji: 'Mr. Cute' Shares His Wisdoms and Wit," *The Japan Times*, March 2, 2008, https://www.japantimes.co.jp/life/2008/03/02/people/shintaro-tsuji-mr-cute-shares-his-wisdoms-and-wit.
10. **"They rode me constantly":** Shintaro Tsuji, *Kore ga Sanrio no Himitsu Desu (These Are Sanrio's Secrets)* (Tokyo: Fusosha, 2000), 113.
11. **One of the final issues of the popular boy's comic:** Frederik Schodt, *Manga! Manga! The World of Japanese Comics* (Tokyo: Kodansha, 2001), 51.
12. **As Tsuji and his classmates glumly filed back:** Otake, "Shintaro Tsuji: 'Mr. Cute.' "
13. **"The relief is wonderful":** Ruth Benedict, *The Chrysanthemum and the Sword* (New York: Mariner Books, 2005), 169.
14. **The listlessness proved so pervasive:** Dower, *Embracing Defeat*, 89.
15. **He snuck into the school's lab to secretly synthesize:** Tsuji, *These Are Sanrio's Secrets*, 114.
16. **"the second adversity, after my boyhood":** Ibid., 119.
17. **It distributed regional products:** Uemae, *Sanrio's Miracle*, 58.
18. **"Back then, around 1960":** Otake, "Shintaro Tsuji: 'Mr. Cute.' "
19. **The answer came to him:** It's key to note that Tsuji has never specifically indicated that Naito's work inspired him, but given the time frame and the choice of fruit, that it was one of Naito's products he saw is a virtual certainty. See Uemae, *Sanrio's Miracle*, 41.
20. **"Oh, it's so cute":** Ibid.
21. **Tiffany's, that bastion of sophistication:** Sigur, *Influence of Japanese Art on Design*, 154.
22. **A Japanese fancy good, on the other hand:** Sharon Kinsella, "Cuties in Japan," in Lise Skov and Brian Moeran, *Women, Media, and Consumption in Japan* (New York: Routledge, 2013), 226.
23. **"I wasn't disappointed, exactly":** Uemae, *Sanrio's Miracle*, 43.
24. **"He was almost like a little girl":** Ibid., 45.
25. **"the art of nudity, with a burning ambition":** Jonathan Bollen, "Nichigeki Music Hall," Research on Performance and Desire, March 20, 2011, http://jonathanbollen.net/2011/03/20/nichigeki-music-hall/.
26. **Mizumori's bohemian father took her:** Ado Mizumori, *Mizumori Ado (Ado Mizumori)* (Tokyo: Kawade Shobo, 2010), 96–97.
27. **"Backstage, the dancers were totally nude":** Takeda Kyoko, "Ikiru no ga raku ni naru, Mizumori Ado-san no Ochikomi Kaishoho" ("Ado Mizumori's Cure for the Blues"), *MYLOHAS*, March 15, 2013, https://www.mylohas.net/2013/03/028247post_1627.html.

24. **"The youth have their guitars":** "Popuraa Shin Fuzoku: Karaoke" ("Popular New Trends: Karaoke"), *Asahi Shimbun*, April 5, 1977, 7.
25. **it changed quickly, thanks to another Boss:** "Born in the U.S.A. Becomes Karaoke," *Asahi Shimbun*, November 19, 1985, 9.
26. **more than a hundred nagashi serviced Tokyo's downtown:** Hisatake Yamashita, "Onna Nagashi no Ikiru Michi" ("The Life of the Female Nagashi,"), *Okamura Wave+,* May 2, 2016, http://www.okamura.co.jp/magazine/wave/archive/1605chieA.html.
27. **some 170,000 rooms:** Kataoka, *JKA Founding*, 80.
28. **fifty million:** Xun Zhou and Francesca Tarocco, *Karaoke: The Global Phenomenon* (London: Reakton Books, 2013), 32.
29. **"After a long day at the office":** Ronald L. Rhodes, "What's New in Japanese Consumer Electronics; in New Products, Small Is Beautiful," *The New York Times*, May 8, 1983, section 3, 15.
30. **"We're running against the karaoke kids":** *Public Papers of the Presidents of the United States: George H. W. Bush, 1992–1993* (Washington, D.C.: U.S. Government Printing Office, 1993), 1371.
31. **Blige launched her career with a tape:** Mary J. Blige, "Music Interviews: Mary J. Blige, Making 'The Breakthrough,' " *All Things Considered*, NPR, January 21, 2006.
32. **Negishi managed, in spite of all the resistance:** Personal interview, November 18, 2018.
33. **Inoue, on the other hand, made out like a bandit:** Scott, "Voice Hero."
34. **Singaporean karaoke channel:** Ugaya, *Karaoke*, 46.
35. **"Eastern Walter Mitty":** Pico Iyer, "Daisuke Inoue," *Time*, August 23, 1999, http://content.time.com/time/world/article/0,8599,2054546,00.html.
36. **Five years later in 2004, the Ig Nobel:** "The Man Who Taught the World to Sing," *The Independent*, May 24, 2006, https://www.independent.co.uk/news/world/asia/the-man-who-taught-the-world-to-sing-479469.html.

第四章　可愛崇拜

1. **A tiny translucent vinyl pouch:** Yasuo Ozaki, ed., *MY KITTY* (Tokyo: Asuka Shinsha, 1997), 12.
2. **She is the cornerstone of a massive multimedia franchise:** Sanrio has never released data for just Hello Kitty sales alone, but estimates are that her products account for as much as 80 percent of the firm's total revenues. Sanrio's annual earnings in 2018 were roughly sixty billion yen, off from a peak of more than ninety billion in 2008. See also Naoko Fujimura and Emi Urabe, "Sanrio to Cut Reliance on Hello Kitty," *The Japan Times*, July 14, 2011, https://www.japantimes.co.jp/news/2011/07/14/business/sanrio-to-cut-reliance-on-hello-kitty/; License Global, "Top 100 Global Licensors," Licenseglobal.com, April 6, 2018, https://www.licenseglobal.com/stub/top-100-global-licensors; and Shared Research, "Sanrio/8136," Sharedresearch.jp, May 11, 2018, https://sharedresearch.jp/system/report_updates/pdfs/000/019/191/original/8136_EN_20180511.pdf.
3. **When Islamic Front commander Zahran Alloush:** Lizzie Dearden, "Syrian Rebel Leader Gives Speech to Islamist Militants with Hello Kitty Notebook," *The Independent*, July 4, 2014, https://www.independent.co.uk/news/world/middle-east/syrian-rebel-leader-gives-speech-to-islamist-militants-with-hello-kitty-notebook-9583629.html.

第三章　每個人都是明星

1. **"Hell is full of musical amateurs":** George Bernard Shaw, *Selected Plays* (New York: Gramercy Books, 1996), 300.
2. **a group of musicians gather:** Hiromichi Ugaya, *Karaoke Hishi (Karaoke: The Secret History)* (Tokyo: Shinsho, 2008), 43.
3. **"You tryin' to put us out of business":** Ibid.
4. **Once, he even helped fend off a backstage assault:** Eiji Oshita, *Karaoke wo Hatsumei Shita Otoko (The Man Who Invented Karaoke)* (Tokyo: Kawade Shobo), 69.
5. **"We're musicians!":** Ugaya, *Karaoke*, 43.
6. **"Yeah. Forget the machine":** For Japanese speakers curious about this phrasing, it is a contextualized translation of「おう、こんな機械に負けるかい」, as quoted in ibid.
7. **Karaoke machines were independently invented:** In addition to Daisuke Inoue and Shigeichi Negishi, Toshiharu Yamashita and Iwao Hamasaki are also recognized as early karaoke pioneers by the All-Japan Karaoke Industrialist Association.
8. **"Ideas of freedom and democracy":** Akio Morita, *Made in Japan* (New York: E. P. Dutton, 1986), 51.
9. **the first postwar singing contest:** Ugaya, *Karaoke*, 69.
10. **an equal or perhaps greater number of the student radicals:** Oguma and Kapur, "Japan's 1968," 9.
11. **asking schoolboys what they wanted to be:** "Gendaikko no Natitai Shokugyyo ha..." ("Today's Kids Want to Be..."), *Asahi Shimbun*, November 2, 1970, 19.
12. **A 1969 newsreel for Japanese audiences:** *Sarariman Shokun (I, Salaryman)*, newsreel no. 796, Chunichi News, April 2, 1969.
13. **Over the course of the fifties and sixties:** Ugaya, *Karaoke*, 49.
14. **He called his baby the Sparko Box:** This and all Negishi quotes that follow are from a personal interview conducted at his home in Tokyo on November 28, 2018.
15. **the 8 Juke was a wooden cube:** Oshita, *The Man Who Invented Karaoke*, 90.
16. **Inoue had another trick up his sleeve:** This account of 8 Juke's origins is from: Ugaya, *Karaoke*, 39–42.
17. **"I didn't build the thing from scratch":** Robert Scott, "Voice Hero: The Inventor of Karaoke Speaks," *The Appendix* 1, no. 4 (October 2013).
18. **The first to get its own machine:** Shiro Kataoka, ed., *JKA Setsuritu 20 Shunen Kinenshi (JKA Founding: The 20th Anniversary Book)* (Tokyo: All-Japan Karaoke Industrialist Association, 2015), 35.
19. **In the early hours of December 26, 1977:** "Shiwasu no Kurabu Maiku Sodatsu" ("Mic Fight at End of Year Club Party"), *Asahi Shimbun*, December 26, 1977.
20. **"We're losing the art of bar conversation":** Itsumade Tsuzuku, "Itsumade Tsuzuku Karaoke Buumu" ("The Ongoing Karaoke Boom"), *Asahi Shimbun*, January 25, 1978.
21. **A 1979 Japanese newspaper op-ed:** Unsigned, "Tensei Jingo" ("Vox Populi, Vox Dei"), *Asahi Shimbun*, December 29, 1979, 1.
22. **And in 1984 the music critic:** Tadashi Fujita, "Karaoke Buumu" ("The Karaoke Boom"), *Kikan Kuraishisu (Seasonal Crisis)*, no. 18 (Winter 1984): 158–61.
23. **enka, a schmaltzy genre:** Christine R. Yano, *Tears of Longing* (Cambridge, Mass.: Harvard University Press, 2002), 31–40.

Manga, Osamu Tezuka"), *Shukan Asahi*, February 21, 1964.

36. **"Those cute characters are dying! They're having sex!"** In this, Tezuka unwittingly anticipated the concept of Western "furry" fandom. In 2014, his daughter Rumiko announced the discovery of a sheaf of sketches of mice-women in sensual poses found in a locked drawer of her late father's desk. The quote about the characters is from Tamaki Saito, *Otaku Shinkei Sanatoriumu (Otaku Mental Sanatorium)* (Tokyo: Futami, 2015), 154. Rafael Antonio Pineda, "Osamu Tezuka's Previously Unreleased Erotic Illustrations Unveiled," Anime News Network, October 7, 2016, https://www.animenewsnetwork.com/news/2016-11-07/osamu-tezuka-previously-unreleased-erotic-illustrations-unveiled/.
37. **it grew so popular that when Joe's archrival, Riki-ishi, died:** Frederik Schodt, *Manga! Manga! The World of Japanese Comics* (Tokyo: Kodansha, 1983), 85.
38. **A 1968 survey asking young men how they spent their free time:** Oguma Eiji and Nick Kapur, "Japan's 1968: A Collective Reaction to Rapid Economic Growth in an Age of Turmoil," *The Asia-Pacific Journal* 13:12, no. 1 (March 23, 2015), 7.
39. **The passage of the Anpo in 1960 dealt a serious blow:** Ibid., 2.
40. **"We all had high hopes when we entered university":** Akiyama Katsuyuki, *Zengakuren ha Nani wo Kanageru ka (What Is Zengakuren Thinking)* (Tokyo: Jiyu Kokuminsha, 1969), 121–26; 137–39.
41. **Images of the violence, broadcast on the nightly news in vivid color:** Ibid., 3.
42. **On October 21 of that same year:** William Andrews, *Dissenting Japan: A History of Japanese Radicalism and Counterculture from 1945 to Fukushima* (London: Oxford University Press, 2016), 112–15.
43. **"The youth of Zengakuren developed their revolutionary movement from the gekiga of Shirato Sanpei":** Minami Shinbo, *Nihon No Meizuihitu Bekkan 62 Manga (Famous Japanese Writings, vol. 62: Manga)* (Tokyo: Sakuhinsha, 1996), 110.
44. **"Because the widely held notion was that manga were for children":** Oguma and Kapur, "Japan's 1968," 16.
45. **Taking direct inspiration from the animated:** Michinori Kato, *Rengo Sekigun Shonen A (A United Red Army Boy)* (Tokyo: Shinchosha, 2003), 42–43.
46. **"We only worried about justifications":** Oguma and Kapur, "Japan's 1968," 14.
47. **"We didn't care about Marxist philosophy":** Mamoru Oshii and Kiyoshi Kasai, *Sozo Gannen 1968 (Year One of Creation 1968)* (Tokyo: Sakuhinsha, 2016), 24.
48. **In January of 1969, more than eight thousand riot police:** Alex Martin, "The Todai Riots: 1968–69," *The Japan Times*, https://features.japantimes.co.jp/student-riots/.
49. **Now lawmakers hastily passed:** Oguma and Kapur, "Japan's 1968," 5.
50. **Early one morning in March of 1970, a group of eight young men and one woman:** Jonathan Watts, "Japanese Hijackers Go Home after 32 Years on the Run," *The Guardian*, September 8, 2002, https://www.theguardian.com/world/2002/sep/09/japan.jonathanwatts1.
51. **It ended with the cryptic declaration "Never forget: We are *Tomorrow's Joe*":** Masahiro Tachikawa, "Tokushu Yodo-go Jokyaku 100nin no Shogen," ("Special: Testimonials from 100 Yodo-go Passengers"), *Bungei Shunju*, April 6, 1970, 220.
52. **"We certainly read a lot of manga":** Takaya Shiomi, *Sekigunha Shimatuki (A Record of the Extermination of the Red Army)* (Tokyo: Sairyuusha, 2009), 57.
53. **"in terms of animation":** Miyazaki, *Starting Point*, 197.

official website, undated, https://tezukaosamu.net/en/about/1940.html (accessed February 3, 2020).

12. **Their first act was to mail out a postcard manifesto:** Osamu Tezuka, *Boku ha Mangaka (I, Manga Artist)* (Tokyo: Rittorsha, 2016), 248.
13. **At the end of World War II:** The Institute of Population Problems, Ministry of Health and Welfare, Japan, Supplement to *Population Problems in Japan* (United Nations World Population Conference, June 1974), 1.
14. **Shirato had grown up during the war years:** Tetsuo Sakurai, *Haikyo no Zankyo: Sengo Manga no Genzo (Reverberations of Ruin: Postwar Manga Origins)* (Tokyo: NTT Shuppan, 2015), 115.
15. **The vast majority of these newcomers were young men:** Akira Yamada, *Uenohatsu no Yakoressha Meiressha (Departing Ueno: Night Trains and Famous Trains)* (Tokyo: JTB Publishing, 2015), 64.
16. **Insecure by nature:** Power, *God of Comics*, 97.
17. **he tumbled down a flight of stairs:** Tezuka, *I, Manga Artist*, 251.
18. **Founded three years prior with the explicit aim:** Toei Doga, eds., *Toei Doga Henshu Anime Daizenshu (A Total Collection of Anime Edited by Toei Doga)* (Tokyo: Tokuma Shote, 1978), 4–5.
19. **He had toyed with becoming an animator:** Power, *God of Comics*, 131.
20. **But Tezuka was no longer a wide-eyed student:** Tezuka, *I, Manga Artist*, 271.
21. **One of its fans was a seven-year-old named Shigeru Miyamoto:** "I like Toei Animation's work from around the time of *Alakazam the Great*, and the ox that appears in that," Miyamoto said. See Shigeru Iwata, "Iwata Asks: Vol. 8, Yoichi Kotabe, 4. My First Project: Draw a Rug," Nintendo.com, undated, http://iwataasks.nintendo.com/interviews/#/ds/dsi/7/3.
22. **Heavily rewritten and sanitized:** Harry Medved, with Randy Dreyfuss and Michael Medved, *The Fifty Worst Films of All Time (And How They Got That Way)*, (New York: Warner Books, 1978), 21–23.
23. **troubles brewing within Toei Doga's eternally overworked:** Jonathan Clements, *Anime: A History* (London: Palgrave Macmillan, 2013), 104.
24. **The studio offered to discuss the suggestions:** Yuka Minagawa, *Shosetsu Tezuka Gakko 1 Terebi Anime Tanjo (The Tezuka School Dramatized: The Birth of Television Anime)* (Tokyo: Kodansha, 2009), 127.
25. **In early 1948, after a long series of failed negotiations:** Clements, Anime, 80.
26. **"human relationships far outweighed the art":** Tezuka, 272.
27. **In numerous interviews with the press:** Minagawa, *The Tezuka School Dramatized*, 136.
28. **Tezuka funded everything out of his own pocket:** Ibid., 163.
29. **The film's syrupy sentimentality so disgusted him:** Hayao Miyazaki, *Starting Point 1976–1996* (San Francisco: Viz Media, 1996), 195.
30. **"Drawing a salary from a company":** Minagawa, *The Tezuka School Dramatized*, 163.
31. **Tezuka estimated that production costs would run:** Tezuka, *I, Manga Artist*, 280.
32. **"There's no way they'll invest three or even two times that":** Ibid.
33. **"By modern standards":** Ibid., 281–82.
34. **Among its fans was the director Stanley Kubrick:** Schodt, *The Astro Boy Essays*, 92.
35. **"The God of Comics":** Takeshi Kaiko, "Manga no Kamisama Tezuka Osamu" ("The God of

Nick Kapur's *Japan at the Crossroads: Conflict and Compromise after Anpo*, New Books Network, September 21, 2018, https://newbooksnetwork.com/nick-kapur-japan-at-the-crossroads-conflict-and-compromise-after-anpo-harvard-up-2018/.

78. **"Not exactly an advertisement for democracy":** "Parliament's a Riot (1960)," YouTube video uploaded by British Pathé, https://www.youtube.com/watch?v=mpY_CO2Zdhk.
79. **Broadcast widely in Japan and abroad:** Takemasa Ando, *Japan's New Left Movements: Legacies for Civil Society* (New York: Routledge, 2014), p. 30, and Michael Liu, Kim Geron, and Tracy A. M. Lai, *The Snake Dance of Asian American Activism: Community, Vision, and Power* (Lanham, Md.: Lexington Books, 2008), 66.
80. **In what must be the first example:** The National Mobilization Committee to End the War in Vietnam, aka "The Mobe," actually employed an emoji-like image of a snake as a visual code for protesters gathering during the 1967 March on the Pentagon, as revealed in a later congressional hearing on the topic. The Columbia SDS antiwar protest group also threatened to lead a "snake dance... through the streets of Washington." See U.S. Congress, House of Representatives, Committee on Un-American Activities, "Hearings before the Committee on Un-American Activities, House of Representatives, Ninetieth Congress, April 30, May 2 and 22, 1968," 90th Cong., Second Session, 2769, and Tom Wells, *The War Within: America's Battle over Vietnam* (Lincoln: iUniverse, 2005), 185.

第二章　這場革命將由電視轉播

1. **"It seems almost inevitable":** Margaret Talbot, "The Auteur of Anime," *The New Yorker*, January 9, 2005.
2. ***Mighty Atom* was a bootstrap affair:** Hiromichi Masuda, *The Digital Transformation of the Anime Business* (Tokyo: NTT Shuppan, 2016), 173.
3. **The resulting imagery was so stilted:** Hiromichi Masuda, *Anime Bijinesu ga Wakaru (Understanding the Anime Business)* (Tokyo: NTT Shuppan, 2010), 152.
4. **It also introduced the world to a new word:** Masuda, *Digital Transformation*, 173.
5. **His fascination bordered on obsession:** Osamu Tezuka, *Tezuka Osamu Mirai e no Kotoba (Osamu Tezuka's Words for the Future)* (Tokyo: Ko Shobo, 2007), 113.
6. **In 1941, the imperial military screened a copy of Fantasia:** Soji Ushio, *Tezuka Osamu to Boku (Me and Osamu Tezuka)* (Tokyo: Soshisha, 2007), 193.
7. **He was disciplined:** Natsu Onoda Power, *God of Comics: Osamu Tezuka and the Creation of Post–World War II Manga* (Jackson: University Press of Mississippi, 2009), 61–62.
8. **"They would barely even read the work":** Gary Groth, "Yoshihiro Tatsumi Interview," *The Comics Journal*, http://www.tcj.com/yoshihiro-tatsumi-interview/(accessed October 15, 2019).
9. **Newspapers of the day railed against vulgar comics:** Ryan Holmberg, "The Bottom of a Bottomless Barrel: Introducing Akahon Manga," *The Comics Journal*, January 5, 2012, http://www.tcj.com/the-bottom-of-a-bottomless-barrel-introducing-akahon-manga.
10. **Tezuka made his long-form debut at the age of eighteen:** Ryan Holmberg, "Tezuka Osamu Outwits the Phantom Blot: *The Case of New Treasure Island* cont'd," *The Comics Journal*, February 22, 2013, http://www.tcj.com/tezuka-osamu-outwits-the-phantom-blot-the-case-of-new-treasure-island-contd.
11. **In an era when publishing a thousand copies:** "About Tezuka Osamu," page from Osamu's

442.

53. **Inspired by Kosuge's success:** "Jeeps from Tin Cans," *Stars and Stripes* (Pacific edition), May 26, 1946.
54. **In a 1946 pictorial:** *20 Seiki Omocha Hakubutsuka-ten (Twentieth Century Toy Museum Exhibition)*, pamphlet packaged with replica jeep toy (Japan Toy Culture Foundation: 2000).
55. **"Japanese grown-ups hated toys":** Nobuo Kumagai, *50's Japanese Mechanical Tin Toys* (Osaka: Yubunsha, 1980), 171.
56. **"all efforts be made to ramp up":** Saito, *Toy Talk*, 288.
57. **Christmas of 1947 was fast approaching:** William H. Young and Nancy K. Young, *World War II and the Postwar Years in America: A Historical and Cultural Encyclopedia* (Santa Barbara, Calif.: ABC-CLIO), 709.
58. **When the toy's distributor:** Takara Tomy, "Kiseki: Yume wo Katachi ni: Daisanwa" ("Tracks: Making Dreams Reality, vol. 3"), undated, https://www.takaratomy.co.jp/company/csr/history3.html (retrieved February 3, 2020).
59. **Yonezawa eventually sold:** Akiko Furuno, "File 146: Buriki no Omocha" ("Tin Toys"), *NHK Bi no Tsubo*, undated, https://www.nhk.or.jp/tsubo/program/file146.html.
60. **Products like the B-29:** Anne Allison, *Millennial Monsters: Japanese Toys and the Global Imagination* (Berkeley: University of California Press, 2006), 40.
61. **Japan idolized American culture:** YouTube user toygaragechannel, *Masters of Tin*, vol. 5.
62. **In 1947, Haruyasu Ishida:** Takashi Kuraji, *Marusan Burumaaku wo Ikita Otoko (The Man Who Lived Marusan and Bullmark)* (Tokyo: Tozai Planning, 1999), 14–15.
63. **As a teen in Singapore:** Eiji Kaminaga to author via email, May 30, 2018.
64. **"We really turned heads":** Saburo Ishizuki, personal interview, June 14, 2018.
65. **A toy car like no other:** Kuraji, *The Man Who Lived Marusan and Bullmark*, 45.
66. **by 1958, that number:** Information comes from the Office of Highway Information Management, Federal Highway Administration, "State Motor Vehicle Registrations by Years, 1900–1995," *Highway Statistics Summary to 1995*, stock no. 050-001-00323-6, https://www.fhwa.dot.gov/ohim/summary95/mv200.pdf (retrieved April 8, 2019).
67. **"one huge supply depot":** Michael Schaller, "The Korean War: The Economic and Strategic Impact on Japan 1950–1953," in William Stueck, ed., *The Korean War in World History* (University Press of Kentucky: 2004), 148.
68. **The no-compromise approach:** Kuraji, *The Man Who Lived Marusan and Bullmark*, 46.
69. **In fact, the price was so high:** Ibid.
70. **Virtually from the moment foreign buyers first saw:** Joe Earle, *Buriki*, 14.
71. **Lined up at long tables:** Ibid., 13.
72. **The package for the Japanese edition:** Ibid., 15.
73. **Even that all-American idol:** "Barbie's Journey in Japan," *The New York Times*, December 12, 1996.
74. **In 1959, furious British toy companies:** Ray B. Browne and Pat Browne, eds., *The Guide to United States Popular Culture* (Madison: University of Wisconsin Press, 2001), 850.
75. **Kishi was an unlikely United States ally:** Dower, *Embracing Defeat*, 454.
76. **secret financial backing from the CIA:** "C.I.A. Spent Millions to Support Japanese Right in 50's and 60's," *The New York Times*, October 9, 1994.
77. **Fifteen months of political deadlock and demonstrations:** Nathan Hopson, review of

shi Rekishi Hakubutsukan Kenkyu Kiyo (Otsu City Historical Museum Research Bulletin) 8 (Otsu City Historical Museum, 2001), 34.

30. **By 1935, his little workshop:** Ibid., 38.
31. **Their efforts contributed:** "Japanese Trade Studies: Special Industry Analysis No. 8: Toys" (memo prepared for the Foreign Economic Administration by the United States Tariff Commission, March 1945), 1.
32. **As the prime minister declared ambitions:** Erich Pauer, ed., *Japan's War Economy* (New York: Routledge, 1999), 14; 45.
33. **"From now on, Japanese boys":** Toy Journal Editorial Department, *Omocha no Meekaa to Tonya no Rekishi to Ima ga Wakaru Hon (Understanding the History of Toy Makers and Wholesalers, Then and Now)* (Tokyo: Tokyo Toy & Doll Wholesaler Cooperative Association, 2003), 34.
34. **The authorities ordered Kosuge:** Kitsu, "Tin Toys and Otsu," 40.
35. **They even stripped school classrooms:** Chiba Prefectural Educators Council, eds., *Ega Shiryo wo Yomu Nihonshi no Jugyo (An Illustrated Primer to Japanese History)* (Tokyo: Kokudousha, 1993), 178–79.
36. **"It made a lot of sense":** Thomas R. Searle, " 'It Made a Lot of Sense to Kill Skilled Workers': The Firebombing of Tokyo in March 1945," *The Journal of Military History* 66, no. 1 (January 2002): 103.
37. **The stench of charred flesh:** Barrett Tillman, *Whirlwind: The Air War against Japan, 1942–1945* (New York: Simon & Schuster, 2010), 147–52.
38. **The structure was rustic:** Kitsu, "Tin Toys and Otsu," 41.
39. **"American jeeps were everywhere":** Shoichi Fukatani, ed., *Nihon Kinzoku Gangu-shi (A History of Japanese Metal Toys)* (Tokyo: Kuyamasha, 1997), 442.
40. **So Kosuge used the only tool:** Kitsu, "Tin Toys and Otsu," 40.
41. **He had no molds:** YouTube user toygaragechannel, *Masters of Tin*, vol. 5.
42. **Back at the workshop:** Kitsu, "Tin Toys and Otsu," 41.
43. **It had been five years since a 1940 government edict:** National Archives of Japan, Japan Center for Asian Historical Records, "Senjichu ni Depato wa Eigyo Shitetano?" ("Were Department Stores in Business during the War?"), undated, https://www.jacar.go.jp/english/glossary_en/tochikiko-henten/qa/qa03.html.
44. **They were priced at ten yen:** Ryosuke Saito, *Omocha no Hanashi (Toy Talk)* (Tokyo: Asahi Shimbunsha, 1971), 284.
45. **the cost of a quick meal:** Akira Yamamoto, *Sengo Fuzokushi (Postwar Popular History)* (Osaka: Osaka Shoseki, 1986), 68.
46. **Kosuge's entire first run of jeeps:** Hideo Takayama, ed., *20 Seiki Omocha Hakubutsukan (Twentieth Century Toy Museum)* (Tokyo: Dobun Shoin, 2000), 60.
47. **He immediately scaled up his operation:** Kitsu, "Tin Toys and Otsu," 41–42.
48. **Every time a new batch arrived:** Saito, *Toy Talk*, 284–85.
49. **By the end of the month:** Toy Journal Editorial Department, *Understanding the History of Toy Makers and Wholesalers*, 38.
50. **Even children fortunate enough:** Dower, *Embracing Defeat*, 110–12.
51. **"We can keep them fed":** Saito, *Toy Talk*, 280.
52. **"Everyone in the industry said to each other":** Fukatani, *A History of Japanese Metal Toys*,

Art on Design (Layton, Utah: Gibbs Smith, 2008), 154.

14. **"We do not know of any country in the world":** Griffis, *The Mikado's Empire*, 453.
15. **Germany, the United Kingdom, and France jostled:** Janet Holmes, "Economic Choices and Popular Toys in the Nineteenth Century," *Material Culture Review* 21 (1985). Retrieved from https://journals.lib.unb.ca/index.php/MCR/article/view/17244.
16. **At the 1915 Panama–Pacific International Exposition:** David D. Hamlin, *Work and Play: The Production and Consumption of Toys in Germany, 1870–1914* (Ann Arbor: University of Michigan Press, 2007), 1; *Japan and Her Exhibits at the Panama-Pacific International Exhibition 1915*, Société des Expositions, 1915.
17. **A skilled Japanese craftsman might earn in a day:** The daily wage for a Japanese toy maker in the mid-1910s was reported as thirty-seven cents by *The New York Times* in an article entitled "Japan's Toy Trade" (June 24, 1917). Around the same time frame, American workers in the metal trades earned between fifty-five cents and a dollar per hour, depending on location and specific work being performed. See, for example, this data compiled by the United States Bureau of Labor Statistics: https://fraser.stlouisfed.org/title/3912/item/476870?start_page=74.
18. **proved so adept at their task:** "Japanese Toys," *Gazette and Bulletin*, April 7, 1934.
19. **Matsuzo Kosuge was born in 1899:** Masaru Kitsu, *Buriki no Omocha to Otsu: Sengo Daiichigo no Kosuge no Jiipu (Tin Toys and Otsu: Kosuge's Jeep, a Postwar First)* (Otsu, Japan: Otsu City Museum of History, August 1, 2000), 10.
20. **Life on Etorofu was hard:** Kanako Takahara, "Nemuro Raid Survivor Longs for Homeland," *The Japan Times,* September 22, 2007.
21. **Exports of playthings from Japan to the United States alone quadrupled:** "Japan's Toy Trade," *The New York Times Magazine*, June 24, 1917, 3.
22. **the molds were the beating hearts:** Masayuki Tanimoto, "The Development of Dispersed Production Organization in the Interwar Period: The Case of the Japanese Toy Industry," in *Production Organizations in Japanese Economic Development*, ed. Tetsuji Okazaki (New York: Routledge, 2007), 183.
23. **In 1922, Kosuge launched:** Tokyo City Governor's Office Research Division,"Tokyo-fu Kojo Tokei" [City of Tokyo 1930 Factory Census] (Tokyo: City of Tokyo, April 25, 1932), 19.
24. **We don't know exactly how he managed:** YouTube user toygaragechannel, *Buriki no Tatsujin, vol. 5: Marusan Kyadirakku Kaihatsu Chiimu (Masters of Tin, vol. 5: Marusan Cadillac Development Team)*, November 22, 2011, https://www.youtube.com/watch?v=Y6eGMRmHYu8&feature=emb_logo.
25. **It was a think tank for toys:** *Chuuko Kogyousha no Jitsujou (The Situation Facing Small and Midsized Businesses)*, Tokyo Shiyakusho (Tokyo City Hall, October 1935), 17.
26. **"We're in business to make our own designs":** YouTube user toygaragechannel, *Masters of Tin*, vol. 5.
27. **Sometime in the thirties he created the world's first mass-produced toy robot:** Anonymous, "Nihon ga Taukutta Sekaihatsu no Buriki Robotto Riripatto" ("The Japanese-Made First Tin Robot: Lilliput"), *Mandarake Zenbu* 54 (March 25, 2012): 1–4.
28. **In the early thirties, there were only 1,600:** Masatoshi Okui, "Taisho/Showa Senzenki ni Okeru Jidosha no Fukyuu Katei" ("The Extent of Motorization in Taisho and Early Showa"), *Shinchiri* 36, no. 3 (December 1988): 32.
29. **Before long, everyone:** Masaru Kitsu, "Buriki Gangu to Otsu" ("Tin Toys and Otsu"), *Otsu-*

Tanken.com, August 23, 2009, https://tanken.com/kakusei.html.

5. **"*HEY, KIDS!*":** Masayuki Tsusui, "Donguri no eiyo to itadakikata: donguri wo sakande tabemashou" ("Nutrition and Cooking Methods of Acorns: Let's Fill Our Stomachs with Acorns"), *Fujin Kurabu (Women's Club Magazine),* August 1945, https://livedoor.blogimg.jp/mukashi_no/imgs/e/2/e2b589a0.jpg.
6. **"WASHINGTON—The return of toys and games":** "SBP Issues Order for Surplus Aid," The *New York Times*, May 8, 1945.
7. **"Ueno station reports":** Nobumasa Tanaka, *Dokyumento Showatenno (A Documentary of the Showa Emperor)* (Tokyo: Ryokufu Shuppan, 1984), 234.
8. **"Japan has fallen to a fourth-rate nation":** Jonathan Bailey, *Great Power Strategy in Asia: Empire, Culture and Trade, 1905–2005* (New York: Routledge, 2007), 149.

第一章　錫人

1. **"In the toy-shops of Japan":** Griffis, *The Mikado's Empire*, 452.
2. **"Toys are not really as innocent":** Marlow Hoffman, "Five Things Charles & Ray Eames Teach Us about Play," Eames official website, blog entry, December 1, 2015, http://www.eamesoffice.com/blog/five-things-charles-ray-eames-teach-us-about-play/.
3. **"Skeletons of railway cars and locomotives":** Mark Gayn, *Japan Diary* (North Clarendon, Vt.: Tuttle, 1981), 1.
4. **The "U.S. Army Truck, ¼-ton, 4×4, Command Reconnaissance":** *SNL G-503 Standard Nomenclature List Willys MB Ford GPW*, War Department, 1944. See https://archive.org/details/SnlG-503StandardNomenclatureListWillysMbFordGpw/page/n15.
5. **General Eisenhower went so far as to credit the jeep:** Roger E. Bilstein, *Airlift and Airborne Operations in World War II*, Air Force History and Museums Program, 1998, 17, https://media.defense.gov/2010/Sep/22/2001330050/-1/-1/0/AFD-100922-024.pdf.
6. **And they did radiate a sort of charm:** Phil Patton, "Design by Committee: The Case of the Jeep," Phil Patton blog, April 23, 2012, https://philpatton.typepad.com/my_weblog/2012/04/design-by-committee-the-case-of-the-jeep.html.
7. **The sailorman's sidekick Eugene the Jeep:** John Norris, *Vehicle Art of World War Two* (South Yorkshire, U.K.: Pen & Sword Books, 2016), 46.
8. **Police were required to salute:** National Diet Library, Modern Japanese Political History Materials Room, eds., "Supreme Commander for the Allied Powers Directives to the Japanese Government (SCAPINs) (Record Group 331)," April 2007, 38.
9. **The first English words:** John W. Dower, *Embracing Defeat* (New York: W. W. Norton, 1999), 110.
10. **obsessed with material things:** Susan B. Hanley, *Everyday Things in Premodern Japan: The Hidden Legacy of Material Culture* (Berkeley: University of California Press, 1997), 24–25.
11. **With a million residents, Edo, as Tokyo was known:** Sumie Jones and Kenji Watanabe, eds., *An Edo Anthology: Literature from Japan's Mega-City, 1750–1850* (Honolulu: University of Hawaii Press, 2013), 4.
12. **For many generations, department stores:** Penelope Francks and Janet Hunter, eds., *The Historical Consumer: Consumption and Everyday Life in Japan, 1850–2000* (New York: Palgrave Macmillan, 2012), 268.
13. **Charles Tiffany harnessed Japanese flourishes:** Hannah Sigur, *The Influence of Japanese*

註釋

1. **"In fact the whole of Japan is pure invention":** Harold Bloom, *Oscar Wilde* (New York: Bloom's Literary Criticism, 2008), ix.

引言

1. **Sony's marketing team poured $30 million:** Matt Leone, "*Final Fantasy VII: An Oral History*," Polygon, January 9, 2019, https://www.polygon.com/a/final-fantasy-7.(Statistic quoted from then president and CEO of Square, Tomoyuki Takechi.)
2. **"They said it couldn't be done in a major motion picture":** David L. Craddock, "How *Final Fantasy 7* Revolutionized Videogame Marketing and Helped Sony Tackle Nintendo," *Paste*, May 8, 2017, https://www.pastemagazine.com/articles/2017/05/how-final-fantasy-7-revolutionized-videogame-marke.html.
3. **The previous bestselling PlayStation title, the British-made *Tomb Raider*:** Jer Horwitz, "Saturn's Distant Orbit," videogames.com, May 15, 1997, https://web.archive.org/web/20000312083957/http://headline.gamespot.com/news/97_05/15_belt/index.html.
4. **Japan was "a great and glorious country":** William S. Gilbert, *The Story of the Mikado* (London: Daniel O'Connor, 1921), IB.
5. **A decade later, notoriously gruff secretary of state:** John P. Glennon, ed., *Foreign Relations of the United States, 1952–1954: China and Japan*, vol. 14, part 2 (Washington, D.C.: United States Government Printing Office, 1985), 1725. See https://history.state.gov/historicaldocuments/frus1952-54v14p2.
6. **"suicide is not an illogical step":** Keith A. Nitta, "Paradigms," in Steven Vogel, *U.S.-Japan Relations in a Changing World* (Washington, D.C.: Brookings Institution Press, 2002), 74.
7. **My own childhood was punctuated by images:** Matt Novak, "That Time Republicans Smashed a Boombox with Sledgehammers on Capitol Hill," Gizmodo, May 9, 2016, https://paleofuture.gizmodo.com/that-time-republicans-smashed-a-boombox-with-sledgehamm-1775418875.
8. **Japanese call the years after the burst of the bubble:** See, for just one of many examples, Yoichi Funabashi, ed., *Examining Japan's Lost Decades* (New York: Routledge, 2015).
9. **When an earthquake leveled huge sections of Kobe:** James Sterngold, "Gang in Kobe Organizes Aid for People in Quake," *The New York Times*, January 22, 1995, 6.
10. **One of the first was the British diplomat:** Sir Rutherford Alcock, *The Capital of the Tycoon, a Narrative of Three Years' Residence in Japan* (New York: Harper & Brothers, 1863), 416.
11. **"We frequently see full-grown men and able-bodied natives":** William Elliot Griffis, *The Mikado's Empire*, book 2 (New York: Harper & Brothers, 1876), 453.

一九四五年，秋天

1. **"PEACE! IT'S OVER":** *The Charlotte Observer*, August 15, 1945, 1.
2. **"forty-three and a half square miles":** "Superforts Keep Tokyo Fires Hot," *The Tuscaloosa News* (Associated Press), April 16, 1945.
3. **"*JAPAN A HOLLOW SHELL*":** "Japan Hollow Shell," *The Lawrence Journal-World*, October 13, 1945, 1.
4. **"Work harder, longer with *Philopon*™":** "Hiropon Tanjo" ("The Birth of Philopon"),

創新觀點

日本製造，幻想浪潮：動漫、電玩、Hello Kitty、2Channel，超越世代的精緻創新與魔幻魅力

2021年7月初版　　定價：新臺幣480元

著者	Matt Alt
譯者	許芳菊
叢書編輯	陳冠豪
校對	吳欣怡
內文排版	林婕瀅
封面插畫	Pixel Jeff
封面設計	廖婉茹

出版者	聯經出版事業股份有限公司
地址	新北市汐止區大同路一段369號1樓
叢書編輯電話	(02)86925588轉5315
台北聯經書房	台北市新生南路三段94號
電話	(02)23620308
台中分公司	台中市北區崇德路一段198號
暨門市電話	(04)22312023
台中電子信箱	e-mail：linking2@ms42.hinet.net
郵政劃撥帳戶第	0100559-3號
郵撥電話	(02)23620308
印刷者	文聯彩色製版印刷有限公司
總經銷	聯合發行股份有限公司
發行所	新北市新店區寶橋路235巷6弄6號2樓
電話	(02)29178022

副總編輯	陳逸華
總編輯	涂豐恩
總經理	陳芝宇
社長	羅國俊
發行人	林載爵

行政院新聞局出版事業登記證局版臺業字第0130號

本書如有缺頁，破損，倒裝請寄回台北聯經書房更換。　ISBN 978-957-08-5858-7 (平裝)
聯經網址：www.linkingbooks.com.tw
電子信箱：linking@udngroup.com

國家圖書館出版品預行編目資料

日本製造，幻想浪潮：動漫、電玩、Hello Kitty、2Channel，超越世代的精緻創新與魔幻魅力/ Matt Alt著．許芳菊譯．初版．新北市．聯經．2021年7月．432面．14.8×21公分（創新觀點）
譯自：Pure invention: how Japan's pop culture conquered the world.
ISBN 978-957-08-5858-7（平裝）

1.網路產業 2.電腦遊戲 3.娛樂業 4.日本

484.67 110008109